华服史迹

考古视域下的中国服饰艺术研究

甄娜 ——— 著

中国纺织出版社有限公司

内 容 提 要

本书梳理了从远古到明清中国服饰艺术发展的脉络，涵盖配饰、妆容、服装形制、服装材料等内容。基于考古出土的历史遗存，对各地博物馆发布的纺织工具、织物残片、人俑、人画像、服装实物、配饰实物等文物遗存分门别类收录整理，并据此对中国服饰的渊源流变作出初步分析和解读。

本书可供从事服饰文化研究的相关人员及服装服饰爱好者参考阅读。

图书在版编目（CIP）数据

华服史迹：考古视域下的中国服饰艺术研究 / 甄娜著 . -- 北京：中国纺织出版社有限公司，2023.1（2025.1 重印）
ISBN 978-7-5180-9043-3

Ⅰ . ①华… Ⅱ . ①甄… Ⅲ . ①服装艺术 － 研究 － 中国 Ⅳ . ① TS941.12

中国版本图书馆 CIP 数据核字（2021）第 213270 号

HUAFU SHIJI KAOGU SHIYUXIA DE ZHONGGUO FUSHI YISHU YANJIU

责任编辑：范雨昕　　责任校对：王蕙莹　　责任印制：王艳丽

中国纺织出版社有限公司出版发行
地址：北京市朝阳区百子湾东里 A407 号楼　邮政编码：100124
销售电话：010—67004422　传真：010—87155801
http://www.c-textilep.com
中国纺织出版社天猫旗舰店
官方微博 http://weibo.com/2119887771
北京华联印刷有限公司印刷　各地新华书店经销
2023 年 1 月第 1 版　2025 年 1 月第 2 次印刷
开本：787 × 1092　1/16　印张：14.25
字数：248 千字　定价：98.00 元

前言

远古时期，人类穴居野处，生存是原始生活的主要内容，实用是服饰产生的主要成因。《后汉书·舆服志》载："上古穴居而野处，衣毛而冒皮，未有制度。后世圣人易之以丝麻，观翚翟之文，荣华之色，乃染帛以效之，始作五采，成以为服。见鸟兽有冠角髯胡之制，遂作冠冕缨蕤，以为首饰。"

随着生产力水平的提高，原始的农业和手工业开始形成。育蚕和缫丝等生产技术随之出现，服饰开始脱离萌芽状态，服饰的造型、材料和工艺也有了极大的进步。商周时期，纺织技术迅速发展，提花机等纺织工具已经出现，刺绣与染缬技术也逐渐成熟。服饰不仅能够满足人们实用性的需求，同时也被赋予审美与礼制的文化内涵。周代确立冠服制度，服饰的款式、色彩、材料和纹饰等内容，都有了等级和规则的限制。春秋战国时期，在各民族文化交流融合的背景下，游牧和射猎的胡服渐入中原。赵国武灵王胡服骑射的改革，加速了胡服在中原正统化的推进，丰富了华夏服饰的文化内涵。秦汉时期，冠服制度进一步完善，奠定了华夏服饰凝重典雅的风格基调。魏晋南北朝时期，社会的分裂和动荡打破了服饰一统化的格局，开始出现自然洒脱、清秀空疏的服饰艺术。隋唐是封建社会发展的鼎盛时期，社会经济文化空前繁荣，服饰艺术也兼容并蓄、广采博收，吸取和采纳异域民族艺术元素，呈现出绚丽多彩、雍容大气的华夏气度。宋元时期，在程朱理学思想的主导下，服饰艺术崇尚简朴、严谨和含蓄。明代取法周、汉、唐、宋服色所尚，服饰款式传承华夏汉服的传统样式，装饰上丰富了织绣纹样内容，吉祥图案精美繁复。清代出现满汉服饰交融并存的局面，服饰风格独树一帜。

纵观我国历史，服饰艺术随着社会发展也在更迭与演变。司马迁在《报任安书》中提出，治史“究天人之际，通古今之变”。本书对服饰历史的探寻，秉承严谨客观的态度，以考古发掘历史遗存和传世实物为主，以历史文献记载为辅，对我国历代服饰现象遗存进行服装学的描述和说明，避免主观臆断，以期还原历史时期服饰艺术的原本状态。《旧唐书·魏徵传》载：“以铜为镜，可以正衣冠；以古为镜，可以知兴替”。历代服饰艺术现象，折射出当时社会经济文化发展的状况，反映人们的审美和礼仪等精神追求，也为当今服饰艺术的传承和创新，提供传统文化的滋养和灵感。

在长期的教学工作中，作者积极收集近三十年考古发掘的新资料。赤峰兴隆沟遗存、绛县西周倗国墓遗存、广汉三星堆遗存、绵阳双包山汉墓遗存、徐州茅村北朝墓遗存、西安唐代金乡县主墓、庆城唐代穆泰墓、孟津唐代岑氏夫人墓、南陵县铁拐宋墓、黄岩宋代赵伯澐墓、常州明代王洛家族墓等考古发现，为服饰文化研究增添了新内容，也成为本书论证古代服饰艺术的重要论据。本书的撰写依托多项人文社科研究基金项目的支持，包括：四川师范大学质量工程项目、四川省教育厅人文与社会科学研究项目“绵阳双包山汉墓人俑服饰艺术研究（编号：15SB0032）”、国家人文社科基金艺术学项目“川渝考古人俑服饰艺术研究（编号：18BG125）”阶段性研究成果。

甄娜

2022 年 2 月

目录

Contents

001 壹

华夏衣冠探源

骨针与骨饰 002

纺轮与织物 003

牙杖首饰 005

人像绘塑 007

原始配饰 010

017 贰

古朴凝练的夏商周服饰

商代人像与配饰 018

古蜀服饰 030

周代人像、配饰及织物 036

051 叁

实用尚美的春秋战国服饰

春秋战国人像 052

服装实物与织物 061

春秋战国配饰 065

073 肆
端庄威仪的秦汉服饰

秦代戎服与人像 074
汉代首服 077
袍服与深衣 082
舞服、甲衣及玉衣 091
织物与配饰 094

103 伍
魏晋南北朝的服饰新风尚

魏晋南北朝首服 104
大袖衫与胡服 106
袿衣与襦裙 110
袴褶与裲裆 113
织物与配饰 115

121 陆
瑰丽缤纷的隋唐服饰

唐代幞头 122
男装袍服与胡人俑 125
襦裙与衫裙 133

女装袍服与胡服 140
配饰与织物 145

155 柒
严谨含蓄的宋代服饰

幞头与襕衫 156
袆衣与褙子 160
服装实物 163
配饰 166

169 捌
辽夏金元的民族服饰

契丹族服饰 170
党项族服饰 172
女真族服饰 174
蒙古族服饰 175

181 玖
精美繁复的明代服饰

衮服与翼善冠 182
补服与乌纱帽 185

曳撒、贴里及搭护 188
凤冠霞帔与衫裙 191
配饰 194

199 拾
满汉交融的清代服饰

朝袍、吉服袍及行褂 200
补服、朝珠及朝带 205
袍服、马褂及坎肩 209
朝服与吉服 210
旗袍与大褂 215

219 后记

壹

华夏衣冠探源

我国服饰文化源远流长，《古史考》载："太古之初，人吮露精，食草木实，山居则食鸟兽，衣其羽皮，近水则食鱼鳖蚌蛤，未有火化，腥臊多，害肠胃。于使有圣人出，以火德王，造作钻燧出火，教人熟食，铸金作刃，民人大悦，号曰燧人。"原始社会时期，人们以采集狩猎为主要生活来源，植物藤蔓和鸟兽羽皮是披裹身体的最初材料。战国时期《吕氏春秋·勿躬》提到"胡曹作衣"，《世本·作篇》载"胡曹作冕"，《淮南子·氾论训》称："伯余之初作衣也，緂麻索缕，手经指挂，其成犹网罗。后世为之机杼胜复，以便其用，而民得以揜形御寒。"胡曹、伯余等人物，传说是黄帝时期衣服冠帽的发明者，距今已有七千多年的历史。若从出土文物方面考察，考古发现的骨针、珠饰和纺轮等历史遗存，为人们揭开了服饰艺术史的篇章。

骨针与骨饰

有资料考证的我国服饰艺术史源头，可以上溯到原始社会旧石器时代。北京周口店龙骨山山顶洞人遗址，考古发现原始缝纫编织工具骨针（图1-1）。骨针长约8.2厘米，通体打磨光滑，针头尖锐，针孔可以穿插纤维细绳。辽宁海城小孤山旧石器遗址，出土三枚骨针（图1-2）。骨针由动物肢骨磨制，针眼圆滑，以对钻法制作，针身较直，刮磨光滑，针体保存基本完好。黑龙江省博物馆藏莺歌岭遗址出土骨针（图1-3），针长3厘米，针头尖锐，尾部穿孔，可以缝合兽皮等材料。河北省博物馆藏邯郸市涧沟村遗址出土骨针（图1-4），通长7厘米，为细长弯弓形，有针尖和针孔，制作精细，磨制光滑。

骨针是最原始的缝纫工具，原始人类已经能够加工缝纫线，配合骨针使用。旧石器时代晚期，骨针的出土，与原始社会的狩猎活动密不可分。人们将兽皮软化，以石片裁割，将柔韧的纤维搓捻成线，用骨针把兽皮缝缀起来。原始人类使用磨制的骨针和钻孔的骨角等简单的缝纫工具，对兽皮和植物藤蔓等材料进行拼合缝制，用以覆盖身体，加工成简单的衣服，出现了早期服装的雏形，这是人类文明的巨大进步。旧石器时代骨针的考古发现，在服装发展史中具有里程碑的意义。

旧石器时代晚期，原始人类石器制作技术进一步提高，出现研磨石器和大量的骨角器。石器的发展，促进了渔猎采集技术的进步。原始人类使用磨制和穿孔技术，将木石、兽齿、兽骨、兽角和贝类等天然材料，加工成具有装饰功能和象征意义的饰品，佩戴在身上。

山顶洞人遗址、贵州普定白岩脚洞遗址、阳原虎头梁遗址等多处旧石器时代遗址中都出土有兽牙、贝壳、石珠和鸟骨等材质的穿孔装饰品（图1-5~图1-9）。旧石器时代晚期，原

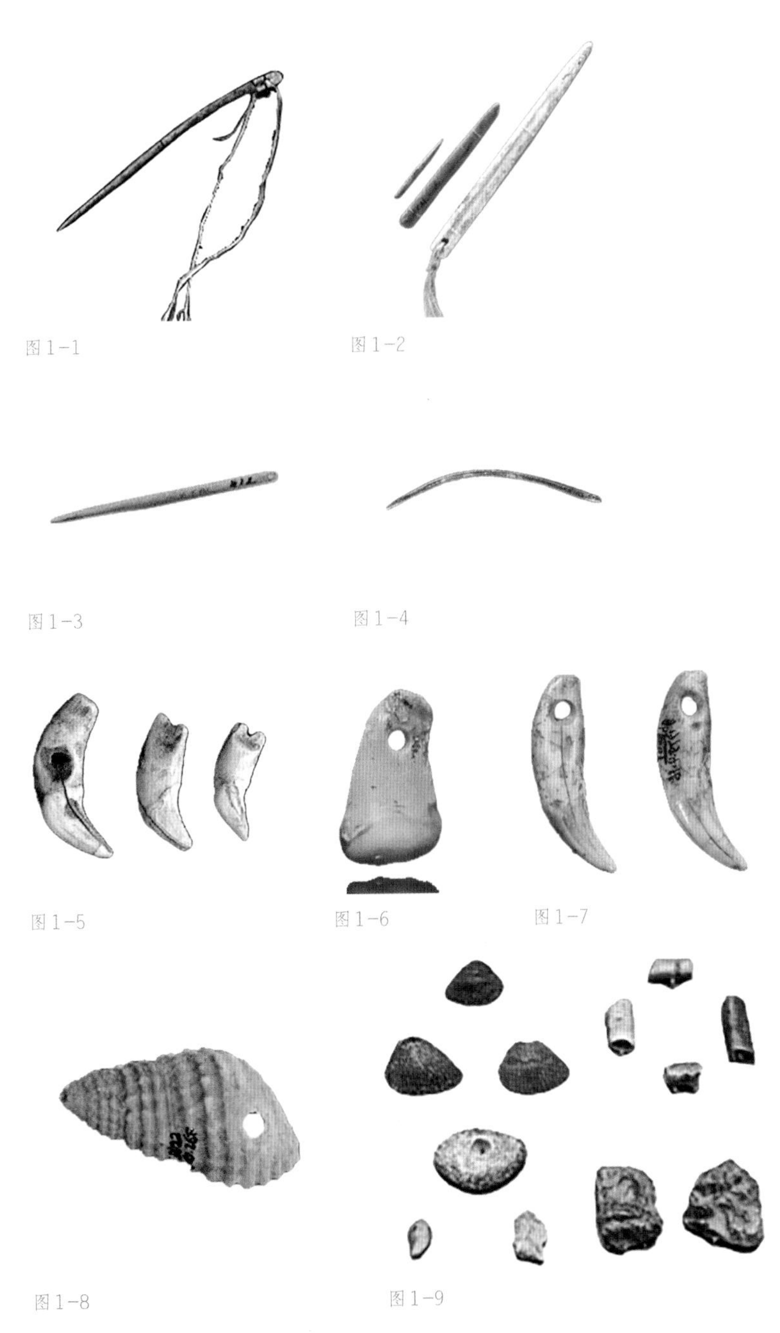

图1-1　骨针
北京周口店山顶洞人遗址出土

图1-2　骨针
辽宁海城小孤山遗址出土

图1-3　骨针
黑龙江莺歌岭遗址出土

图1-4　骨针
河北邯郸涧沟村遗址出土

图1-5　穿孔兽牙
北京周口店山顶洞人遗址出土

图1-6　兽齿珠
北京周口店山顶洞人遗址出土

图1-7　穿孔兽牙
贵州普定白岩脚洞遗址出土

图1-8　穿孔螺壳坠
贵州安龙观音洞遗址出土

图1-9　珠饰
河北阳原虎头梁遗址出土

始人类佩戴石制、木制和骨制等饰品，具有实用和装饰功能，表明人们逐步产生审美、图腾和巫术等观念，这是人类服饰史上的巨大进步。保护身体、装饰美化和图腾象征是服饰的主要功能，原始社会已经形成服装和配饰的组合服饰现象。

纺轮与织物

距今约1万年前，原始人类进入新石器时代，黄河与长江两大流域形成农业为主的生产方式，开始了农耕畜牧和营造房屋的氏族公社生活。磨制石器大量使用，营建房屋、制作陶器和农业耕作已经出现，原始人类从过去依靠狩猎和采集的生活，进入定居的农耕生活时代。

新石器时代随着生产能力的提高，原始人类创造性地发明了原始手工纺织工具，这为早期服饰的发展提供了工艺基础。《庄子·盗跖》载："神农之世，卧则居居；起则于于；民知其母，不知其父，与麋鹿共处，耕而食，织而衣，无有相害之心。"织布制衣成为农耕文化的一项社会内容。《韩非子·五蠹》称："尧之王天下也，茅茨不翦，采椽不斫；粝粢之食，藜藿之羹；冬日麑裘，夏日葛衣；虽监门之服养，不亏于此矣。"随着纺织工艺的发展，人工织造的布料成为新型服装材料，葛布也成为夏季的主要衣料。

考古出土的新石器时代历史遗存，有各种类型的原始纺织工具，如纺纱捻线的石纺轮、陶纺轮、纺锤和纺坠等（图1-10~图1-19）。这些纺织工具的材料主要有石料、骨料和烧制的陶土材料。彩陶纺轮（图1-10），湖北屈家岭遗址出土，湖北省博物馆藏。纺轮为泥质红陶，中心开圆孔，表面有纹饰，纹饰多绘于单面，少数周边也有彩绘，主要有漩涡纹、网纹、同心圆纹和太极图纹等。这种纺轮为捻线工具，以中小型为主，适用于捻纺较细的纤维，反映出新石器时代屈家岭文化原始纺织手工艺的状况。

彩陶纺轮（图1-11），福建霞浦黄瓜山遗址出土，夹砂灰陶质地，器身扁平，表面饰有彩条纹、谷纹、网纹等纹饰。彩陶纺轮（图1-12），湖北天门石家河文化遗址出土，多数纺轮表面绘有花纹图案。齐家文化遗址和河姆渡文化遗址都出土有织布工具，如骨质纬刀、陶纺轮、线轮、骨梭和骨针等。我国新石器文化遗址出土的陶制或石制纺轮，说明当时纺织手工业已经出现，原始人类开始制作和使用纺织工具，掌握纺织工艺，生产结构简单的织物。

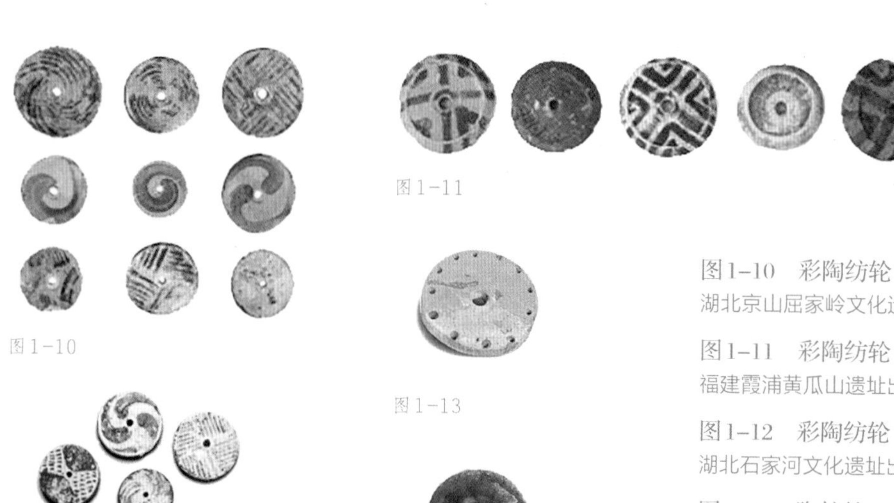

图1-10　图1-11　图1-12　图1-13　图1-14

图1-10　彩陶纺轮
湖北京山屈家岭文化遗址出土

图1-11　彩陶纺轮
福建霞浦黄瓜山遗址出土

图1-12　彩陶纺轮
湖北石家河文化遗址出土

图1-13　陶纺轮
浙江宁波傅家山遗址出土

图1-14　陶纺轮
浙江萧山跨湖桥遗址出土

图1-15　石纺轮
宁夏隆德页河子遗址出土

图1-16骨针
浙江河姆渡文化遗址出土

图1-17　管状针
浙江河姆渡文化遗址出土

图1-18　纺轮
浙江河姆渡文化遗址出土

图1-19　陶纺轮
浙江河姆渡文化遗址出土

图1-15

图1-16

图1-17

图1-18

图1-19

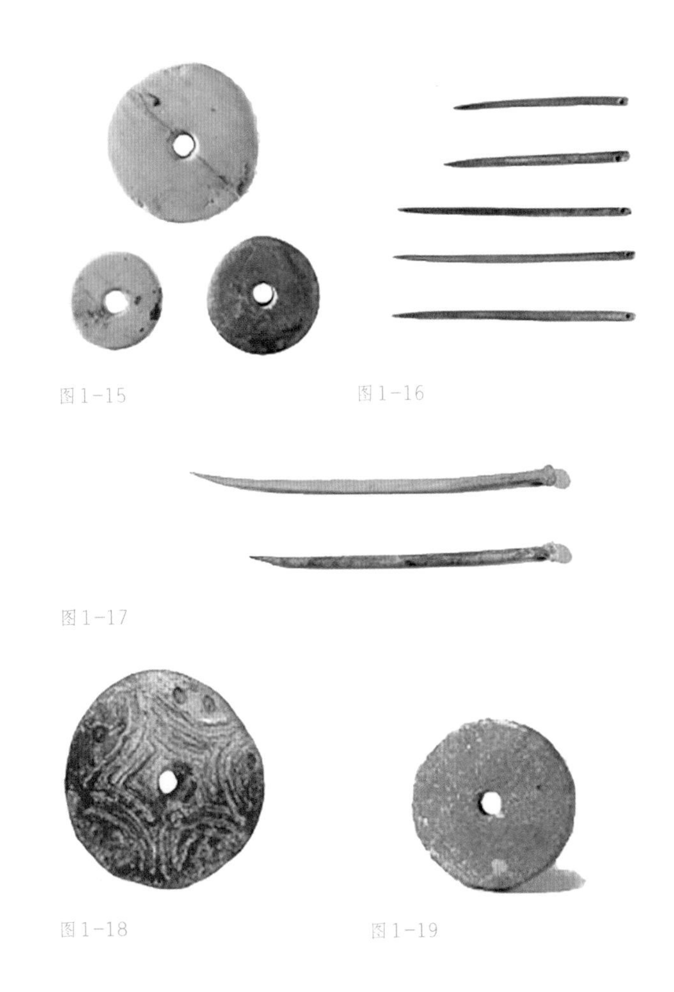

牙杖首饰

纺织服装的长期演变与发展，起始于最原始和简陋的织物。新石器时代原始人类腰部围绕简单编结的腰绳，或者垂挂藤蔓、兽皮和葛麻织物等材质拼接的腰蓑式围裙。围腰和蓑衣以及身体各部位佩戴的石材、贝壳或动物骨骼等制成的串饰，形成较为完整的早期着装形态。

《周易·系辞下》载：伏羲氏“作结绳而为网罟，以佃以渔”。织造技术是从纺织网罟和编制筐席等技术演变而来，考古出土的新石器时代彩陶表面也常印有编织物的印痕。新石器时代麻布、葛布和毛织物是主要的纤维面料。河姆渡文化遗址出土麻质绳索和麻布残片以及刻绘蚕纹的象牙杖首饰（图1-20），表明人们已经掌握一定的纺织和缫丝技术。河南仰韶文化遗址出土有纺轮（图1-21）以及各类纺织工具和陶制蚕蛹（图1-22）；部分考古出土的陶器表面有布料纤维的印痕，有平纹、斜纹和绞纹结构印迹；江苏苏州吴中区草鞋山新石器文化遗存出土回纹和条纹葛布残片（图1-23）。这些历史遗存说明人们已经能够生产不同结构类型的织物，并且可以通过技术手段在织物上织作纹饰。

山西夏县西阴村灰土岭仰韶文化遗址出土半切割的蚕茧，现藏于台北故宫博物院。这半个蚕茧成为原始人类利用蚕茧纤维的实证，印证了远在6000年前的黄河流域出现养蚕业，这是中国远古丝绸的见证。浙江吴兴钱山漾遗存出土纺轮及丝带、丝线等丝织物残片（图1-24~图1-27）。织物残片为绢片，平纹结构，表面细致，平整光洁，丝缕平直，经纬由多根单茧丝合劓为一股丝线交织而成，其密度体现当时纺织技术已达到一定水平。钱山漾遗址出土的丝织物残片，是长江流域出现丝绸的实证，说明距今4400~4200年的长江流域已有养蚕、缫丝、织作丝织品的技术。新疆罗布淖尔出土有羊毛布料残片和羊毛毯，织作工艺为原始织物常见的“手经指挂”工艺，即手工排好直经纱，然后挑起经纱穿入横纬纱，织物的长度和宽度都比较有限。

新石器时代大量纺织工具出现，河姆渡遗址出土部分原始腰机零件，其造型和现在存世的古法织机比较相似，由此可以推测当时的原始纺织状态。所有这些考古遗存说明，我国丝绸早在五千多年前已经被发明。《周易·系辞下》记载嫘祖发明养蚕治丝之法，教民育蚕，治丝茧以供衣服，考古发现与史料传说互相契合。考古发现的新石器时代纺织残片，揭开人类纤维面料的历史序幕，开始了真正意义上的服装发展历程。

图1-20

图1-21

图1-22

图1-23

图1-24

图1-25

图1-26

图1-27

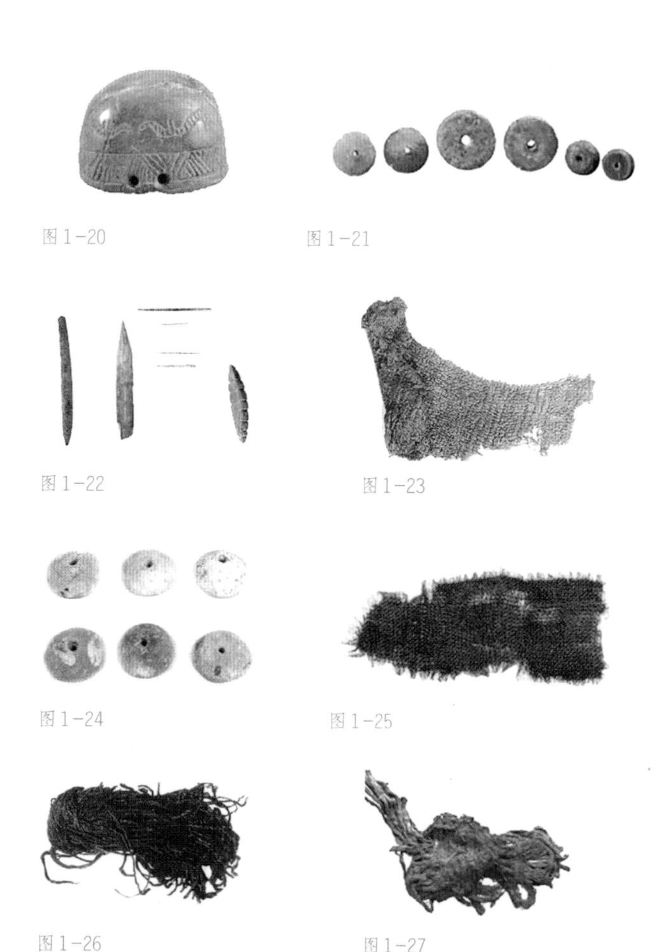

图1-20 蚕纹象牙杖首饰
浙江河姆渡文化遗址出土

图1-21 纺轮
河南仰韶文化遗址出土

图1-22 骨刀、骨梭、骨针、陶制蚕蛹
河南仰韶文化遗址出土

图1-23 葛布残片
江苏吴县草鞋山遗址出土

图1-24 纺轮
浙江吴兴钱山漾遗址出土

图1-25 丝织物残片
浙江吴兴钱山漾遗址出土

图1-26 丝线
浙江吴兴钱山漾遗址出土

图1-27 丝带
浙江吴兴钱山漾遗址出土

人像绘塑

新石器时代，随着皮、毛、麻、葛等服装材料的丰富，服装形式发生变化，服装功能也得到改善。披围包裹式服装成为新石器时代典型的衣着形态。服装配饰日趋复杂，对服装制度的形成产生重大影响。新石器时代氏族公社繁荣时期，人们形成比较完备的组合着装形式，主要有冠帽、衣裳、鞋履和配饰等服饰类型。

考古出土新石器时代彩陶，部分彩陶表面绘制有人像，还发现有陶制人俑等历史遗存。这不仅反映了原始人类对于器物装饰的审美现象，同时也为探寻原始人类古朴的服饰风貌提供了历史依据。

人面鱼纹彩陶（图1-28）和人面网纹彩陶（图1-29），陕西半坡文化遗址出土。彩陶中的各类人面图像展现出新石器时代人们将头发整理成固定发型，综发至头顶，在头顶中央束发盘结为锥形发髻，便于生产劳作。人面额头和下颌涂饰彩绘，反映当时的部落有纹面习俗。人面双鬓两侧和嘴角两侧绘制鱼纹，显示原始人类对渔猎丰收和人口繁衍的精神追求。

舞蹈纹彩陶（图1-30），甘肃马家窑文化遗址出土，显示多人并排牵手舞蹈，舞蹈服饰整齐统一，上身没有明显服装轮廓，或为赤裸上身，下装为O廓型的短裙，长度及膝。舞蹈纹彩陶（图1-31），青海大通县上孙家寨遗存出土，为新石器时代后期马家窑文化陶器的代表，现藏于中国国家博物馆。彩陶盆呈橙红色，上腹部为弧形，下腹内收为小平底。口沿及外壁有简单的黑线条装饰，内壁彩绘三组舞蹈图，每组舞蹈图之间用多条平行竖线和叶纹作隔。舞蹈图为五人组合，牵手舞蹈场景。舞人面部朝向右前方，头部束发于左侧，发尾上扬，腰部系扎腰绳，绳带垂悬于右侧。统一着装的原始舞蹈场面，反映早期服装形态，既有保护身体和装饰功能，同时也有仪式和秩序意义。新石器时代彩陶表面的舞蹈人物纹饰，造型简练，生动明快，动态活泼，有强烈的动感和节律感，再现了原始先民舞蹈欢庆的热烈场

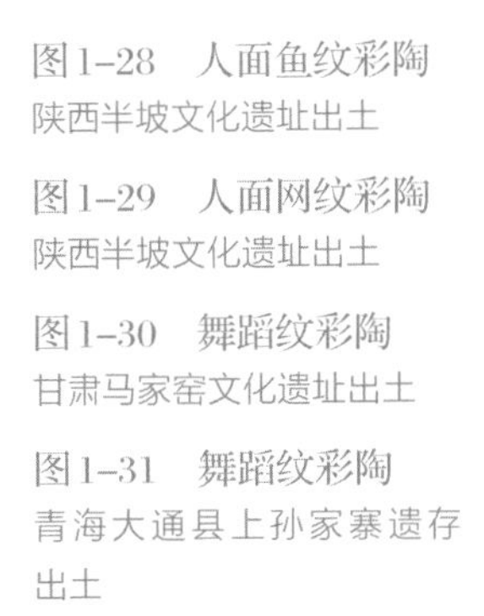

图1-28　人面鱼纹彩陶
陕西半坡文化遗址出土

图1-29　人面网纹彩陶
陕西半坡文化遗址出土

图1-30　舞蹈纹彩陶
甘肃马家窑文化遗址出土

图1-31　舞蹈纹彩陶
青海大通县上孙家寨遗存出土

图1-28

图1-29

图1-30

图1-31

面和服饰形象，传达出人们以舞蹈来庆祝农业丰收和渔猎的胜利。舞蹈人物纹彩陶盆造型优美，折射出当时制陶工艺的熟练和审美思想的进步，具有极高的历史价值和艺术价值。

红陶人头像（图1-32），甘肃陇南礼县高寺头遗址出土，甘肃省博物馆藏，为齐家文化遗存。头像高12.5厘米，内部中空，额前至脑后塑有半圈凸起的带状泥条，似为头部佩戴的饰品。眼嘴镂空呈横条状，鼻呈三角形，下颚短小，两耳耳垂各有穿孔，颈部粗壮。整体人像造型挺拔，为远古先民的形象。彩绘人头陶器盖（图1-33），瑞典远东古物博物馆藏，为甘肃出土的马家窑文化半山类型陶器。人像头顶左右两侧有双髻，头顶正中向脑后垂有蛇形束带，面部有线形彩绘，肩部装饰蛇状S形纹样，显示出人们与蛇有关的图腾崇拜。

人头形器口彩陶瓶（图1-34），甘肃秦安大地湾仰韶文化遗址出土。瓶高31.8厘米，口径4.5厘米，瓶口开小孔，呈圆雕的人头像，瓶体为生动写实的人体形。人像头部自然披发，额前齐眉发型。眼和嘴都雕成孔洞，两耳各有小穿孔，可垂系饰物。衣身为三层花瓣纹装饰，鼓腹造型类似怀孕女性，表现母系氏族社会对女性的赞美和生殖崇拜。

人形彩陶罐（图1-35），甘肃四坝文化遗址出土，甘肃文物考古研究所藏，罐体为写实立人状，人像双眼镂空，塑有鼻和嘴部，双耳穿有小孔。颈部绘有黑彩，或为佩戴于颈部的配饰，肩部较宽，下身着宽松长裤，脚部着翘头鞋。

玉人像（图1-36），安徽含山县凌家滩遗址出土，为浮雕人像，玉质呈灰白色，表面抛光。人像大眼宽鼻，双耳耳垂有穿孔，头戴圆冠，冠部饰有格纹，冠上有尖顶，顶上饰圆纽。人像两臂弯曲，五指张开置于胸前，小臂处有多层环形饰物。腰间饰有斜条纹腰带，大腿和臀部宽大，腿部显短，脚趾张开。玉立人像（图1-37），凌家滩遗址出土，安徽文物考

图1-32

图1-33

图1-34

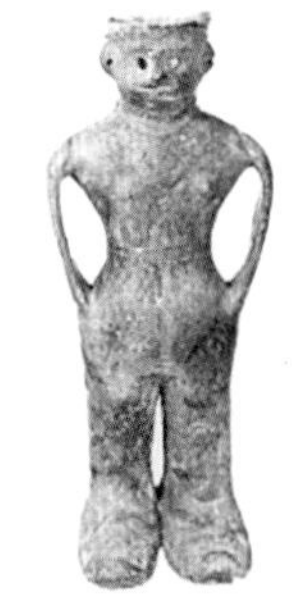
图1-35

图1-36

图1-37

图1-32　红陶人头像
甘肃陇南礼县高寺头遗址出土

图1-33　彩绘人头陶器盖
马家窑文化遗址出土

图1-34　人头形器口彩陶瓶
甘肃秦安大地湾仰韶文化遗址出土

图1-35　人形彩陶罐
甘肃四坝文化遗址出土

图1-36　玉人像
安徽含山县凌家滩遗址出土

图1-37　玉立人像
安徽含山县凌家滩遗址出土

古研究所藏，人像头部佩戴平顶冠，双耳耳垂有穿孔，腰部佩戴腰带。凌家滩文化出土的两件玉人，服饰形象比较清晰，整体服装紧窄合体，配饰集中于头部和手臂处。

新石器时代后期的裸体人像浮雕彩陶壶（图1-38），青海乐都县柳湾出土，中国国家博物馆藏，为马家窑文化的代表，陶壶表面饰有裸体人像浮雕。彩陶壶呈小口鼓腹造型，颈部略高，口沿外侈，腹部两侧有对称的双环形耳，上部装饰黑彩图案纹饰，在壶身彩绘之间捏塑有裸体人像。人像呈站立姿势，头位于壶的颈部，五官清晰，身躯和四肢位于壶的腹部。人像双手置于腹前，乳头用黑彩点绘，在人像下腹处夸张地塑造出生殖器的形象。壶颈部背面绘有长发，长发下绘有蛙纹，在人像腿部外侧也绘有蛙纹，人像纹和蛙纹是当时生殖崇拜的象征。裸体人像浮雕彩陶壶融浮雕和绘画的艺术手法于一体，是新石器时代彩陶中的稀世艺术珍品。

陶塑人像（图1-39），内蒙古赤峰市敖汉旗兴隆沟遗址出土，存埋于红山文化聚落的房址内。人像呈盘坐姿势，通高55厘米，头部戴平顶冠，冠顶正中有一圆孔，长发挽起，从圆孔中穿过，并用条带状饰物捆扎，形成横向的发髻。冠顶部发髻盘绕，中间系绳，绳头搭于前额。人像方圆脸高颧骨，鼻梁高直，两耳耳垂各有穿孔，张口呈呼状，神态逼真，造型生动。中国著名考古学家，红山文化考古专家郭大顺认为：“这尊陶塑人像应为红山文化时期出土的最大的巫或王的神像，为探讨中华文明起源及红山文化时期的宗教信仰、祭祀、族别以及文化传统提供了极为重要的实物佐证。”这尊陶塑人像为研究红山文化及辽河文明的演进，提供了珍贵材料，也再现了华夏先民服饰形象。

石雕人头像（图1-40），内蒙古赤峰敖汉旗草帽山遗址出土，以红色细砂岩雕琢而成。人像头部有冠，面部双目紧闭，神态安详，身体部分残缺，仅存颈、胸部上端。草帽山遗址石雕人像，出自红山文化晚期的积石冢内，具有祭祀功能。女神头像（图1-41），辽宁凌源牛河梁遗址女神庙出土，头顶以上部位略残，头顶有箍饰，鬓角部位有竖行的系带。牛河梁遗址女神头像出土于红山文化埋葬和祭祀区的

图1-38　裸体人像浮雕彩陶壶
青海乐都县柳湾出土

图1-39　陶塑人像
内蒙古赤峰市敖汉旗兴隆沟遗址出土

图1-40　石雕人头像
内蒙古赤峰敖汉旗草帽山遗址出土

图1-41　女神头像
辽宁凌源牛河梁遗址女神庙出土

图1-38

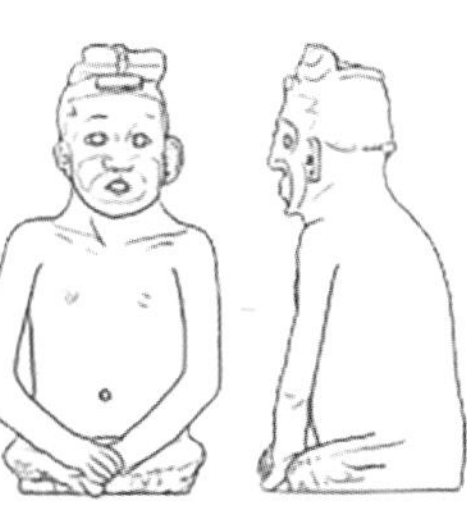

图1-39

图1-40

图1-41

女神庙址内，其与兴隆沟遗址陶人像同属红山文化晚期，是供奉在庙内的神像。

新石器时代原始人类进入母系氏族的繁荣时期，以磨制的石斧、石锛、石凿和石铲，琢制的磨盘和打制的石锤、石片等石器为主要工具。人们营造房屋，改变穴居的居住方式，开始从事农业和畜牧，将植物果实加以播种，并驯服野生动物，食物来源变得稳定。原始人类由逐水草而居变为定居生活，并开始制作陶器和简单的纤维织物。人们逐步改变了长期以来自然裸露的身体面貌，开始养蚕缫丝、编制麻葛和缝制简单的衣物。通过用植物纤维、动物毛发和蚕丝来纺线和织布，制成服装，由此人们开启了佩戴配饰、穿衣戴冠的服饰文化。

原始配饰

目前，考古发现我国新石器文化圈内，新石器时代遗存有各类配饰，分别为头饰、胸饰、颈饰和腕饰等。新石器时代饰品材质丰富，有骨、木、贝、石等多种材料，其中玉饰为当时人们最常用的配饰类型之一。玉质配饰显示华夏民族独特而鲜明的玉文化，也是服饰艺术的重要内容，这在世界民族艺术史中独树一帜。

“玉”最早文字记载见于河南安阳殷墟出土的甲骨文，此后也见于西周晚期及战国时代的青铜器铭文。许慎《说文解字》载：“玉，石之美者，有五德。润泽以温，仁之方也；䚡理自外，可以知中，义之方也；其声舒扬，专以远闻，智之方也；不桡而折，勇之方也；锐廉而不忮，絜之方也。”人们从旧石器时代进入新石器时代，选用细腻坚硬、色彩美丽的玉质材料，加工制作成各类配饰，反映了人们通过赏玉与佩玉，追求精神寄托的价值取向。

新石器时代配饰制作工艺有很大程度的提高，国内考古出土多例新石器时代玉质配件，配饰材料已由早期的木质、骨质和贝类，发展为以玉石和玛瑙等材质为主。新石器时代玉质配饰在各地区文化遗存中都有发现，如兴隆洼文化、红山文化、凌家滩文化、龙山文化和良渚文化，各地区文化有相互影响和传承的关系。

考古发现内蒙古东部地区的兴隆洼文化，出现我国早期玉器。兴隆洼文化玉器中，装饰类玉器主要为玉玦。新石器时代的玉玦，为扁圆环状，中部有小圆孔，一侧有窄缺口。最早的玉玦发现于内蒙古赤峰兴隆洼文化墓葬内，出土时位于人头骨的两侧，且缺口向上，可见玉玦应是类似耳环的装饰品（图1-42、图1-43）。在新石器时代的玉制品中，玉玦分布相对广泛，各地多有出土，用途也以耳饰为主。

玉玦为玉饰的一种，形如环而有缺口。新石器时代、商周和春秋战国墓葬中，常发现有玉玦，多放置于墓主人的耳旁。玉玦最初作为耳饰玉器，到商周之后主要用作佩玉。玉玦是我国古代玉饰艺术中最具代表性的配饰之一，不仅有形式上的装饰美，同时增添了礼制文化内涵，主要表现为四种：一为佩饰，装饰之用；二为信器，表示关系之断绝；三为佩戴玉玦象征果敢决断的品质；四为刑罚的标志，犯法者见玦则不许还。玦类饰品在我国古代配饰艺术中有着特殊的文化寓意。

新石器时代红山文化距今五千年左右，因1935年发现于内蒙古赤峰市红山而得名。处于红山文化中的原始居民已经开始定居生活，进行农耕、畜牧和狩猎等活动。红山文化遗址中往往有成批的玉器出土，这些玉质配饰，一般形体较小，且有穿孔，可穿绳佩戴。红山文化玉饰中各种动物造型的玉饰，雕琢精细、风格古朴，如玉猪龙、玉龙、玉璧、勾云玉佩、玉箍等，显示出红山文化典型的佩玉现象。

新石器时代的玉猪龙是红山文化标志玉器之一。新石器时期玉猪龙（图1-44），吉林农安左家山出土，龙的形态直接用圆雕造型表现，头部相对精细，肢体为圆形，额头隆起，吻部前凸。头顶有三角形大耳，眼部和吻部以简洁的线条刻画，光素无纹饰。首尾之间有横向窄缺口，颈背部对穿小孔，可穿系佩挂。在红山文化遗址中，玉猪龙配饰（图1-45、图1-46）出土时多位于墓主的身躯上面，可能穿绳佩于胸前，应是当时礼仪或宗教用玉。玉猪龙是红山文化中的典型玉器，其形象具有动物胚胎的模样。或许是因为史前先民相信胚胎最具生命力量，就用这种造型来强调蜕变的生命力。

C形玉龙（图1-47），内蒙古翁牛特旗三星他拉村新石器遗址出土，为新石器时代后期红山文化的玉饰代表。玉龙高26厘米，由墨绿色的岫岩玉雕琢而成，龙体周身光洁，头部长吻修目，鬣鬃飞扬，躯体卷曲若钩，造型生动，富有韵味。这件玉龙是我国考古发现时代较早的龙的形象，从其首部特征看，吻部较长，鼻部前突，上翘起棱，端面截平，有两个并排的鼻孔，似有猪首特征。这件玉龙具有相当高的艺术价值，有“中华第一龙”的美誉。商代甲骨文中的“龙”字字形和商代妇好墓出土的玉龙佩件，都显示龙是一种巨头、有角、大口、曲身的神兽。新石器时代最符合这些特征的考古文物，应属红山文化中的蜷体玉龙。安徽含山凌家滩、湖北天门肖家屋脊也都有类似的玉龙佩件，这些有可能均为龙的最原始形态。

图1-42　图1-43　图1-44

图1-45　图1-46　图1-47

图1-42　玉玦
兴隆洼遗址108号墓与476号灰坑出土

图1-43　玉玦
兴隆洼遗址135号墓出土

图1-44　玉猪龙
吉林农安左家山出土

图1-45　玉猪龙
辽宁建平县采集红山文化遗址出土

图1-46　玉猪龙
辽宁朝阳牛河梁出土红山文化遗址出土

图1-47　C形玉龙
内蒙古翁牛特旗三星他拉村新石器遗址出土

双联璧（图1-48），新石器时代红山文化出土，长6.5厘米，宽4.1厘米，扁平状，上窄下宽，中部有圆孔，上下璧连接处雕刻对称窄缺口，顶部有圆形穿孔，用于悬挂或佩带。联璧有双联和三联的形式，迄今仅在红山和凌家滩等文化遗存中发现。神面形勾云玉佩（图1-49），新石器时代红山文化出土，中国国家博物馆藏，为红山文化代表性玉器。玉佩双面均有纹饰，顶部钻有三孔，正中用粗阴线刻神面纹，内凹式圆眼，五组长齿；左右两端卷曲呈勾云形角，呈现神化的兽面形式。双鸟形勾云玉佩（图1-50），新石器时代红山文化出土，辽河之西、燕山之北的广漠草原上，常翱翔着成群的鹰，红山文化先民信奉这类以厚实弯喙为特征的猛禽，称为神的使者“玄鸟”。勾云鸟纹用美玉雕琢而成，象征隐藏在云端里的神玄之鸟，人们佩戴鸟形勾云玉佩用以通神。勾云形玉佩造型独特，出土时多位于墓主人胸部，成为红山文化的典型玉佩件。

马蹄箍形玉器（图1-51），新石器时代红山文化出土，高14.8厘米。以青色玉料制成，呈椭圆中空的筒状。玉饰器壁较薄，顶部为斜大口，底部略小，底口平直，磨损痕迹明显。马蹄箍形玉饰（图1-52），辽宁建平县牛河梁出土，高11.5厘米，上口径8.4厘米，下口径6.8厘米，现藏于辽宁省博物馆。玉质呈青绿色，椭圆形筒状，上大下小，器壁较薄，筒外光素平滑。上端呈斜坡状，口沿有缺口，为使用和磨损的痕迹，下端平齐，底边有小孔。

考古发现，此类箍形玉器只在红山文化的高等级墓葬中存在，出土时多位于男性墓主的头部下方。有的箍形玉器口部还有两个小孔，可以系绳或穿插发笄，由此推断此类玉饰是人们用来固定发式的发箍。箍形玉器兼具实用与装饰功能，使用时可将头发收拢，套入筒状的箍内并挽成发髻，再戴在头上作为玉冠饰物。新石器时代晚期，造型精美的箍形玉器是原始社会群体中享有崇高地位的权贵阶层佩戴，这是权贵阶层身份地位的最明显标志。

大汶口文化玉镯（图1-53），山东文物考古研究所藏，为白玉质，沁有灰白斑。玉镯两端外侈，中间束腰，佩戴痕迹明显，中部有两

图1-48

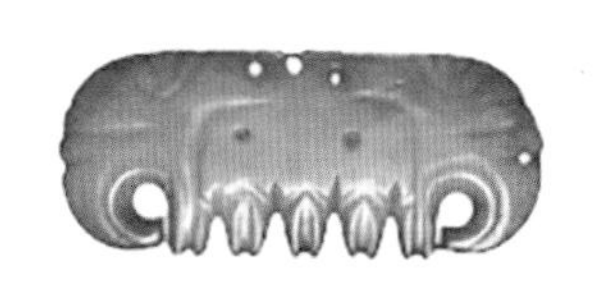
图1-49

图1-50

图1-51

图1-52

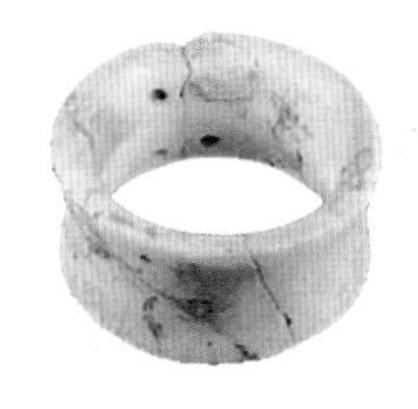
图1-53

图1-48　双联璧
新石器时代红山文化出土

图1-49　神面形勾云玉佩
新石器时代红山文化出土

图1-50　双鸟形勾云玉佩
新石器时代红山文化出土

图1-51　马蹄箍形玉器
新石器时代红山文化出土

图1-52　马蹄箍形玉饰
辽宁建平县牛河梁出土

图1-53　玉镯
山东广饶县傅家出土

处裂痕，裂痕内壁均有对应的四个圆孔，应为修补之用。两件大汶口文化玉坠（图1-54），山东省文物考古研究所藏，左件为青玉，沁有灰白色，少量黑斑，玉坠整体呈舌形，舌尖处残缺，上端束腰，有圆孔；右件为淡绿色，有黑色弧形条斑，玉坠为圆柱形，一端稍扁有圆孔，另一端呈圆弧形。

大汶口文化镂雕旋纹象牙梳（图1-55），山东泰安出土，中国国家博物馆藏，为新石器时代后期玉饰。象牙梳呈长方形，背厚齿薄，上端钻三圆孔，下端四周刻有条孔。象牙梳主体部分镂雕出三行条孔组成的旋纹，内部饰有T形纹，最下部有细密的梳齿，整体造型美观，工艺精致，保存完好。

大汶口文化后期，社会财富日益丰富，出现财产及社会阶层的分化。在大汶口墓葬中，多数墓葬只有几件简单的陶器或石器，而少数高等级大墓的随葬品却较为丰富。这些大墓不仅拥有大量制作规整、器类繁多的陶器、石器、骨器等生活用品和工具，还有贵重的象牙器、玉器和骨雕等工艺品。这件镂雕旋纹象牙梳即出自一座大墓，推断墓主人应是社会地位显赫之人。

良渚文化发现于浙江余杭县良渚镇，主要分布在长江下游的太湖流域，出土玉器造型丰富，内涵丰富。良渚玉饰雕刻精细，注重细节描绘，多装饰有精细繁缛的神面纹，常用极细的阴线勾勒出神人面的图案，代表了新石器时代晚期制玉工艺的最高水平，展现出古代社会文明发展的曙光。玉璜串饰（图1-56），浙江余杭瑶山4号墓出土，为良渚文化玉饰的代表。玉串饰由1件玉璜与16枚玉管首尾相接组合而成。玉璜呈半璧形，上端中部有宝盖尖顶的凹缺，正面以阴线刻兽面纹。玉璜表面以镂孔加圆周线和弧边三角形勾勒兽眼，卷云纹和弧曲线刻绘宽鼻，长方扁阔嘴内刻有尖利的獠牙。玉串饰规范匀称，纹饰精美流畅。

浙江余杭反山、瑶山、桐乡金星，上海青浦福泉山等地的良渚文化遗址中，出土多例玉饰（图1-57~图1-59），出土时玉带钩均位于墓主人腰部，用作腰带挂钩，为极具实用性的服装佩件。玉带钩（图1-60），良渚文

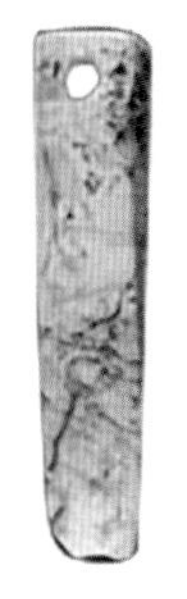
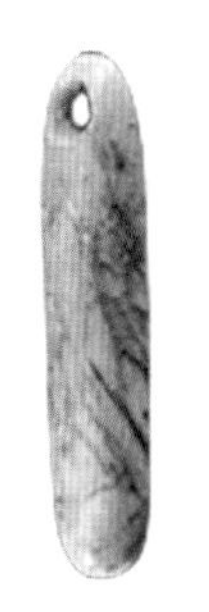

图1-54

图1-55

图1-56

图1-57

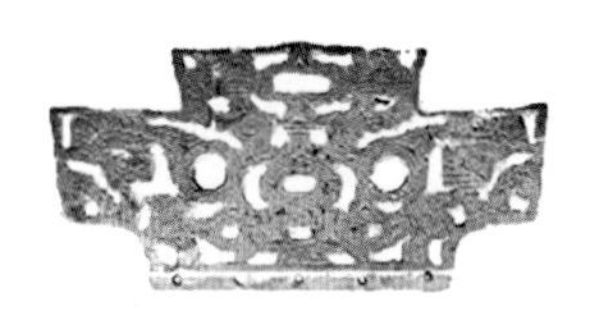

图1-58

图1-54 玉坠
山东广饶县傅家出土

图1-55 镂雕旋纹象牙梳
山东泰安出土

图1-56 玉璜串饰
浙江余杭瑶山4号墓出土

图1-57 梯形玉冠饰
浙江余杭长命乡雉山村反山墓出土

图1-58 山形玉冠饰
浙江余杭长命乡雉山村反山墓出土

化出土，多呈长方形，光素无纹，由长方形玉块切割钻磨而成，一端有穿系的孔，另一端做钩形，用于钩系绳索、皮革等腰带，用时钩首向内。带钩的钩首较长，束带牢实而不易脱钩，实用性较强，这是我国考古发现最早的玉带钩。

新石器时代石家河文化遗址出土鸟首璜形饰（图1-61），中国国家博物馆藏，残长7厘米，呈长弧形，一端保留完好，另一端残断无存。鸟首饰勾云形冠，圆眼突鼻，喙向下勾卷，面部有勾云纹，颈部有两组凸弦状棱。鸟首冠、喙和颈部均为抽象化艺术处理，表现出神鸟特征。商周以后的玉饰中，普遍应用动物形象作为璜形器两端的装饰形式。

蝉形佩（图1-62），石家河文化遗址出土，中国国家博物馆藏，长2.9厘米，呈长方形，宽首凸圆眼，胸部和颈部有阴刻线纹和卷云纹，尾部圆钝，长宽翅，末端弧形外撇，表面饰翅脉纹。蝉形佩首部有对称的穿孔，可以穿绳佩戴。蝉是石家河文化玉饰中出土数量最多的一种动物形象，蝉形玉饰造型固定规范，是我国配饰艺术中的典型代表。

人面形玉饰，是石家河文化的典型玉器类型。人面形玉饰（图1-63），湖北天门石河镇肖家屋脊遗址出土，玉料为黄色，表面有白色斑点，展示出正面人首特征，头部戴冠，面部向外凸出，五官线条清晰，耳部佩戴有环形耳饰。人面形玉饰（图1-64），湖北天门罗家

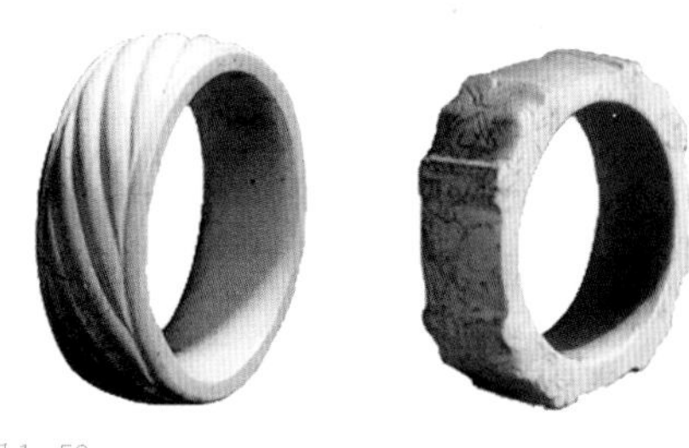

图1-59

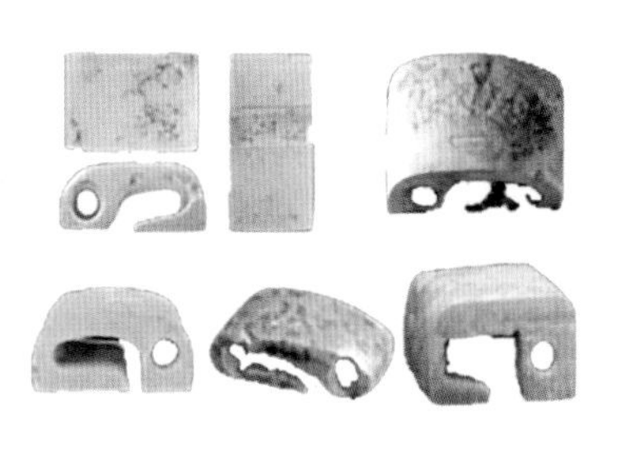

图1-60

图1-61

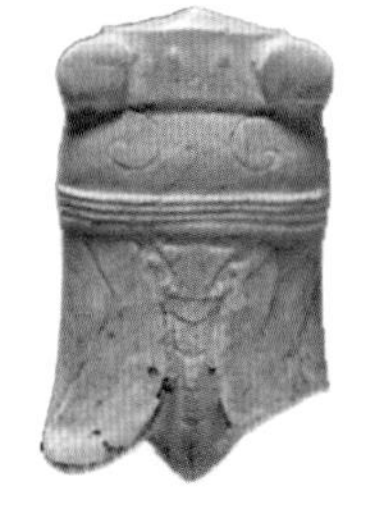

图1-62

图1-63

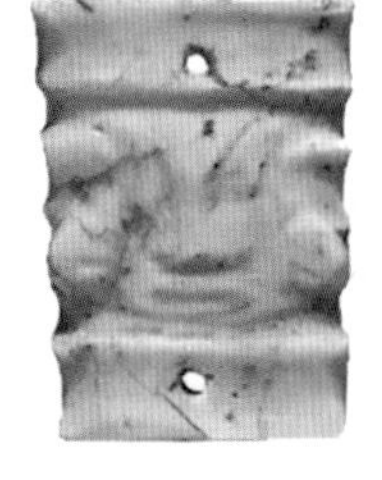

图1-64

图1-59　玉镯
浙江余杭安溪乡下溪湾村瑶山墓出土

图1-60　玉带钩
良渚文化遗址出土

图1-61　鸟首璜形饰
湖北天门罗家柏岭石家河文化遗址出土

图1-62　蝉形佩
石家河文化遗址出土

图1-63　人面形玉饰
湖北天门石河镇肖家屋脊石家河文化遗址出土

图1-64　人面形玉饰
湖北天门罗家柏岭石家河文化遗址出土

柏岭遗址出土，玉料灰白，局部有黄褐色沁，为片状人首造型，头部戴冠，阴线刻绘五官，鼻、嘴部突出，佩戴耳饰，玉饰上、下部位有钻孔，应为穿绳佩戴之用。石家河文化遗址出土的人面形玉饰，显示出人首特征为菱形眼、宽鼻、方形嘴、佩戴头冠、耳垂有孔并佩戴耳饰、神情庄重肃穆。这种人面形象应与巫觋活动有关，有可能是当地先民敬仰的巫师形象。

凤形佩，如图1-65，石家河文化遗址出土和图1-66所示。其中罗家柏岭出土的凤形玉佩，中国国家博物馆藏，最大径为4.7厘米，保存完整。《山海经·大荒西经》记载，凤“其状如鸡，五采而文”，产于“丹穴”。《韩诗外传》把凤描述为“鸿前麟后，蛇颈而鱼尾，龙文而龟身，燕颔而鸡喙”。可见我国古人结合了各种飞禽特征而创意出凤的形象，凤是对各种禽鸟外形特征的神化。

凌家滩文化为新石器时代的典型文化，因于安徽省含山县凌家滩发现而得名，距今有五六千年。凌家滩遗址出土了新石器时代玉器，以实用器和装饰器为主。含山县凌家滩遗址出土有冠状玉饰、玉璜、玉镯，安徽省文物考古研究所藏。冠状玉饰（图1-67），凌家滩遗址出土，呈灰白色，上端透雕呈勾云形，底部为长方形底座，刻三条槽线，两端有钻孔。双虎首玉璜（图1-68），凌家滩遗址出土，呈半圆弧形，两端浮雕卧虎的上半身，造型独特。虎头昂首，吻部刻纹抽象，以四条横向刻纹表现上下唇及两排牙齿，嘴角刻画獠牙。虎首凸鼻，穿孔为睛，额部微凸，耳向后耸立。在鼻梁、额部、耳根处刻绘横线条。前腿前屈呈匍匐状，刻纹表现虎腿、虎足、虎爪纹饰，造型生动。玉镯（图1-69），凌家滩遗址出土，为灰白色宽镯，内外壁光滑，造型简练。

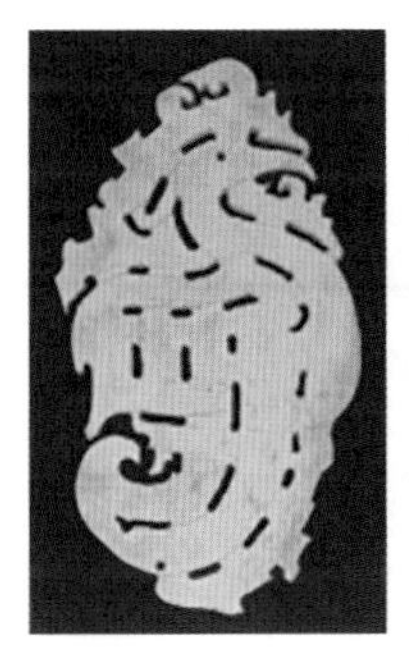
图1-65

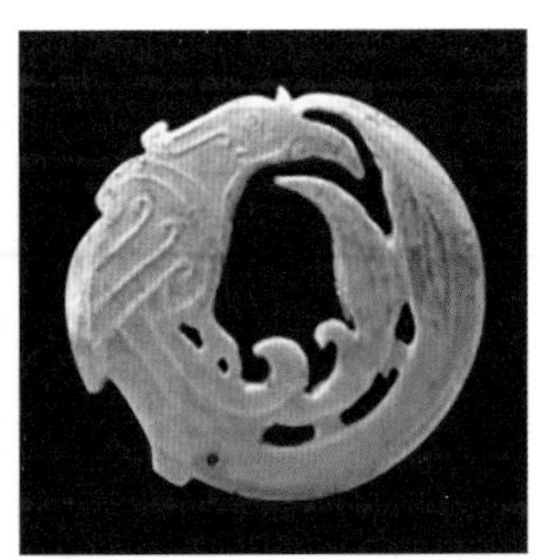
图1-66

图1-65　凤形玉佩
湖南澧县孙家岗石家河文化遗址14号墓出土

图1-66　凤形玉佩
湖北天门石家河镇罗家柏岭石家河文化遗址出土

图1-67　冠状玉饰
安徽含山县凌家滩文化遗址出土

图1-68　双虎首玉璜
安徽含山县凌家滩文化遗址出土

图1-69　玉镯
安徽含山县凌家滩文化遗址出土

图1-67

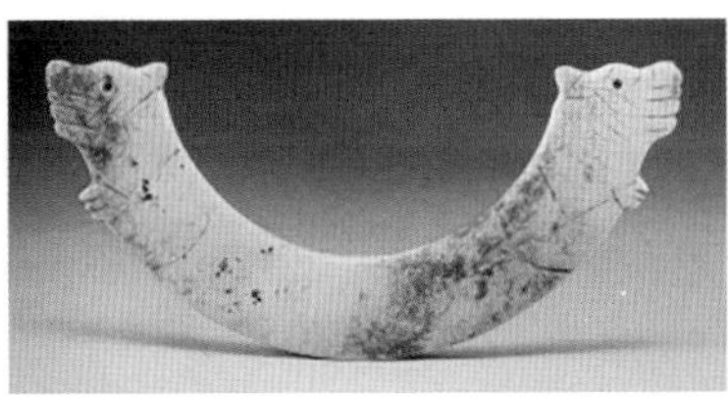
图1-68

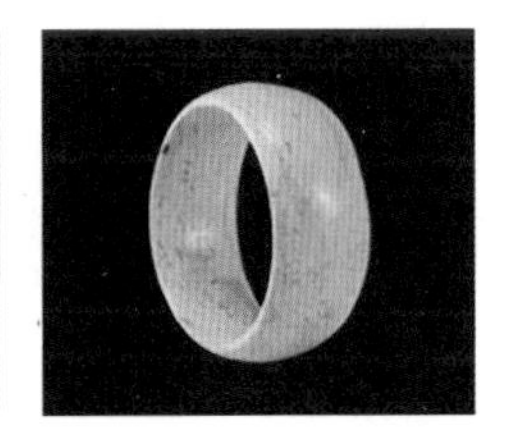
图1-69

贰 古朴凝练的夏商周服饰

随着社会文化和科学技术的发展，原始氏族部落的社会形态逐渐解体，我国历史上第一个王朝夏朝建立。《左传·宣公三年》载："昔夏之方有德也，远方图物，贡金九牧，铸鼎象物，百物为之备，使民知神奸。"夏收九州之金铸青铜九鼎，并在九鼎表面铸绘各种鸟兽图像，代表天下九州，青铜时代接替石器时代，开启了奴隶制国家社会体系。夏代之后，由商代到西周，为我国奴隶制社会的兴盛时期。这一时期，我国传统服装样式表现为上衣下裳制，服装与配饰已有浓厚的社会等级烙印。贵族阶层服饰异常奢华，佩玉习俗全面发展。春秋战国时期贵族穿用的深衣开始流行，少数民族胡服在中原地区推广。

商代人像与配饰

商代人们有着严格的身份阶层等级区分，不同阶层地位的人们，服饰的材料、式样及配饰有着明显差异。商代随着纺织技术的发展，服装材料主要有皮、革、丝、麻等，其中丝麻织物使用广泛。商代人们能够织造精细的丝绸和提花织锦，贵族阶层穿用色彩纹饰华美的丝绸衣服，搭配雕琢精致的各类玉饰。

考古发掘的河南安阳殷墟妇好墓历史遗存，为人们了解商代服饰艺术提供了多件可供考察的实物资料。妇好墓出土有大量随葬品，有青铜器、玉器、宝石制品及数千枚海贝。自1928年考古学界发掘殷墟以来，清理过的商代墓葬已超过2万座，其中妇好墓出土的文物数量位列第一。妇好墓随葬品中的玉人、玉佩等实物，再现了商代贵族服饰的风采。

考古发现的商代人像遗存，显示出不同身份地位的人们在服饰外观上有很大的差别，服饰从款式到纹样装饰都成为阶层的标识。跪坐玉人（图2-1），商代殷墟妇好墓出土，再现了商代贵族服饰的艺术性和礼仪性。玉人头戴卷轴平顶頍形冠，冠前部为横式筒状卷饰造型，上有几何纹饰，冠顶露发，冠之左右有对穿小孔，靠前也有小孔，可能为插笄固冠之用。冠下耳后头发编为长辫在头顶盘结，整体发式冠帽周正严肃。《礼记·玉藻》云："缟冠玄武，子姓之冠也。"郑注："武，冠卷也。"这里所说的子姓殷人之冠，或指此类带有横筒状卷饰之冠。玉人服装为交领窄袖合体长衣，衣长至脚踝，腰间系宽带，左腰插卷云形宽柄器，腹前悬蔽膝，下装包裹呈筒形。长衣在肩臂、后背及腿侧都装饰有勾连回形纹，腰带上饰有几何纹。服装纹饰丰富，造型精美，显示出商代贵族的奢华气度。

在商代贵族服饰形象中，辫发和戴冠是比较常见的头部装扮。梳辫玉人（图2-2），商代殷墟妇好墓出土，呈跽坐姿势，双手放至双膝上。玉人头发全部归拢于头顶结辫，辫上缚有发绳，辫梢自然垂于脑后。玉人衣饰合体，表面纹饰丰富，前胸为兽面纹，领部和后背为云雷纹，大臂和腿部外侧为虺蛇纹。商代晚期青铜器珍品虎食人卣（图2-3），日本泉屋博物馆藏，人物衣饰华丽，后背为兽面纹，双臂和腿外侧均饰有云雷纹和虺蛇纹。

商代石雕立人（图2-4），美国福格艺术博物馆藏，人像头部佩戴高冠，冠帽前部有四层，后部单层，呈现前高后低的造型。人像衣着完整，为交领右衽长衣，上衣下摆前至膝盖，后至脚踝，呈现前短后长样式。上衣为窄袖，腰间束带，腰带前部正中垂有蔽膝。商代殷墟妇好墓出土的跪坐石人（图2-5），双手抚膝，头部佩戴圆环形頍形冠，衣饰较为简单，为窄袖衣，紧身合体，宽带束腰，腰带前部垂有蔽膝。

阴阳合体玉人（图2-6），中国国家博物馆藏，商代殷墟妇好墓出土，正反两面表现为男和女，玉人呈裸体，无衣饰修饰，头部发型为头顶两侧呈总角样式，尾端向上翻卷，脚下有伸出的短榫，可作插嵌之用。山西省临汾市曲沃县北赵村出土商代玉立人（图2-7），藏于山西省博物院。玉人呈黄褐色，站立状，宽额浓眉，臣字目。发式为前耸犄角形，螺旋而上，后脑发式下垂微曲。双臂前举，双手抱拳，臂部外侧饰云雷纹。腰部束宽腰带，装饰斜方格纹。腰侧佩戴螭形配饰，饰鳞纹。配饰为龙首，瓶形角，方目卷鼻，吻部有穿孔。玉人双腿曲立，双腿外侧饰卷云纹，脚部为方头鞋，脚下为片状榫头，可作插嵌之用。

商代石雕立人（图2-8），美国福格艺术博物馆藏，呈裸体站立状，长脸宽额，浓眉，

图2-1　图2-2

图2-3　图2-4

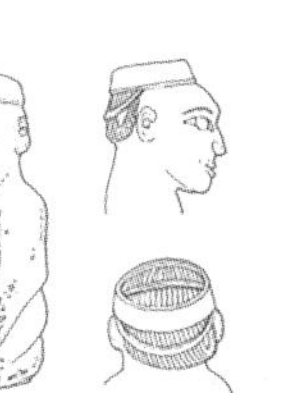

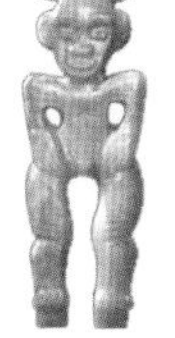

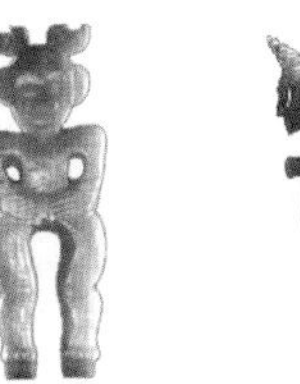

图2-5　图2-6　图2-7

图2-1　跪坐玉人
殷墟妇好墓出土

图2-2　梳辫玉人
殷墟妇好墓出土

图2-3　商虎食人卣
日本泉屋博物馆藏

图2-4　石雕立人
美国福格艺术博物馆藏

图2-5　跪坐石人
殷墟妇好墓出土

图2-6　阴阳合体玉人
殷墟妇好墓出土

图2-7　玉立人
山西临汾市曲沃县北赵村出土

臣字目，宽鼻阔嘴。头发拢向头顶，整理为双角造型。双手拢于腹部，双腿曲立，脚底有榫，可以插嵌。从考古资料上看，妇好墓跪坐人像佩戴较为低矮的圆环状頍形冠，美国福格博物馆藏石雕立人佩戴前高后低的高冠。商代贵族多有佩戴冠帽现象，冠帽类型比较丰富，是贵族身份与地位的象征。

商代浮雕人形玉配饰（图2-9），中国国家博物馆藏，玉人呈蹲踞状，侧平视，头微扬。臣字形大眼，斜直高鼻，嘴部较小略向前倾，大耳。玉人手臂弯曲，握拳放于胸前，腿呈蹲立状，臀部后有穿孔。下肢紧贴臀部，足下有榫，似用来插嵌或与其他器物结扎使用。人像头部佩戴高冠，云雷纹装饰，冠式前高后低，冠尾为钩形返折，冠部边缘雕琢为凸凹相间的棱饰，冠帽通体造型精美。

人形玉配饰（图2-10），河南安阳殷墟妇好墓出土，中国国家博物馆藏。玉饰双面雕刻侧面人像，人像为蹲踞状，头顶佩戴边缘有脊齿的凤形羽冠。面部为臣字眼，长方形大耳，阔鼻张口，颌略向前凸。人像手臂弯曲，握拳于胸前，足下有榫和圆孔，周身饰勾云纹。人像头部佩戴前高后低的冠帽，冠帽边缘为凸凹相间的棱饰，整体造型与前一例人形玉配饰基本相似。

高冠人形玉配饰（图2-11），殷墟妇好墓出土，人像佩戴高冠，冠式高耸，表面饰有纹饰。冠体从额前向后倾斜，冠尾为钩状折返，整体为梯形，造型与前两例相似。浮雕人形玉配饰（图2-12），殷墟西北岗1550号大墓出土，人像佩戴高冠，冠体前高后低，中间为镂空纹饰装饰，冠体边缘有凸凹棱饰。玉雕人头像（图2-13），河南安阳小屯村M331号商墓出土，人像仅有头部造型，头顶佩戴环形冠，

图2-8　图2-9　图2-10　图2-11　图2-12　图2-13

图2-8　石雕立人
美国福格博物馆藏

图2-9　浮雕人形玉配饰
中国国家博物馆藏

图2-10　人形玉配饰
殷墟妇好墓出土

图2-11　高冠人形玉配饰
殷墟妇好墓出土

图2-12　浮雕人形玉配饰
殷墟1550号墓出土

图2-13　玉雕人头像
殷墟小屯村M331号墓出土

冠帽四周饰有菱形几何纹饰，头发从冠顶开口处高高盘结向上，呈现出鸟冠造型，整体样式传达出人像的特殊身份。

玉神人头像（图2-14），新干县大洋洲商墓出土，江西省博物馆藏，人面以兽面纹装饰，或佩戴兽面具，头顶佩戴三层环形冠，头发从冠顶开口处向上伸展，后部自然下垂。

彩石玉羽人像（图2-15），新干县大洋洲商墓出土，江西省博物馆藏，人像用圆雕和浮雕工艺雕琢而成，呈侧身蹲坐状，两侧对称。羽人头顶为鸟形高冠，臣字目，粗眉大耳，高长鼻内钩，嘴呈鸟喙状。头顶后部用掏雕法制成三个相连的链环。人像双臂前曲于胸前，双手合拳向内，双膝上耸。腰背部两侧雕有羽翼。这件侧身羽人像玉佩具有神人意味，把人、兽、鸟集合于一体，反映人们特殊的鸟图腾和鸟崇拜现象。各地考古出土的商代高冠人像，高冠造型与凤鸟冠相似。《诗经·商颂》中有“天命玄鸟，降而生商”的记载，玉人冠部形式与玉凤鸟冠的装饰与造型完全相同，可以说明高冠人像可能是人鸟合体的神人形象。

残缺白色大理石跪坐人像（图2-16），殷墟侯家庄西北岗商代墓葬出土。人像身穿窄袖宽领上衣，上衣下襟垂及腹部，衣襟向右交掩为右衽，宽领饰纹样，腰间束宽腰带，有云雷纹和人字形纹饰。胫部扎裹腿，脚部为翘头鞋。腰带前中部垂有蔽膝，饰有人字形纹和云雷纹。由此可见，商代贵族已经穿用上衣下裳的服装组合样式，整体服饰造型周正，纹饰华丽，服饰成为权贵阶层的地位象征。

奴隶石人像（图2-17），殷墟小屯村出土。奴隶人像分成两种类型：一类头顶光秃，手臂反缚于身后；另一类头顶盘结发髻，手臂缚在前面。奴隶身穿一件圆领连衫裙，长至脚面。腰间系绳索，衣着简陋。圆雕孔雀石玉人像（图2-18），殷墟妇好墓出土，玉人跪坐，双手抚膝，头微抬。脑后左侧有下垂的发髻，发髻中间有上下相通的小孔，赤脚。圆雕玉人

图2-14

图2-15

图2-16

图2-17

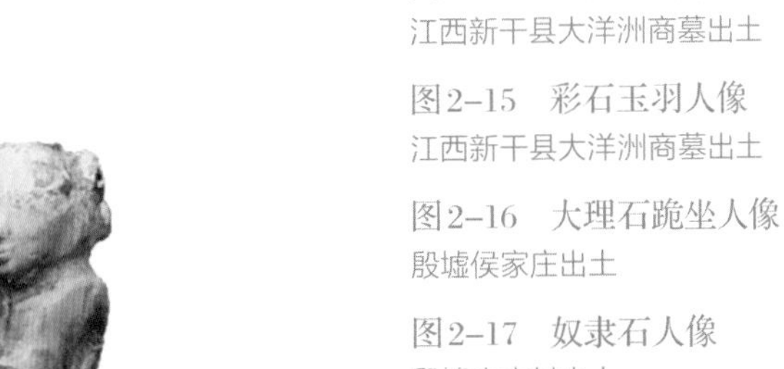

图2-18

图2-14 玉神人头像
江西新干县大洋洲商墓出土

图2-15 彩石玉羽人像
江西新干县大洋洲商墓出土

图2-16 大理石跪坐人像
殷墟侯家庄出土

图2-17 奴隶石人像
殷墟小屯村出土

图2-18 孔雀石玉人像
殷墟妇好墓出土

像（图2-19），殷墟妇好墓出土，呈黄褐色，玉人跪坐，两臂内弯，双手抚膝，头部为短发，脑后有上下相通的小孔，身下两腿之间有圆孔，可佩戴，也可插嵌。

商代墓葬考古出土的各类人像造型，具有鲜明的时代风格，对探讨商代人们的发式、服饰以及礼仪均有重要价值，为考察商代的服饰艺术提供了宝贵的资料。从考古出土的商代玉人像和石人像可以发现，殷商时期冠帽类型丰富多样，主要有高冠和低冠，商代发式主要有辫发、单髻、双髻、剪发等。商代人像的雕琢刻画工艺精细，人像神态威严端庄。有些玉人像衣饰华贵，装饰龙纹造型，发冠整齐，神情威严，目光凌厉，可能是神或王的形象。商代服饰已经有了明显的等级地位差别，服装材料、款式和纹饰等都与人们的身份和地位有关。

商代是奴隶制社会发展的繁盛时期，农业和手工业都有较大发展。制玉工具逐步完善，玉器雕琢工艺呈现出新的突破，形成我国玉器发展的一个高峰。考古挖掘的商代饰品有骨饰、铜饰、金饰和玉饰等，其中以玉饰数量最多。《礼记·玉藻》载:“古之君子必佩玉……君子无故，玉不去身”。史书载，禹在涂山会合诸侯，“执玉帛者万国。”孔子曰：“君子比德于玉。”《荀子·大略》载：“聘人以珪，问士以璧，召人以瑗，绝人以玦，反绝以环。”《周礼·春官·大宗伯》有言：“以玉作六器，以礼天地四方。以苍璧礼天，以黄琮礼地，以青圭礼东方，以赤璋礼南方，以白琥礼西方，以玄璜礼北方。”在我国古代服饰艺术不断发展的历史潮流中，华夏民族特有的玉文化已经蓬勃发展起来。

商代玉器题材广泛，开创了史无前例的局面。人、神、龙、虎、鸟虫等各种形象，均可进入丰富多彩的玉质配饰领域。史载西周代商之际，有“凡武王俘商旧玉有百万”“纣王怀玉自焚”等，目前考古发现西周墓葬中也遗存有较多的商代玉器。商代玉器进入空前繁荣的时期。商代贵族阶层多佩戴和赏玩各类玉器，并以玉饰作为特权和身份地位的象征。考古出土的玉饰类型丰富、造型成熟、形式生动、易于佩戴，代表了商代玉器制作工艺的发展水平，同时反映了商代的主流审美观和文化属性。以玉器为主的商代各类饰品，具有佩挂、装饰、赏玩、馈赠及礼仪等多种功能，成为社会文化和经济发展的一个缩影。

商代贵族服饰呈现出上衣下裳的组合样式，上衣通常为交领窄袖长衣，腰间束带，垂蔽膝。服装纹饰造型丰富，以云雷纹、兽面纹、人字形纹和虺蛇纹等为主。头部发型为辫发或盘结为发髻，佩戴低矮的頍形冠或前高后低的高冠，脚部穿翘头鞋。根据考古资料，商代贵族有形式多样的服装，还佩戴有发笄、发

图2-19

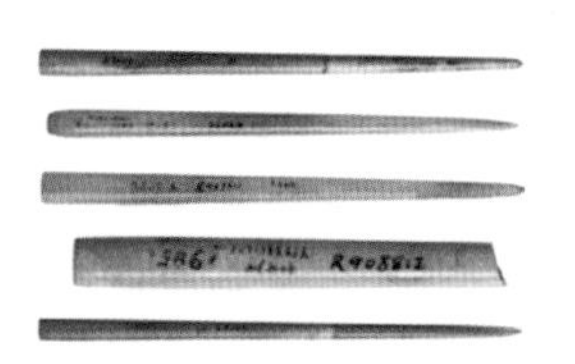
图2-20

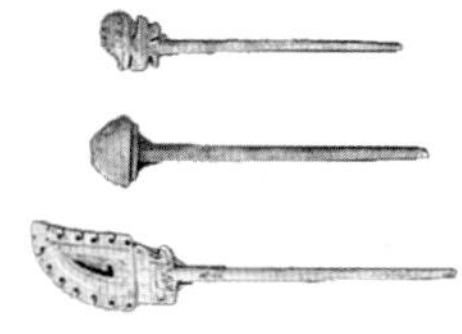
图2-21

图2-19　玉人像
殷墟妇好墓出土

图2-20　玉笄
河南安阳殷墟小屯村331号墓出土

图2-21　骨笄
殷墟妇好墓出土

梳、耳饰、坠饰和串饰等配饰。商代配饰以各种人物、动物形象为基础，类型包含笄、镯形器、柄形饰、坠饰和串珠等各种装饰品，种类齐全，造型多样，形态优美，线条流畅，雕刻工艺讲究，展示出商代贵族奢华的配饰艺术。

根据考古资料，可以考证商代贵族普遍佩戴发笄，仅妇好墓的考古发掘，出土发笄的数量就有四百多件。发笄是古人用来簪发和固冠用的发饰，又称簪，《说文》载："笄，簪也"。笄为绾发用的细长尖头形器，材质有玉质（图2-20）、骨质（图2-21）等，笄首常用各种造型和纹样进行装饰，尖头一端插入发髻，兼有绾发和固冠的双重功能。夔头形骨笄（图2-22），妇好墓出土，夔口朝下，张口露齿，似在吞咬骨笄，造型奇特精美。夔龙首玉笄（图2-23），殷墟妇好墓出土，夔龙头部扁平，大钩喙，短尾上卷，臣字眼，笄通体光滑平素，器形典雅古朴。商代方首形骨笄（图2-24），笄首呈现方盖造型，边缘处有两条直线进行装饰，风格简约。骨笄（图2-25），河南安阳殷墟331号墓出土，笄身为长圆形，笄首雕琢高冠凤鸟形，工艺精湛，风格华贵。商代青铜笄形器（图2-26，图2-27），山西省博物院藏，笄形器一端分别为人首和凤鸟造型，工艺精巧。青铜笄作为商代贵族使用的束发器，兼具实用和装饰功能，为商代考古资料中珍贵的青铜材质发饰。

金笄（图2-28），北京平谷县刘家河商墓出土，笄身截断面呈钝三角形，尾端有榫状结构，可能原镶嵌有其他装饰品。金耳坠（图2-29），刘家河商墓出土，耳坠呈扇形，耳针由粗及细，弯成半圆形，尾端收束呈尖锥

图2-22

图2-23

图2-24

图2-25

图2-26

图2-27

图2-28

图2-29

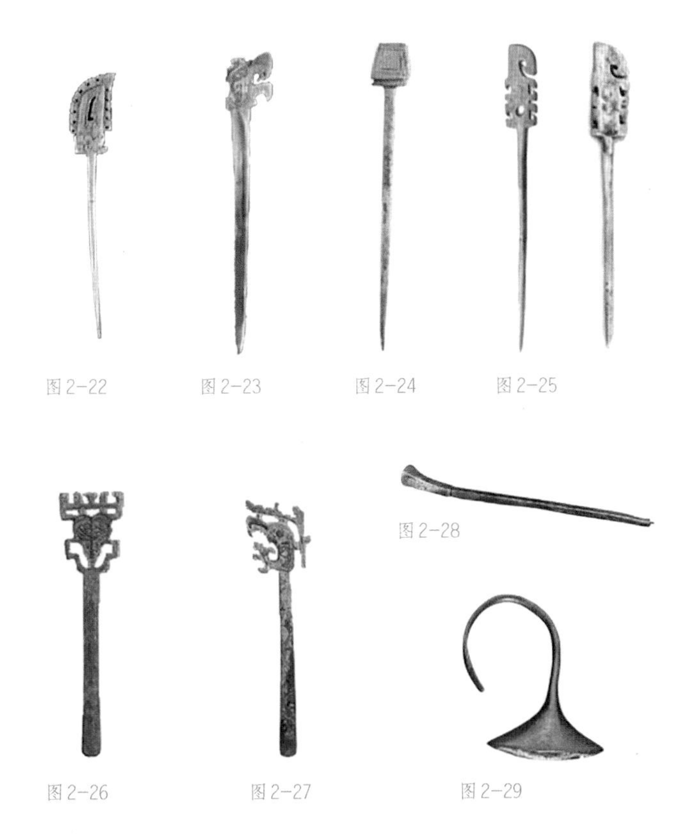

图2-22 夔头形骨笄
殷墟妇好墓出土

图2-23 夔龙首玉笄
殷墟妇好墓出土

图2-24 方首形骨笄
中国妇女儿童博物馆藏

图2-25 骨笄
河南安阳殷墟小屯331墓出土

图2-26 人首笄形器
山西省博物院藏

图2-27 凤首笄形器
山西省博物院藏

图2-28 金笄
北京刘家河商墓出土

图2-29 金耳坠
北京刘家河商墓出土

形。金臂钏（图2-30），刘家河商墓出土，左右成对，呈环形。北京刘家河商墓出土的金器，器形完整，发饰、耳饰、臂饰风格类似，用黄金铸造而成，构成黄金配饰系列，为考古发掘罕见的商代黄金饰品。从工艺上看，金笄用范铸法成型，金耳坠和臂钏则是锤揲而成，造型简朴，是迄今发现最早的成套金首饰。

商代贵族使用玉梳整理和装饰发髻，玉梳为手工雕琢而成，兼具实用和装饰功能。对鸟玉梳（图2-31），殷墟妇好墓考古出土，梳柄处为两只头部相对的鹦鹉，梳齿细密，共十五根，三根残缺，整体造型精美。有两件兽面纹玉梳（图2-32），殷墟妇好墓出土，玉梳柄处浮雕兽面纹。商代兽面纹玉梳（图2-33），美国大都会艺术博物馆藏，兽面纹线条鲜明，结构严谨，造型夸张，风格古朴凝重。

《说文》载："韘，射也"，韘为骑射工具。冷兵器时代人们射箭时，套韘于拇指上，张弓时将弓弦嵌入背面的深槽，用以保护大拇指不被弓弦勒伤的专用器物。玉韘（图2-34），河南安阳殷墟妇好墓出土，呈圆筒形，青黄玉质，下端平齐，上端有弧形斜面。玉韘正面用双钩线饰兽面纹，兽口向下，两耳向后延伸于两侧，兽鼻两侧有圆孔，以便穿绳固定，背面下端则横刻凹槽，用于钩弦。玉韘使用时可套于拇指（图2-35），为实用性配件。

商代玉韘（图2-36），故宫博物院藏，韘有黄褐色沁，中空筒形，一端平齐，另一端呈坡形。玉韘正面凸雕饕餮纹，鼻两侧各有穿孔，背面有凹槽。根据考古遗存，可知韘初见于商代，流行于春秋战国，至汉代则发展为彰显身份进行装饰的韘形佩，象征决断和果敢的能力。

凤形玉佩（图2-37），殷墟妇好墓出土，凤鸟侧首回身，圆眼尖喙，胸部向外凸起，胸

图2-30

图2-32

图2-31

图2-33

图2-34

图2-35

图2-36

图2-37

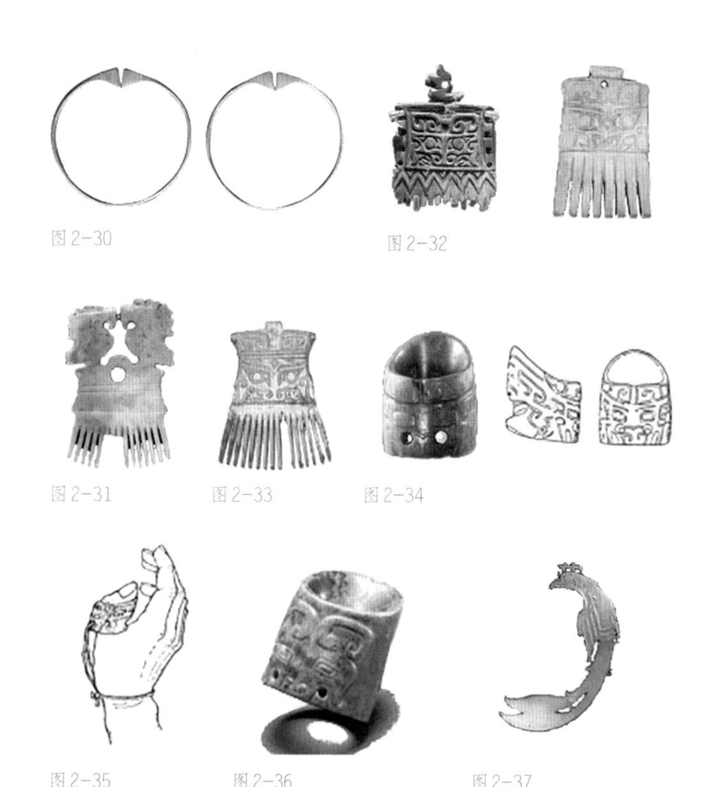

图2-30　金臂钏
北京刘家河商墓出土

图2-31　对鸟玉梳
殷墟妇好墓出土

图2-32　兽面纹玉梳
殷墟妇好墓出土

图2-33　玉梳
美国大都会艺术博物馆藏

图2-34　玉韘
殷墟妇好墓出土

图2-35　玉韘佩戴方法
出自《殷墟妇好墓》考古报告

图2-36　玉韘
故宫博物院藏

图2-37　凤形玉佩
殷墟妇好墓出土

尾连成弧线形，背中间有突起圆孔，用于穿绳佩戴，翅膀雕刻四条阳线以饰翎纹。雕琢工艺使用阳线表现主题，以浅浮雕在玉凤翅上雕琢羽翎纹，镂空雕刻冠、翅、尾翎部位，反映出商代玉雕镂空、钻孔、抛光等技术水平。玉凤长尾舒张，自然弯曲，尾翎有分有合，素洁无纹。上端两侧有对外凸出的穿孔圆钮，表明玉凤为穿绳佩挂的玉饰品。凤形玉佩雕琢精细，线条流畅，造型优美，为商代贵族佩戴的珍贵玉饰。

商代凤形玉佩（图2-38），首都博物馆藏，玉质白润，局部有黄褐色斑沁。玉佩呈回首长尾夔凤形，通体扁平，用镂空线刻躯干羽翅，周边为齿状，两面纹饰相同。玉佩排列有四个小孔，可用于结绳。整体造型精巧写实，古朴典雅。

商代双援戈状冠凤形玉饰（图2-39），中国国家博物馆藏，呈扁平状，玉质青色，有灰白色沁。凤冠雕刻为双援戈，呈弯弧形。援戈处于鸟首的顶部，充当鸟的冠状翎羽，装饰作用明显，展示鸟的威仪。援戈中间有脊锋，前端呈尖锐三角形，大援下部有扉棱和穿孔，可用于结绳佩戴。凤鸟呈侧立状，胸前挺，头后有角，棱形眼尖喙，双翅并拢后收，鸟身饰翎羽纹及卷云纹，尾部向上卷起，爪呈钩状，形象生动，造型精美。

商晚期龙冠凤纹玉饰（图2-40），台北故宫博物院藏，玉饰为扁片状，以镂空与浅浮雕技法，雕琢凤鸟的侧面造型。凤鸟臣字眼勾喙、短颈凸胸、短尾粗腿，头部站立侧身龙，龙身装饰雷纹。龙身背部，鸟胸前与背部，都雕有齿棱。凤鸟躯干部位装饰人字纹、鳞纹和云雷纹，鸟爪底部有凸榫，用于插嵌。龙冠凤鸟玉饰是商代晚期玉饰中的精品，整体造型精美，雕工细致，工艺精巧，神采飞动。

商代龙凤纹玉饰（图2-41），中国国家博物馆藏，呈片状双面雕琢，玉呈深褐色。玉饰分为三层，最上层是卷尾龙纹，中间是凤鸟

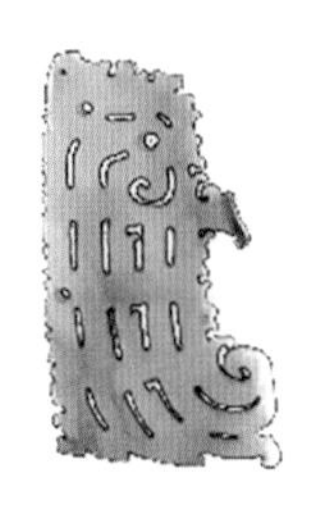
图2-38

图2-39

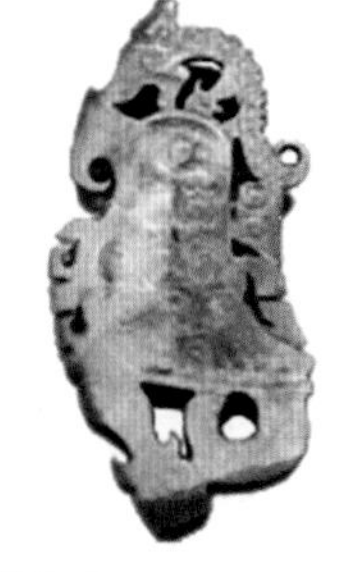
图2-40

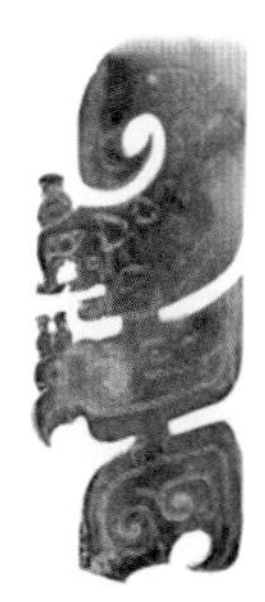
图2-41

图2-38　凤形玉佩
首都博物馆藏

图2-39　双援戈状冠凤形玉饰
中国国家博物馆藏

图2-40　龙冠凤纹玉饰
台北故宫博物院藏

图2-41　龙凤纹玉饰
中国国家博物馆藏

纹，最下层部分残损。龙嘴呈圆弧形，内为齿轮状的牙齿，蘑菇形角，双阴线勾勒臣字眼，头后有盾形鳍，身体部位以整齐的菱形图案递次排列于龙背，代表龙的麟甲，腹部为人字形纹，前肢爪为虎爪形。凤鸟为双阴线圆眼，尖钩形嘴，双蘑菇角，有羽翼，身体部位装饰云纹，工艺精细。

《山海经·大荒东经》有："汤谷上有扶木，一日方至，一日方出，皆载于乌。"三足乌载着太阳升起和降落，神鸟对于崇拜太阳的华夏民族来说有着重要意义。《诗经·商颂·玄鸟》云："天命玄鸟，降而生商。"《史记·殷本纪》有："殷契，母曰简狄……见玄鸟堕其卵，简狄取吞之，因孕生契。"神鸟是商代人们崇拜的重要对象。《殷墟小屯·文字丙编》载："翌癸卯，帝不令凤？贞翌癸卯，帝其令凤"，商代人们认为凤鸟承载着沟通天地的重任。《诗·秦风·渭阳》载："我送舅氏，悠悠我思；何以赠之，琼瑰玉佩。"萧德言《咏舞》有："低身锵玉佩，举袖拂罗衣。"玉饰不仅用于佩戴，也是人们相互馈赠的礼玉。

商代龙首形玉觿（图2-42），天津博物馆藏，上端刻龙首，瓶形角，觿中部刻三角纹，下端呈双面刃状，龙首处钻孔用于系绳垂挂。龙首形玉觿（图2-43），新乡市博物馆藏，玉质泛黄色，呈半弧状，两面纹饰相同。以减底平凸雕刻工艺雕出龙首形象，臣字眼，嘴微张，嘴部有圆孔以供穿缀，另一端逐渐收尖。

觿，兼具解绳结和佩戴装饰功能，通常用骨、玉等材料制成。玉觿为角形玉器，造型来源于兽牙。原始社会人们有佩戴兽牙的习俗，后来以玉仿之，遂有玉觿。《诗·卫风·芄阑》有："童子佩觿。"《礼记·内则》有："左佩小觿，右佩大觿。"《说文》有："觿，佩角锐端，可以解结。"商周至春秋战国，贵族流行佩戴玉觿。

龙形玉璜（图2-44），陕西韩城梁带村芮国墓出土，长11.2厘米，青色玉质，局部受沁白化，片状半圆弧形，龙头琢出瓶状角，双线臣字眼，龙身有数道同心圆线，龙尾勾转收尖，龙口和背部各有圆孔，可穿绳搭配组玉使用。虽然玉璜出自商代以后的遗址，但从造型特征分析，为商代晚期制作的玉佩。

商代龙形玉佩（图2-45），故宫博物院藏，玉质青绿色，有褐色铁锈沁。器型呈龙形，中间有孔。龙体卷曲，臣字眼，蘑菇形角，卷尾。龙身躯以双钩阴线雕琢回纹装饰，线条简练，风格古朴。玉龙佩（图2-46），殷墟妇好墓出土，龙身为蜷曲状，头尾相接，尾部内卷。头部有宝瓶状角，张口露齿，阴线刻臣字眼，腹下有两短足，背部圆形鼓起中间有突起的脊椎线，周身双阴线装饰三角及四边形纹饰，代表龙鳞，整体造型简练生动。商代龙形玉饰，多为蜷体龙的造型。有学者认为，蜷体龙取材于蚕、蝉等从幼虫到成虫的变化过程，龙"能为大，能为小；能为幽，能为明；能为短，能为长"的神通就是从虫类演绎而来。商代玉龙佩件均有穿孔，用于穿绳悬挂佩戴。

商代虎形玉佩（图2-47），天津博物馆藏，玉质黄白色，有褐色斑。虎呈半卧形，尾上卷。以阴线勾勒躯肢轮廓，勾云形方耳，嘴部和尾部各穿孔，可穿绳佩戴，整体线条简练，气势逼人。商代虎形玉佩（图2-48），新乡市博物馆藏，玉质青色，呈片状。玉佩以单阴线雕刻线条，虎卷尾蹲坐，圆眼张口，虎口和卷尾处各有孔可穿绳佩戴。虎形玉佩属于商代晚期典

图2-42　龙首形玉觿
天津博物馆藏

图2-43　龙首形玉觿
新乡市博物馆藏

图2-44　龙形玉璜
陕西韩城梁带村M27号芮国墓出土

图2-45　龙形玉佩
故宫博物院藏

图2-46　玉龙佩
殷墟妇好墓出土

图2-47　虎形玉佩
天津博物馆藏

图2-48　虎形玉佩
新乡市博物馆藏

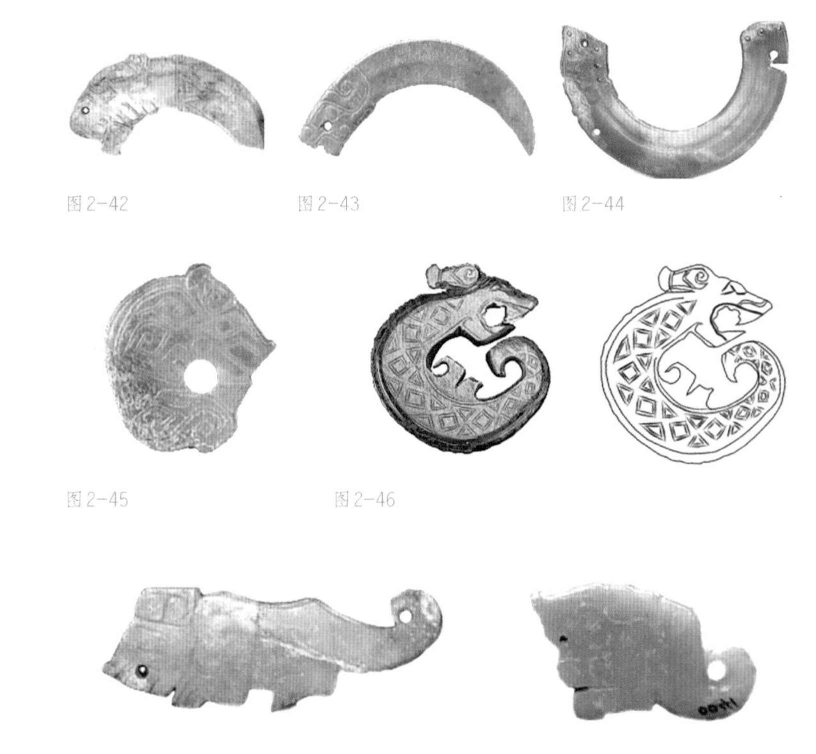

图2-42　图2-43　图2-44　图2-45　图2-46　图2-47　图2-48

型佩饰。《周礼·春官·大宗伯》记载："以白琥礼西方。"琥是玉质礼器中六瑞之一，以虎符发兵。考古出土的商代浮雕、圆雕玉虎均有孔，推测玉虎为服装饰品，称为虎形玉佩。

考古出土多例商代人面和人首形配饰。商代人首形玉饰（图2-49），故宫博物院藏，玉质青绿色，有黄褐色沁斑。圆雕人首，正面弧凸，背面内凹。人首为臣字眼，大鼻阔嘴大耳，头发以短直阴线刻出，双目间有一穿孔，可供系绳垂挂。商代人面玉饰（图2-50），武汉博物馆藏，玉质为鸡骨白色，长方扁形，面微凸。高束发，宽额竖眉，鼓目大鼻，阔嘴大耳。正面抛光均匀，背面内凹无纹饰。

商代人首形玉饰（图2-51），故宫博物院藏，玉质青色，受沁为灰白色。长圆球形，背部有孔。两面均以阴线雕琢人面纹。人面以多道阴刻线刻画，臣字眼，高额竖鼻，脸颊及额头有双阴线雕琢的连弧纹、三角纹及卷云纹。反面雕工粗犷，长方形眼，以阴线雕琢面部，纹饰独特。人首形玉饰，有正面像和侧面像两种，在新石器时代就已经出现，到殷商时期成为流行的玉饰类型。

鹤形玉佩（图2-52），殷墟妇好墓出土，玉鹤造型优美，工艺精巧，形神兼备。古人多用白鹤形容品德高洁，把修身德行贤能之士誉为"鹤鸣之士"。对尾鹦鹉形玉佩（图2-53），妇好墓出土，鹦鹉钩喙有冠，翅部用双阴线刻划纹饰，鹦鹉两尾相对，尾部相连处有小孔，可穿绳佩戴。

玉鹦鹉（图2-54），济阳刘台子商代墓地出土，山东省文物考古研究所藏，为青色玉饰，有黄色沁斑。鹦鹉呈站立状，尖喙圆眼，头部有前高后低形头冠，边缘有起伏状扉棱，冠尾上卷。通身以阴线雕刻，头部饰有鳞纹，工艺精巧，磨制光洁。鹦鹉体态丰满，宽翅下卷，长尾上翘，粗足弯曲内收，足下有短榫。玉鹦鹉（图2-55），刘台子商代墓地出土，山东省济阳县博物馆藏，黄褐色，有白斑。全身阴线雕刻，圆眼勾啄，高冠后倾，冠上有圆孔。鹦鹉体态丰满，宽翅短尾，腹部雕饰云雷纹，身及尾部用长弧阴线表现，足下有榫。

商代鹦鹉形玉佩（图2-56），故宫博物院藏，青白色玉质，表面有铁褐色斑沁。鹦鹉形玉佩呈片状，两面纹饰相同，鸟首高昂，臣字眼勾喙，胸前有四组扉牙。身饰羽翅纹，头上有冠，冠部有孔，可穿系绳。鹦鹉冠部两面分别刻有“牧”“侯”二字，可能是玉佩主人的名字或爵位，商代刻有文字的玉器极为珍贵。商代高冠鸟形玉佩（图2-57），旅顺博物馆藏，呈鸡骨白色，扁平状弧形。一端刻成鸟首形，圆眼勾喙，月牙形眉，头上以平行阴线刻出高冠，冠上有圆孔。鸟身以双阴线刻出羽翼，尾部齐平。整体造型线条流畅，刀法刚劲。

考古发现商代小型玉饰数量较多，材质多样，类型丰富。玉饰的材质基本以闪石玉为

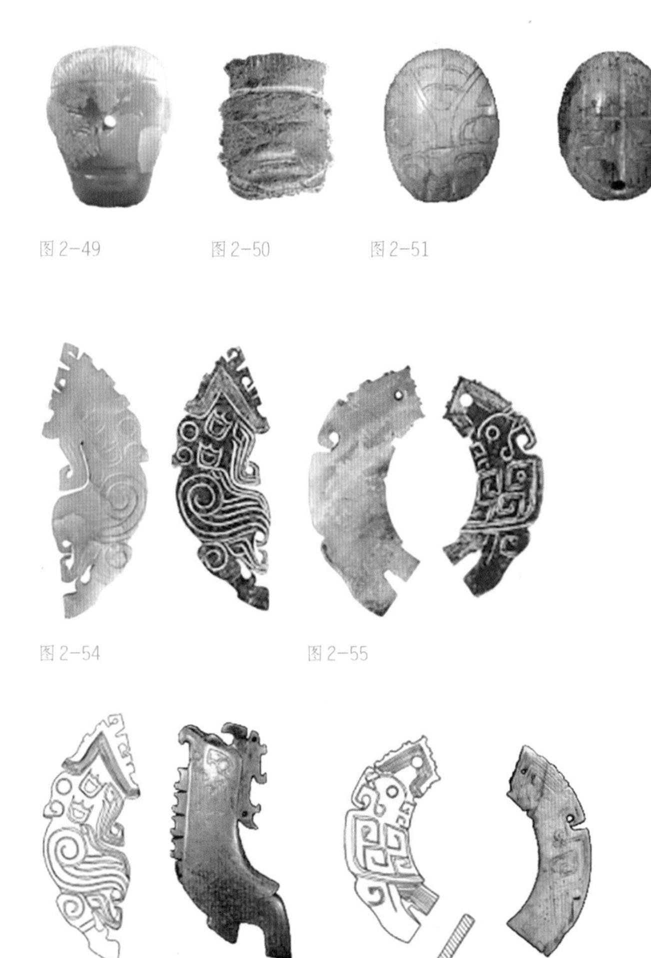

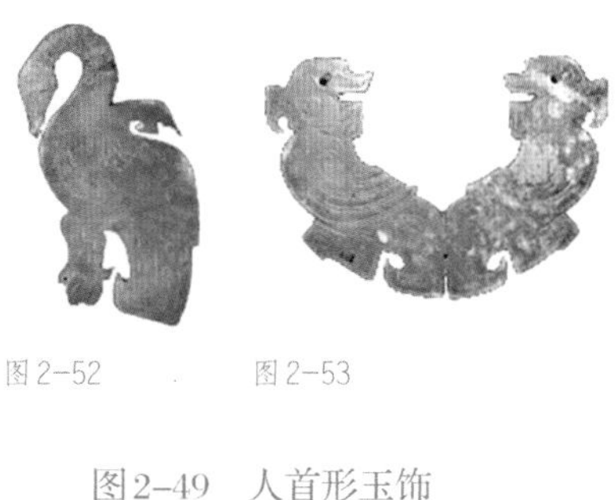

图2-49　图2-50　图2-51　图2-52　图2-53

图2-54　图2-55

图2-56　图2-57

图2-49　人首形玉饰
故宫博物院藏

图2-50　人面玉饰
武汉市博物馆藏

图2-51　长圆球形人首形玉饰
故宫博物院藏

图2-52　鹤形玉佩
殷墟妇好墓出土

图2-53　对尾鹦鹉形玉佩
殷墟妇好墓出土

图2-54　玉鹦鹉
山东济阳刘台子商代墓地出土

图2-55　玉鹦鹉
山东省济阳县博物馆藏

图2-56　鹦鹉形玉佩
故宫博物院藏

图2-57　高冠鸟形玉佩
旅顺博物馆藏

主，也有绿松石、萤石和大理石等材质。商代玉饰雕刻工艺比较完备，有研磨、切削、勾线、浮雕、钻孔和抛光等多种玉饰加工技术。商代随着贵族阶层佩玉现象的流行和繁荣，玉佩的加工和创作，都达到了相当高的水平。商代玉饰，多为各种禽鸟、龙、兽等形象，形体动作模拟人的特征，鸟兽纹赋予人格化的形象，同时又保留动物自身的躯体轮廓，从而形成神秘诡谲的艺术风格。商代玉饰广泛运用人格化的鸟兽纹饰艺术，展示出商代社会信奉鬼神的理念和玄鸟生商的文化背景。

1989年，考古发现的江西新干大洋洲遗址，是我国南方地区发现的规模较大的商代墓葬，墓中出土大量商代玉器，大体可分为礼器、兵器、装饰品三类。装饰性玉器主要有镯、玦、项链、腰带和串珠等，其中珠串饰品非常具有地方特色，再现了南方地区商代贵族佩玉的服饰现象。江西省博物馆藏多例商代贵族佩戴的珠管串饰，材料以玉石和绿松石为主。商代大量的配饰类玉器，表明商代玉器的装饰功能比较显著，玉饰由新石器时代礼仪用玉到商代日常装饰用玉的转变（图2-58、图2-59）。

玉饰的质料、工法、形制和纹饰为玉饰的基本要素。商代玉饰的主流装饰风格受青铜文化影响，阴刻纹饰具有重复性和对称性特点。大量的考古遗存表明，商代玉饰精美流畅、题材多样，造型丰富，对称性和规律性的阴刻纹饰为主要装饰手段，成为我国极具时代特色的玉饰艺术。

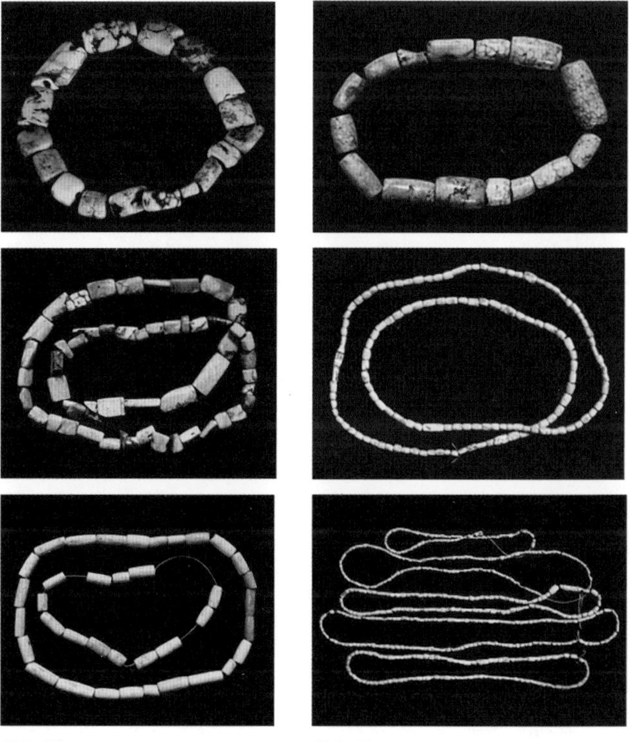

图2-58　图2-59

图2-58　玉串饰
江西省博物馆藏

图2-59　绿松石串饰
江西省博物馆藏

古蜀服饰

四川宝墩、三星堆、十二桥、金沙等考古发现证明，相当于中原商代早期的成都平原古蜀文明正处于典型的农耕文化时期。《史记·三代世表》记载褚少孙说：“蜀王，黄帝后世也，至今在汉西南五千里，常来朝降，输献于汉，非以其先之有德，泽流后世邪？”蒙文通先生提到“中国农业在古代是从三个地区独立发展起来的，一个是关中，一个是黄河下游，在长江流域则是从蜀开始的。”中国农耕文化的起源是多元并存，多点共生的。

以农耕文化为依托的三星堆遗址，其1号、2号祭祀坑中出土的铜人头像、铜人像和铜人面具共有78件，但大部分残缺不全，虽然经专家精心修复，但对考证三星堆服饰有价值的文物还是显得特别稀少。其中最有价值的有1号祭祀坑的铜跪坐人像和2号祭祀坑的铜立人和铜跪坐人像。

铜跪坐人像（图2-60），三星堆遗址1号祭祀坑出土，人像跪坐姿，头发从前往后梳，再向前卷，挽成高髻。双耳部各有一穿孔。上身穿右衽交领长袖短衣，衣服素面无纹饰。上衣合体，袖部紧窄，腰部系带两周，下身穿犊鼻裤，配长带一端系于腰前，另一端反系于背后腰带下，包裹裆部。双手扶膝，左右手腕各戴两只手镯，足上套袜。人像服饰简练实用，或为普通侍者形象。

大型铜立人像（图2-61），三星堆遗址2号祭祀坑出土，人像站立在基座上，身体细长挺拔，双臂抱握。立人头部戴冠帽，呈环筒状，冠帽前高后低，高出的冠帽前部上方为兽面纹，下方为回形纹，冠帽环形基座上均纹饰回形纹，后部有长方形孔，可以穿插发笄。

铜立人脚踝戴环，跣足，身上穿有窄袖及半臂式三件右衽套装上衣，里外三层。最外层为单袖衣，长度从肩至膝盖上部，前后均为三角形领形，开领至右肩斜下至左腋，左侧无肩无袖，右侧为半臂式连肩袖，袖较短紧窄合体，刻有回形纹饰，仅及上臂中段。衣身自上而下呈现圆筒形，右边腋下开衩至下摆，下摆齐平，腰间无系带。衣身左侧阴刻两组相同的夔龙纹样，造型华丽，工艺复杂。衣身右侧前后各两组连续纹饰，一组为兽面纹，另一组为回形纹。立人肩胸部斜配编织绶带，绶带于后背处打结系扎。

立人中层为短袖短衣，被上层衣服所遮盖，只可见领、袖和衽口。前后领均呈三角形领，半袖至两臂中段，右腋下有两个方形凹口，且开衩至下摆，左肩背处饰夔龙纹样。立

图2-60　铜跪坐人像
三星堆遗址1号祭祀坑出土

人内层衣最长，长袖合体，袖部饰回形纹。袖肘部为回形纹，左右腕各戴三镯。衣身前部短至小腿，平直下摆，后部长至脚踝，燕尾性下摆内层袍服下摆前后各两组相同纹饰，上方为回形纹和虫纹，下方为兽面纹，兽面戴高齿冠，庄严肃穆。

铜兽首冠人像（图2-62），三星堆遗址2号祭祀坑出土，双手呈握物状，人像身穿对襟衣，窄袖长过双肘，上身前后为云雷纹，两肘部为变形夔龙纹。腰间系带两周，在腹前打折，结中插觿。兽首冠人像下半身残缺，头戴兽首样式冠帽，造型奇特。冠顶左右两侧各有一长兽角高耸，冠顶前部中间有一高耸兽鼻，冠中部左右两侧有兽眼，前方有圆角长方形兽口，冠部有环形回纹与虫纹。

A型跪坐人像（图2-63）和B型跪坐人像（图2-64），三星堆遗址2号祭祀坑出土，两件跪坐人像呈半圆雕正跪式，头部戴頍形

图2-61

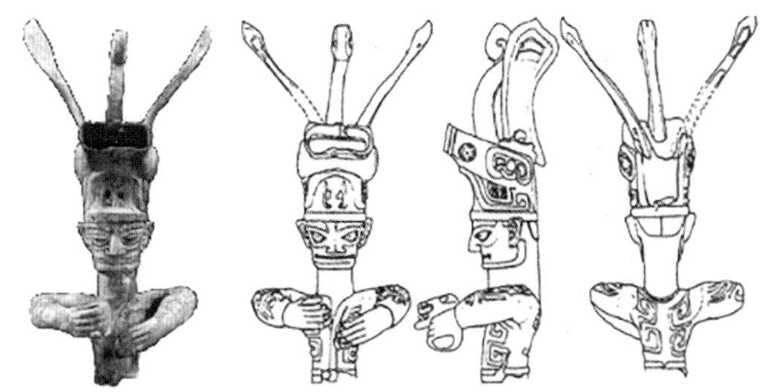

图2-62

图2-61　大型铜立人像
三星堆遗址2号祭祀坑出土

图2-62　铜兽首冠人像
三星堆遗址2号祭祀坑出土

冠，衣饰相似，均身穿对襟长袖衣，腰间系带两周，两手置于腹前。

对襟衣是三星堆遗址青铜人物造像中穿着普遍的一种衣服样式。2号祭祀坑出土的两件青铜跪坐人像，服装均为对襟长袖服，窄袖长至腕部，无衣领，两襟相交露出颈部，形成三角形领口。腰间系带两周，衣襟长至大腿中部。人像正跪姿势，应是古蜀人祭祀祖先或神灵隆重仪式中的特定礼仪，身份可能为古蜀国的中上层贵族的形象。

喇叭座顶尊跪坐人像（图2-65），三星堆遗址2号祭祀坑出土，人像双手举着一件配有盖子的铜尊顶在头顶。人像分为底座和人像两部分，底座圆形，上面有镂空的云雾纹，表现的可能是一座云雾缭绕的神山，人像双膝跪坐在山顶，上身赤裸，下身穿裙，腰间系带，结纽于腹前，纽套中插觿。从人像的造型特征看，可能表现古蜀国的女巫跪在神山顶上，顶尊敬献神灵的形象。这件人像是极为难得的完整全身像，也是极为罕见地表现出举尊礼仪的青铜人像。

人身鸟爪形足人像（图2-66），三星堆遗址2号祭祀坑出土，呈现鸟爪人身造型，采用嵌铸法结合铸造而成青铜人像。人像胫部阴刻花纹，中填以黑彩。出土时人像裙上及鸟身纹饰上描有朱砂。人像上半身及鸟的尾端残断无存，下身着紧身短裙，长不及膝，裙前后中间开缝，饰几何形云雷纹，下摆宽厚，饰竖形条纹。青铜人身鸟爪形足人像展现了古蜀国服饰中的短裙样式。人像下身所穿为紧身包裙，长

图2-63

图2-64

图2-65

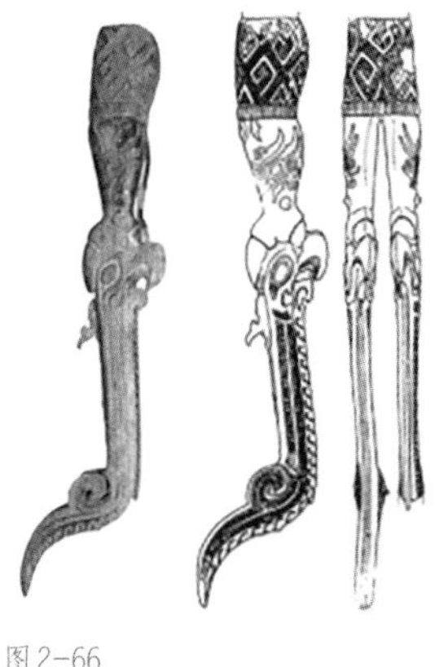

图2-66

图2-63　A型跪坐人像
三星堆遗址2号祭祀坑出土

图2-64　B型跪坐人像
三星堆遗址2号祭祀坑出土

图2-65　喇叭座顶尊跪坐人像
三星堆遗址2号祭祀坑出土

图2-66　人身鸟爪形足人像
三星堆遗址2号祭祀坑出土

度到膝盖，裙的前后中间有合缝。裙上有几何形云雷纹，裙边比较宽厚，为竖条形纹，是一条异常华丽、极富特色的紧身短裙。

神坛铜立人（图2-67），三星堆遗址2号祭祀坑出土，立人身穿短袖对襟衫，下裾至膝上，腰间系带两周，在前腹正中结襻，襻中插觿，衣裳前后上下有回形纹。持璋小人像（图2-68），三星堆遗址2号祭祀坑出土，上身赤裸，下身着裙，腰间系带，裙子造型与神坛铜立人相似。三星堆遗址1号和2号祭祀坑中出土的各类人像，服装造型有斜襟衣和对襟衣，有华丽的长衣，也有简单的短衣。这些不同形制和花纹的衣物展示出古蜀人丰富多样的服装样式，也体现了不同阶层人们在服饰上的差异。

三星堆遗址出土人像的服装造型，大致分为三类：第一类是大型立人像，身着长衣，衣长至小腿，结构为上下一体，中间没有接缝；第二类是以A、B型跪坐人像为代表，穿对襟衣，腰间系带两周，上衣下裳相连，衣长至膝；第三类是1号祭祀坑跪坐人像，上身穿右衽交领长袖短衣，下身穿裤。2号祭祀坑持璋小人像，上身裸露，下身着裙。这两种服装呈现出短衣短裤和短裙的服装特征。

金杖（图2-69），三星堆遗址1号祭祀坑出土，长143厘米，直径2.3厘米，重463克。金杖是用金条捶打成金皮后，再包卷在木杖上的。出土时木杖已经炭化，只剩外面的一层金

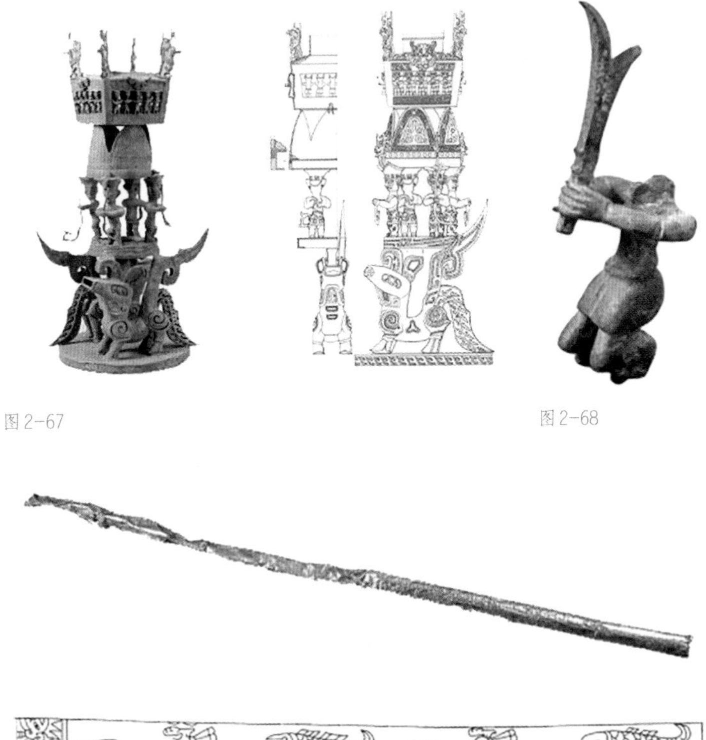

图2-67　图2-68

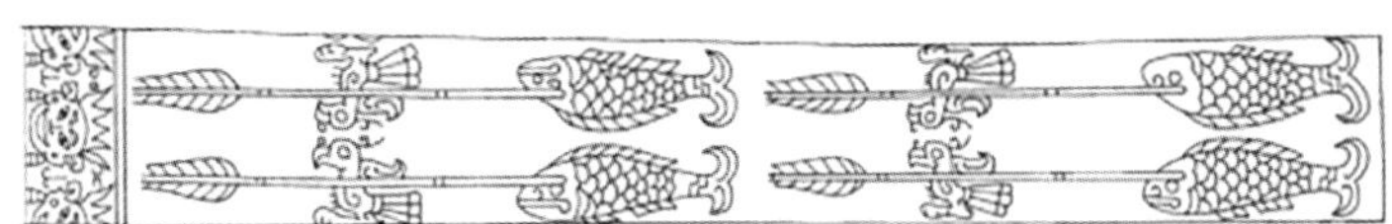

图2-69

图2-67　神坛铜立人
三星堆遗址2号祭祀坑出土

图2-68　持璋小人像
三星堆遗址2号祭祀坑出土

图2-69　金杖
四川广汉三星堆遗址1号祭祀坑出土

箔。金杖表面平雕有三组图案：一端有两个前后对称的人头像，人像头部戴五齿高冠，两耳各垂三角形耳坠；杖内部的两组图案大致相同，上方是两只鸟头部相对，下方是两条鱼背部相对，鸟和鱼的颈部各叠压着一根箭翎，整体纹饰刻绘规整生动。三星堆出土的金杖其用途可能是国家权力的象征。

商代晚期玉管串饰（图2-70），三星堆博物馆藏2号祭祀坑出土，玉管呈黄绿色，为长短不一的直筒形，共15颗。玉管采用桯钻法钻孔，孔壁很直，外壁打磨光滑，工艺精细考究，为佩戴于颈部的装饰品。玉珠串饰（图2-71），三星堆遗址2号祭祀坑出土，三星堆博物馆藏，玉珠形状多为鼓形或算珠形，共41颗。玉珠的质地为碧玉，呈现绿色和白色为主的多种颜色，打磨光滑，应为佩戴于颈部的装饰品。

三星堆遗址1号和2号祭祀坑出土的人像实物，再现了古蜀国特殊的服饰艺术风格。从服饰款式可以看到，古蜀社会有明显的等级划分，在服装上具有不同级别的纹饰和造型。大型铜立人内外三层服装，造型复杂，纹饰华丽，衣身合体，风格肃穆，是具有领袖风范的服饰搭配。小型铜立人身着甲衣，甲片层层叠压，工艺考究，甲衣内部衬有袍服，展现出军事将领的威严。两个祭祀坑出土的跪坐人像和人头像，大都耳部穿孔，头戴各色冠帽，衣装周正整齐而又合体，表情自然或佩戴面具，发式或编织为辫，或梳理成发髻，发式干净利落，整体服饰风貌是地位和身份的象征。另外，仅有的一尊女性人像，上身袒胸，下装着造型简单的短裙，双膝跪地，头顶一尊且双手扶尊，展现出女性侍者的服饰形象。

三星堆遗址祭祀坑出土的人像，也展示出古蜀国服装上特有的纹饰图案。兽纹在古蜀国是崇高地位和神圣威严的象征，兽纹有夔龙纹、兽首纹、虫纹、鸟纹、鱼纹等。大型铜立人像的服装在肩部、前胸后背部、下摆部等多处出现夔龙纹样和兽首纹样，在服装的缘边处也装饰有连续虫纹。另有人像冠帽为兽首的仿生造型，还有人像足部为鸟爪的仿生造型。三星堆人像的纹饰特色和兽纹的频繁使用显示出古蜀民对自然的崇拜和精神追求，也显示了的古蜀国特有的服饰艺术的地域性和民族特色。

成都金沙遗址的考古和发掘，发现了大量的青铜器、金器、玉器、象牙、陶器等古蜀国文物，其中有令人瞩目的小型铜立人像（图2-72）和跪坐人像（图2-73）。小型铜立人像为辫发，脑后垂三股合一长辫，耳部穿孔，头部戴环形花冠，花冠造型奇特复杂，冠上缘为旋涡状排列高齿，筒形冠帽扣罩于头部，脑后垂辫。人像脸部瘦削，短颈，眉弓突起，颧骨高凸，大鼻方颌，耳垂下有穿孔。双手作握状，置于胸前，指尖相扣，双拳中空。

小型铜立人像身着交领袍服，衣身合体，袖部紧窄，腰间系带。金沙遗址发掘的小型铜立人，从站立的姿势到服饰的风格都与三星堆遗址的大型铜立人有相似之处。两件立人都站立于基座上，服装为交领袍服，严整合体，衣长至脚踝，头戴冠帽，服饰整体展现出庄严高贵的风貌。

成都金沙遗址出土跪坐人像，外貌为裸体赤足的男性，呈跪坐姿态。头顶发式中分，四角高翘，脑后有辫发两束，直垂于后背的双手之间。脸型较长，棱角分明，宽额方颌，双眼圆睁，平视前方，鼻梁高且宽，阔嘴紧闭，涂鲜艳的朱砂，颧骨高起，面颊深凹，整个表情苦涩。两耳横张，耳垂有穿孔。人像赤足跪地，臀部置于脚后跟上，裸身前倾，圆肩短颈，双手被绳索反缚，手指粗壮，掌心向外。整体人像造型简练，形象生动传神。

金沙遗址出土的多件跪坐人像造型相似，均为男性双膝跪地，双手由绳索反绑于身后，身上无衣饰痕迹，身体裸露，双耳穿孔。发式奇特，前部为髡发，中分两侧，后部为辫发。金沙遗址出土的跪坐人像神情或惊恐或悲痛，呈现出双手反绑，头发削减，赤身裸体的受屈辱被奴役的人物状态。

人面鱼鸟箭纹金冠带（图2-74），金沙遗址博物馆藏，整体呈圆环形，表面錾刻纹饰，纹饰为四组相同图案连续排列，每组图案内容由人面鱼鸟箭构成。鱼体宽短，大头圆眼，嘴略下勾，嘴上有胡须，身上鳞片刻画逼真，近尾处作折尺形，鱼身上有一道较长的背鳍，身下有两道较短的腹鳍，鱼尾较宽作丫形，两边尾尖向前卷曲。箭纹杆部较粗，带尾羽，箭头深插于鱼头内。鸟纹位于箭羽与鱼之间的箭杆后方，鸟头与鱼头朝箭羽方向。鸟为粗颈钩喙，头上有冠，翅膀微展，腿爪前伸，三根并列的圭形尾羽组成长尾。人面纹为圆形，有两道圆圈构成脸的轮廓，中间为对称的双圆眼，上面为略呈方形的眉毛，下面为抽象的嘴巴。整个纹饰线条流畅，刻画生动。

金面具（图2-75），金沙遗址博物馆藏，为圆脸，耳朵外展，耳廓线清晰，耳垂上有孔，但未穿通。梭形双眼镂空，鼻梁高直，鼻翼与颧骨线相连，大嘴微张，镂空而成。器表作抛光处理，内壁则较为粗糙。金沙遗址的金饰品有浓厚的地域性特色，金面具这种人物形象的金器在我国考古资料中比较罕见。玉环（图2-76），金沙遗址博物馆藏，整体呈圆形，平整素面，扁平轻薄，内壁平直，外壁略弧。玉环材质温润，为透明青玉，制作规整，打磨精细，圆润光滑。玉镯（图2-77），金沙遗址

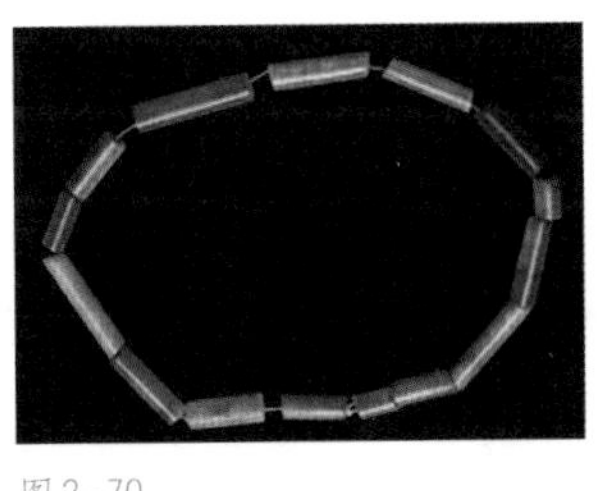
图2-70

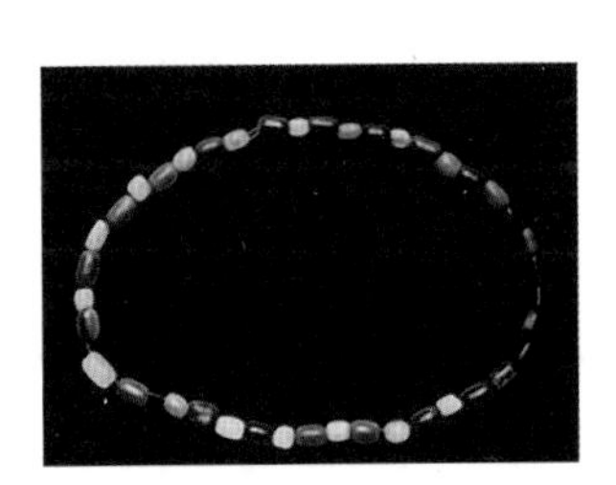
图2-71

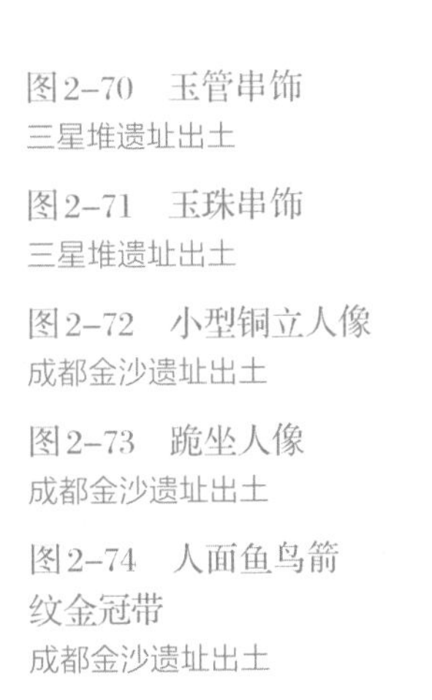

图2-70 玉管串饰
三星堆遗址出土

图2-71 玉珠串饰
三星堆遗址出土

图2-72 小型铜立人像
成都金沙遗址出土

图2-73 跪坐人像
成都金沙遗址出土

图2-74 人面鱼鸟箭纹金冠带
成都金沙遗址出土

图2-72

图2-73

图2-74

博物馆藏，整体呈圆形，窄环方唇，内壁平直，外壁略弧。玉镯玉质温润，素面青玉，半透明，有褐色沁斑。整体工艺精细，风格古朴。

三星堆和金沙遗址出土人像的各类服饰形象，都带有浓厚的地域特色，充满了神秘色彩。从风格上看既有中原文明的风格影响，又有蜀国自身的艺术特色。三星堆遗址人像服饰艺术着重体现古蜀贵族的华丽纹饰、精巧工艺、肃穆风尚和高洁的精神追求。金沙遗址人像服饰艺术体现了古蜀贵族的威严庄重，对下层蜀民的制裁与镇压。古蜀三星堆和金沙遗址人像服饰艺术折射出等级社会发展的法纪逐步强化，礼制更加严肃。从服饰风格和铜人像的塑造工艺手法可见，古蜀三星堆和金沙文化是一脉相承的社会文化发展体系，共同构成了古蜀国民族服饰艺术，展现了古蜀国特有的地域民族艺术和精神追求。

商代是我国奴隶社会的兴盛时期，也是区分等级的服饰阶层化的逐步确立时期。商代纺织技术的进展，衣服材料主要有皮、革、丝、麻，其中丝麻织物已占重要地位。商代人已能织造提花锦、绮，使用绞织机织造罗纱。奴隶主和贵族，穿用色彩华美的丝绸衣服。衣料用色厚重，除丹砂等矿物颜料外，许多野生植物如槐花、栀子、栎斗和种植的蓝草、茜草、紫草等已用作染料，为服饰材料和纹饰创新提供技术条件。奴隶与平民一般穿本色麻、葛布衣或粗毛布衣。

商代人们衣着通常为上衣下裳组合，上穿交领窄袖式短衣，衣上饰有花纹，领缘袖口用花边装饰，以宽带束腰，腹前垂韦韠，下着裙裳。四川广汉三星堆发现的青铜立人像，头上着冠，穿窄袖长衣，外加短袖开衩齐膝衣的三层服装组合样式。商代人们已有裤款式，有短筒状帽箍，有弯曲高冠。男子发式为编发成辫，自右向左旋盘顶一周。女子则多把长发上拢成髻，或卷发齐肩。儿童头发梳作两个杈状丫角儿，叫作丱角。平民、奴隶，有裹发作羊角状斜旋而上的，有自顶心向后垂一短辫的，也有剪发齐颈的。各类服饰造型反映了商王朝不同阶级人们形象的差异，服装也成为分阶层等级的标志。

周代人像、配饰及织物

周代以农业作为立国之本，为巩固国家统治和维护社会稳定发展，实行分封制，推行宗法礼制，重视百工。西周等级制度确立，“非

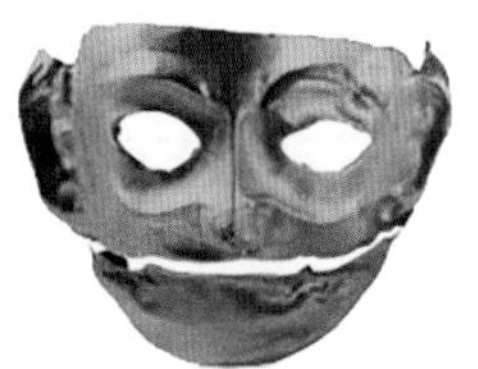
图2-75

图2-76

图2-77

图2-75　金面具
成都金沙遗址出土

图2-76　玉环
成都金沙遗址出土

图2-77　玉镯
成都金沙遗址出土

其人不得服其服”成为与等级社会相适应的冠服制度。周王朝设置司服、追师、缝人、染人和屦人等官职，掌管贵族阶层服饰礼仪。

《尚书・虞书・益稷》载：“予欲观古人之象，日、月、星辰、山、龙、华虫，作会；宗彝、藻、火、粉米、黼、黻、絺绣，以五采彰施于五色，作服，汝明。”这是关于十二章纹饰的最早史料记载，周代服饰呈现出等级化和礼制化的特征。周代服饰色彩彰显穿着者的身份、阶层与地位。根据《礼记·玉藻》的记载，周代以“青、赤、黄、白、黑”正色为贵，以正色相杂而生的间色为卑。周代服饰从款式、纹样、色彩和佩饰等各种角度，都赋予了浓厚的礼制内涵，服饰形象既是地位身份的象征，也是礼仪德行的外在表现。周代服饰的款式变化更加丰富，有长衣和短衣，有交领右衽和直领对襟不同的领襟式样；也有窄袖和宽袖之分，上衣下裳组合成为服装基本形制；腰间垂挂蔽膝成为常用的搭配形式。

西周玉人（图2-78），曲沃县北赵村晋侯墓地8号墓出土，山西省博物院藏。玉人呈站立状，玉质暗绿色。玉人粗眉大眼，宽鼻阔嘴；身着高领衣，领下右侧开短衽，窄袖束腰，腰带处前中垂有三角形蔽膝，上衣长至胫部，下摆呈梯形，领、腰和裳有交叉斜格纹装饰缘边。玉人左右脚跟相连，鞋尖向外上翘。玉人头顶发式上卷，后脑为直发，头部佩戴双龙纹发冠。龙纹冠中龙头下抵肩部，中间镂空，上端卷起形成一穿孔。玉人整体以斜切刀法雕刻轮廓，以阴线勾勒纹饰，造型古朴生动，再现了周代贵族女性的衣饰形象。

西周玉人（图2-79），曲沃县北赵村晋侯墓地63号墓出土，山西省博物院藏。玉人以上下直通的穿孔，将头部、身体和腿部三部分串联起来。玉人头发为碧玉雕刻，向四周整齐垂下，发梢齐额，后脑有小辫垂至颈部。面部细眉圆眼，阔鼻平嘴，耳下有坠饰。身体为黄褐色圆雕，衣领处有三角纹饰，胸前刻对称的圆圈纹，窄袖束腰，腰带有纹饰，双臂下垂，上衣下端呈筒形。

西周玉立人（图2-80），曲沃县北赵村晋侯墓地63号墓出土，山西省博物院藏。玉人呈正面站立形，青白玉圆雕。阔鼻平嘴，顶发中分，从耳侧下垂，头发垂颈外卷。头戴高冠，冠前端有小孔，可能为插笄固冠之用。身着窄袖上衣，中长下摆，袖口至腕部，腹前有斧型

图2-78

图2-79

图2-80

图2-78　西周玉人
山西曲沃县北赵村晋侯墓地8号墓出土

图2-79　西周玉人
山西曲沃县北赵村晋侯墓M63出土

图2-80　西周玉人
山西曲沃县北赵村晋侯墓M63出土

蔽膝，后有披肩，腰间束带，下摆及披肩饰网格纹。两臂贴于腹部，足穿履。玉人以阴线刻绘纹饰，衣饰华丽，为西周贵族女子形象。

西周龙凤冠人形玉佩（图2-81），泰安市博物馆藏，呈青黄色，扁平片状，正面微鼓，背面微凹。人物造型为正面立姿，头戴龙凤合体冠，右边龙头下曲与面部相齐，左边凤曲颈仰首，龙身下曲与右臂相连，冠顶有圆孔以便佩戴。身着长袖合体衣，两长袖下垂，袖口上卷，束宽腰带，衣摆外展呈三角形，脚跟相连，双足外撇。玉佩线条流畅，造型优美，再现了西周贵族女子的服饰形象。

圆雕玉人（图2-82），洛阳东郊西周墓出土，中国国家博物馆藏，玉人呈站立状，头部左右两侧为龙形双笄发饰，身着合体窄袖长衣，衣襟右开作曲领右衽式，束宽腰带，双手拱于腹前，腰带前垂斧型蔽膝。西周玉立人（图2-83），陕西韩城梁带村出土，青白玉微透明，玉质细腻润泽，受沁略泛黄色，出土时位于墓主腰腹右侧。玉人圆雕呈站立状，面部、发束、服饰均用阴线刻绘，其中发束最为细密，采用游丝刻技法，展现出周代玉饰的雕刻水平。玉人面部细眉圆眼，宽鼻长耳，头部有两辫束，竖直向上对折垂于肩部。双臂下垂，双手拢于腹部，足部为卯榫状，中部对穿圆孔。玉人身着阔领右衽斜襟长衣，发式活泼，造型生动。

西周圆雕玉人（图2-84），河南三门峡市虢国博物馆藏，为豆青色青玉，玉质细腻微透明，局部受沁有黄褐斑。玉人为坐姿，柳叶眉，臣字眼，高鼻扁嘴，头上有冠，下肢蜷曲，双手弯曲置于膝上。背部饰卷云纹，底部有单面孔。虢国墓地位于河南省三门峡市北部上村岭，年代在西周晚期至春秋早期，是周代诸侯虢国国君及贵族墓地，出土有大量精美周代遗存。

西周圆雕玉立人（图2-85），灵台县白草坡出土，甘肃省博物馆藏，为黄玉，呈站立状，头戴歧角形高冠，广额巨目，身穿袍服，上下有四条刻纹，似被捆绑四肢状，无足，可能为被俘敌酋，胸部有穿孔。高冠上小下大，前高后低，前部呈山形高展，后部较低呈平台状，为周代典型的冠式。西周玉人形铲（图2-86），灵台县白草坡出土，甘肃省博物馆藏，玉人为圆雕，玉质泛黄透绿，裸身站立，无性别特征。发髻为虎首蛇身盘成锥髻，长脸深目，宽颊尖颏，阔鼻大耳，双耳穿孔，两手下垂捧腹，双足并拢作铲形；玉人足下似铲的榫是作器柄或插嵌之用。

西周人头形銎青铜戟（图2-87），灵台白草坡西周墓出土，甘肃省博物馆藏，戟长25厘米，宽23厘米，刺锋呈人头形，头顶为刃，人头颈部为椭圆形銎。人像浓眉深目，披发鬈须，高耳耸鼻，嘴部突出，颧骨处有线条粗深的唇形纹饰。人头銎戟设计构思精妙，造型纹饰奇特，为勾兵中所罕见。人头形为战俘形象，颧骨处的线条纹饰，或文面之俗，或对战俘施行的烙面印记。商周时代盛行尚武风气，不仅以异族战俘的肉体献神祭祖，还常用异族的战俘形象来装饰贵族兵器，以此炫耀战功，激励士兵，奋扬军威。

人形铜车辖（图2-88），洛阳北窑庞家沟西周墓出土，洛阳博物馆藏，人呈跪坐状，双眼深凹，嘴部向前凸出，面形瘦长，粗眉小眼，双手置于腹部，屈膝跪坐，上身微微前倾；头顶为单圆高发髻，戴筒形小高帻，缨结

图2-81　龙凤冠人形玉佩
山东泰安市道朗龙门口水库出土

图2-82　圆雕玉人
河南洛阳东郊西周墓出土

图2-83　玉立人
陕西韩城梁带村芮国墓地出土

图2-84　玉人
河南三门峡上村岭虢国墓地出土

图2-85　圆雕玉立人
甘肃灵台县白草坡出土

图2-86　玉人形铲
甘肃灵台县白草坡出土

图2-87　人头形銎青铜戟
甘肃灵台县白草坡出土

图2-88　人形铜车辖
河南洛阳北窑庞家沟西周墓出土

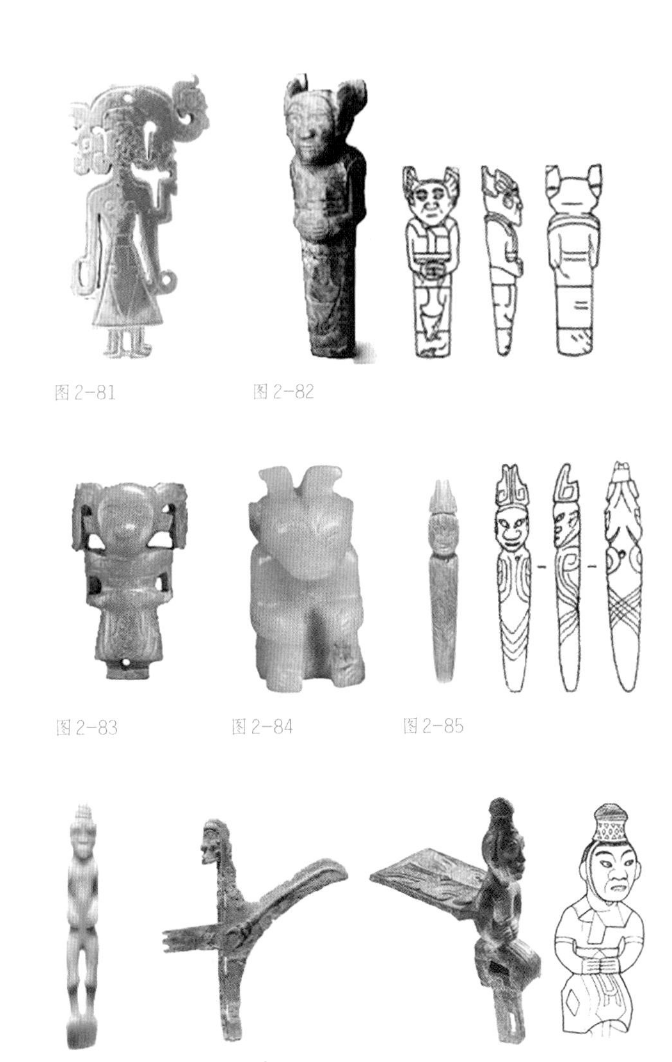
图2-81　图2-82　图2-83　图2-84　图2-85　图2-86　图2-87　图2-88

于颌下以固帻。衣服款式为曲领右衽窄袖深衣，腰系宽带，垂斧型蔽膝。人物造型写实，为奴隶社会时期地位低下的奴隶形象。

东周举手人物范（图2-89），侯马晋国遗址出土，山西省博物院藏，陶范中人像呈站立状，双手上举，十指并拢，似托物状。人像头戴月牙形冠，着长衣，系腰带，腰带打双蝴蝶结，穗下垂。长衣为交领右衽，直裾窄袖，下摆垂及脚面，衣身饰宽条，衣袖饰横条，内填纤细斜角雷纹装饰。铜质武士俑（图2-90），长治分水岭东周墓出土，长治市博物馆藏，人俑呈站立状，身着交领右衽窄袖长衣，直裾垂于前身，衣身合体，丝绦束腰，绣纹装饰，衣长及膝，内着短裤。人俑服饰简练实用。

周代银人像（图2-91），河南洛阳市金村出土，日本细川家收藏。人像高约9厘米，两臂下垂，两手半握，着交领右衽长衣，衣身合体窄袖束腰，衣襟曲裾绕至身后，衣长及膝。头发拢至脑后绾髻，额前两鬓与脑后发绺下垂，双鬓垂髦。长衣内着窄裤，跣足。银人像风格写实，表情恭谨，发髻、服装是周代常见式样，跣足表现君前示敬之意，细致刻画出周代宫廷小吏的服装形象。

曲裾是我国古代服装衣襟造型的一种款式。按照《礼记》记载，深衣一大特点是“续衽钩边”，这种服饰的共同特点是都有一幅向后交掩的曲裾。参考洛阳金村出土的银人像，曲裾不是在膝前交叉，而是绕到背后。古代深衣之裳共有十二幅，均宽头在下，狭头在上，通称为衽，接续其衽而钩其旁边者为曲裾。

周代贵族阶层尤其崇尚佩玉，佩戴各种造型玉饰连缀组合而成的玉组绶，成为最奢华的装扮。《周礼·考工记》有关于制玉的明确记述。周礼规定礼器中有六种玉器，掌管天地四方，发挥不同的作用，称为六瑞，分别为璧礼天、琮礼地、圭礼东方、璋礼南方、琥礼西方、璜礼北方。《周礼·大宗伯》记载：“以玉作六瑞，以等邦国。”自此人们对玉的崇尚，达到无以复加的地步。《礼记·玉藻》有：“凡带必有佩玉……君子无故，玉不去身，君子于玉比德焉。”周代在继承商代玉器传统的基础上，不断发展创新，将用玉等级化和礼仪化，设有玉工，专为王室服务，使玉器成为政治阶层分贵贱与辨等列的礼器。礼仪和秩序成为周代佩玉文化的主要特色。

西周玉环饰（图2-92），陕西韩城梁带村出土，豆青色，受沁有黄褐色斑，玉质细腻温润。其正面饰两条龙纹，布局规矩严谨，雕琢精美。两条蟠卷龙纹，首尾相追于涡旋线和卷云纹之间。纹饰以双钩技法雕琢，线条流畅又富有变化。西周玉环（图2-93），河南三门峡虢国博物馆藏，由白玉制成，双面饰抽象变形云龙纹。玉环圆度规整，纹饰流畅，富有动感。

玉环一般用作佩饰，贵族流行佩戴玉环，从新石器时代一直持续至明清时期。玉环基本造型为扁平的圆环状，多用白玉、黄玉制作，整体圆整光洁，内外壁平直，边缘较薄，通体磨光，制作精致。周代到战国时期玉环种类，主要有云纹环、谷纹环、龙纹环及玛瑙环。汉代时玉环多位于组佩玉饰的中部，直径变小，连接上下玉饰，表面饰典型汉代纹饰，如勾云纹、四灵纹、螭纹等。魏晋时期的玉环风格转

图2-89　图2-90　图2-91　图2-92　图2-93

图2-89　举手人物范
山西侯马晋国遗址出土

图2-90　铜质武士俑
山西长治市分水岭东周墓出土

图2-91　银人像
河南洛阳市金村出土

图2-92　玉环饰
陕西韩城梁带村芮国墓地出土

图2-93　玉环
河南三门峡上村岭虢国墓地出土

为质朴，环面多素朴无纹，只在圆形外侧对称雕出两长方形凸起。唐代玉环，材质较厚，多刻绘成内外六瓣莲花形。宋代出现扁圆形玉环。明清两代玉环装饰奢华，多雕团龙纹、卷云纹、蟠螭纹及竹节纹。玉环在我国古代配饰艺术中占重要地位。

西周玉玦（图2-94），河南三门峡虢国博物馆藏，豆青色，半透明，润泽细腻，局部有沁斑。玉玦的表面阴刻龙纹，二龙交合，首首相对，为缠尾龙纹玦。一对玉玦的玉质玉色、大小厚薄、纹样均基本相同。玉玦出土时位于墓主头部两侧，应为成对的耳饰。从新石器时代晚期到周代，贵族阶层崇尚耳部佩戴玉玦。

西周龙形玉饰（图2-95），虢国博物馆藏，为青玉，呈深冰青色，局部受沁，有黄褐色斑。玉饰质地细腻，正背面阴线刻龙纹，龙头部上唇上卷，下唇向内卷曲，臣字眼，身饰鳞纹，龙体呈团曲状，尖尾衔于口中，为衔尾龙纹玉配饰。西周凤形玉饰（图2-96），虢国博物馆藏，玉质呈黄褐色。玉凤圆眼勾嘴，头冠高大，分作三支，尾巴修长，昂然挺立，风格简洁生动。

西周蛇形玉饰（图2-97），虢国博物馆藏，玉质细腻温润，浅冰青色，局部受沁有黄褐斑。玉蛇呈圆弧形，正面略鼓，背面纵向刻出三行平行的鳞纹。蛇纹椭圆目微凸，口吐蛇信，蛇尾向内弯曲，舌面与背上有圆孔，可穿绳佩戴。西周猴面人形玉佩（图2-98），虢国博物馆藏，为侧身玉人造型，青玉质，呈冰青色，局部受沁为黄白半透明状。侧面玉人双腿弯曲，向上呈蹲形，面部似猴面，头部有盘龙，龙首朝下附于人头后部，在其颈部及臀部也雕琢有龙纹。龙形纹饰与人体相互寄附融合，构思巧妙，形象生动。

虢国是西周时期重要姬姓诸侯国，在虢国墓地出土的玉器中，玉饰的种类丰富，其中造型各异、精致灵动的鱼形玉饰是佩玉中数量较多的类别（图2-99）。商代贵族已有佩鱼之风，至西周时期我国古代鱼形玉饰的制作工艺达到高峰。西周时期玉鱼饰以片雕者居多，制

图2-94

图2-95

图2-96

图2-97

图2-98

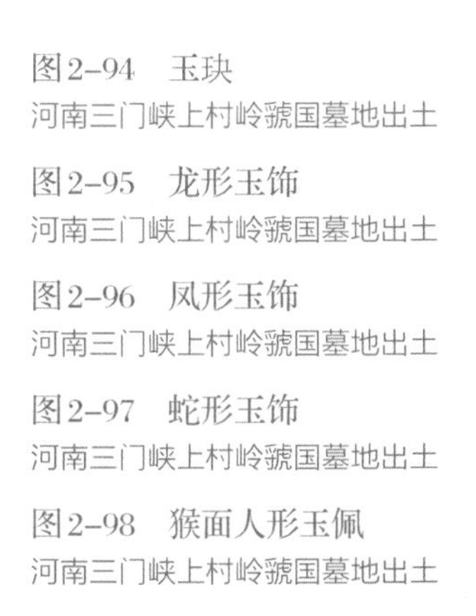

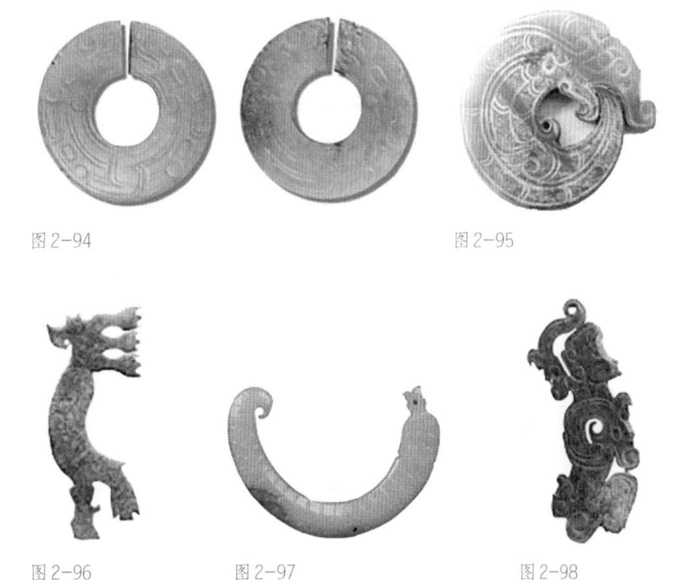

图2-94　玉玦
河南三门峡上村岭虢国墓地出土

图2-95　龙形玉饰
河南三门峡上村岭虢国墓地出土

图2-96　凤形玉饰
河南三门峡上村岭虢国墓地出土

图2-97　蛇形玉饰
河南三门峡上村岭虢国墓地出土

图2-98　猴面人形玉佩
河南三门峡上村岭虢国墓地出土

作精细，鱼身边楞圆润光滑，鱼体鳍、尾以直阴线刻绘，甚至出现少数圆雕玉鱼。目前考古出土的周代鱼饰，鱼身或直或曲、或细或宽，双面片雕，张口圆目，鱼眼以斜刀方式雕刻成圆眼，身体背脊和腹下一般用短阴线琢出两组鱼鳍，两面纹饰相同，尾部分叉，头部有孔，可穿绳佩戴。鱼形玉饰形象生动，风格简练写实，制作精细，成为周代王公贵族常用佩饰。

鹿形玉饰（图2-100），山西曲沃县北赵村晋侯墓地63号墓出土，黄褐色玉质，扁体片形，呈站立状。玉鹿长角粗壮，分杈向左右平展，前杈上扬，后杈向后勾曲。头部有臣字目大耳，吻部前突，前胸挺出，后背拱起，后肢前曲，短尾，体态丰润。玉鹿造型简练明快，富有活力。人龙形玉饰（图2-101），山西曲沃县北赵村晋侯墓地31号墓出土，出土时位于墓主腹部。玉佩两面纹饰相同，皆为双勾加单刻阴线，运用透雕技法，雕刻云冠羽人。羽人导引前行，龙作回首状。人龙形玉佩构思巧妙，生动传神。

玉韘（图2-102），陕西省扶风县北吕村25号西周墓出土，汉白玉质，呈环状，玉韘孔壁一侧呈坡状横向斜伸，与其相对的侧壁则逐渐增厚，并于中部凸起成尖脊，器壁另有四个斜向穿孔。从形态及穿孔判断，这件玉韘具备实用功能。玉韘加长的侧壁以及凸起的中脊，呈现为长椭圆状的盾形轮廓，造型较商代玉韘发生显著变化。

镶金玉韘（图2-103），梁带村芮国遗址博物馆藏，出土时位于墓主右手掌附近。黄绿玉质，局部受沁，质地细腻微透明，纹饰细缝残留有朱砂。玉韘整体形制为斜筒状，断面呈椭圆形，表面装饰阴线云纹。正面筒壁较长，

图2-99

图2-100　图2-101

图2-102　图2-103

图2-99　鱼形玉饰
河南三门峡上村岭虢国墓地出土

图2-100　鹿形玉饰
山西曲沃县北赵村周代晋侯63号墓出土

图2-101　人龙形玉佩
山西曲沃县北赵村周代晋侯31号墓出土

图2-102　玉韘
陕西扶风县北吕村西周墓出土

图2-103　镶金玉韘
陕西韩城梁带村芮国遗址出土

有鼻状凸起，背面筒壁较短，中央纵向凸起棱脊，脊上部有穿孔，并镶有金质鹰首，打磨光滑。筒壁一侧有方形孔，推测应镶嵌金质扳突。西周金韘（图2-104），梁带村芮国遗址博物馆藏，出土时位于墓主人左手下侧，为斜筒状，正面凸起，断面呈椭圆形，背面筒壁较矮，且中间斜倾向下向后纵向起棱脊，脊上部凸起有穿孔。筒壁一侧有方形扳突。金韘背面上下两端收尖，顶端为鹰首造型，鹰喙和上收的尖端巧妙结合，外凸为双眼，配合额部的中央凸棱，完美呈现出苍鹰威猛环顾的形象。

韘作为我国古代张弓拉弦的工具，即射手所用的开弓扳指。主要流行于商代到战国时期，汉代实用型韘逐渐衰落，出现仿韘的韘形佩，主要用于装饰。周代玉韘使用时系于食指，底部平齐，上端呈前高后低的斜面，有小孔，穿绳系于手腕。周代玉韘的造型，为汉代韘形佩的出现提供了样式来源。《说文解字》载："韘，射决也。所以拘弦，以象骨。韦系，着右巨指。"韘是戴在右手拇指上用以钩弦射箭的用具。考古发现的韘多数为玉质，少数为骨、木质，梁带村芮国遗址出土的金玉韘较为奢华，是象征权力身份地位的佩饰。

西周金镯（图2-105），梁带村西周遗址27号墓出土，梁带村芮国遗址博物馆藏，为纯金质地，因埋藏日久导致色泽暗沉。金镯器身呈圆形，由一根圆柱状金丝缠绕四周制成，造型简练，是西周时期黄金饰品的代表。

西周串珠胸饰（图2-106），虢国博物馆藏，由青白色球形玉珠，鼓形玉珠及玉管串系而成。最上端为鸡血红色玉珠和玉管，下缀7串玉珠及玉管，每串由10粒玉珠和1件玉管组成，上端为3粒绿色的鼓形玉珠，中部为6粒青白色球形玉珠，末端为玉管。玉鱼联珠串饰（图2-107），山西曲沃北赵村晋侯墓地出土，由鱼形玉璜与绿松石、红玛瑙珠组合，串联成两组玉串饰。鱼形玉璜弯曲呈弧状，阴线雕刻为单背双腹鳍形，首尾各穿一孔，连接玉珠，为佩戴在颈部的佩饰。

西周玉项饰（图2-108），虢国博物馆藏，出土时位于墓主颈部。串饰由红玛瑙珠、马蹄形玉饰、椭圆形玉饰组合而成。马蹄形玉饰与椭圆形玉饰受沁成鸡骨白。玛瑙珠用双线串成双行，每隔若干颗珠子，双线并穿马蹄形玉饰。椭圆形玉饰处于整组串饰的右下方，类似于坠子。整组项饰串联严谨，对称协调，温

图2-104

图2-105

图2-106

图2-107

图2-104　金韘
陕西韩城梁带村芮国遗址出土

图2-105　金镯
陕西韩城梁带村芮国墓地出土

图2-106　串珠胸饰
河南三门峡上村岭虢国墓地出土

图2-107　玉鱼联珠串饰
山西曲沃县北赵村晋侯墓地102号墓出土

润的玉色在红色玛瑙珠的映衬下，显得色彩明快，光鲜夺目。西周束绢形佩玛瑙珠组合玉项饰（图2-109），虢国博物馆藏，共90件玉饰品组合连缀而成，出土时位于墓主颈部。组合玉项饰以人龙合纹佩为中心，由6件束绢形佩连接83颗红色玛瑙珠，呈双行相间穿系而成。玉项饰结构严谨，对称协调，别具风格。

西周煤精石串饰（图2-110），陕西韩城梁带村出土，由38颗煤精石龟形珠、14颗煤精石圆珠和2件造型各异的龙形觿玉佩饰穿缀组合而成。各类珠饰排列巧妙，制作精良。这是我国考古发掘遗存中时代较早的煤精石饰物。

西周玉腕饰（图2-111），陕西韩城梁带村出土，由红色玛瑙珠、红色竹节形玛瑙管、玉蚕、玉鸟、玉贝组合串联而成。玉蚕、玉鸟精致小巧，生动传神，与红色玛瑙珠搭配，充满生活情趣。西周玉腕饰（图2-112），虢国墓地出土，由红色玛瑙珠23枚、管形料珠2枚、菱形料珠7枚、管形玉饰3枚、球形玉珠1颗、蚕形玉饰1件串联而成。这件腕饰由不同质地的宝石和料珠组成，色彩斑斓，出土时围绕在墓主手腕处。

组合玉腕饰（图2-113），河南三门峡上村岭虢国墓地出土，共由21件玉饰组合而成，出土时位于墓主右手腕处。由兽首形佩、鸟形佩、蚕形佩、蚱蜢形佩及玉管穿缀组合而成。其连缀方式为：以兽首形佩为中心组件，两侧各为鸟形佩和蚕形佩，再各连双面龙纹扁管，其后八件蚕形佩和两件蚱蜢形佩分为五组，以玉管相间穿缀。这种连缀方式较为罕见，具有现代审美中的不规则美感。腕饰组件玉质细腻，琢磨精致，显得精巧华贵。

周代项饰和腕饰的大量出现，丰富了玉佩的内容，也印证了“君子无故，玉不去身”的佩玉习俗。《诗经·郑风·女曰鸡鸣》载：“知子之来之，杂佩以赠之；知子之顺之，杂佩以问之；知子之好之，杂佩以报之。”周代人们以杂佩相赠，表达情谊。《卫风·木瓜》有“投我以木瓜，报之以琼琚”“投我以木桃，报之以琼瑶”“投我以木李，报之以琼玖”，诗歌中的琼琚、琼瑶、琼玖等美玉，均用作馈赠之

图2-108　图2-109　图2-110
图2-111　图2-112　图2-113

图2-108　马蹄形佩玛瑙珠组合玉项饰
河南三门峡上村岭虢国墓地出土

图2-109　束绢形佩玛瑙珠组合玉项饰
河南三门峡上村岭虢国墓地出土

图2-110　煤精石串饰
陕西韩城梁带村芮国墓地出土

图2-111　玉腕饰
陕西韩城梁带村芮国墓地出土

图2-112　玉腕饰
河南三门峡上村岭虢国墓地出土

图2-113　组合玉腕饰
河南三门峡上村岭虢国墓地出土

礼。《秦风·渭阳》有“何以赠之，琼琚玉佩”，《齐风·著》还有“琼华”“琼莹”“琼英”的说法，皆指美石、美玉等玉质饰品。周代各类玉饰从用料到做工，从形制到纹饰，都承载了人们对审美与礼仪的追求。

玉组佩（图2-114），河南平顶山西周墓出土，长35.5厘米，最宽处9厘米。由青玉板和成串的碧玉、红玛瑙珠、青玉管等玉饰穿缀串连而成。玉板有对称的勾连形云纹，玉板下缘有小孔十处，用以系连串饰。最外两边的两孔对连成串，中部有四串饰件，佩戴时系于胸部，垂及腰部，整体造型协调美观。玉组佩（图2-115），倗国墓地出土，运城博物馆藏，通长55厘米，由梯形骨牌，玛瑙管、料管、玉管、海贝等饰件穿缀组成。骨牌上有三排玛瑙管，骨牌表面镶嵌有绿松石图案。骨牌下侧有十串由玛瑙珠、玉管和海贝等饰物串联的串饰。

玉牌联珠串饰（图2-116），山西曲沃县北赵村晋侯墓地31号墓出土，出土时位于墓主胸部右侧，由玉牌、玉珠、玛瑙珠和料珠组成，共有584件。最上端为3串玛瑙珠下接6串玛瑙珠，系于玉牌上部的6个穿孔。玉牌下部有9个穿孔，系挂9串玉珠、玛瑙珠和料珠组成的珠饰。玉牌呈梯形，上下穿孔均为侧背斜钻，正面用双勾法刻对称龙纹，线条流畅。

西周梯形牌玉组佩（图2-117），韩城市梁带村芮国遗址博物馆藏，出土时位于墓主胸前，长度为105厘米。玉组佩以梯形玉牌为中心，上下两端分别雕琢穿孔，连接有9条和11条串饰，每条串饰以各式琉璃管珠、玛瑙管、绿松石以及玉方管穿系而成。梯形玉牌纹饰主

图2-114

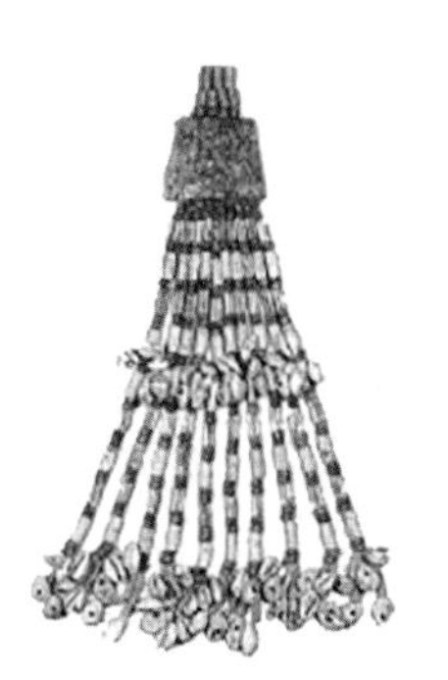

图2-115

图2-116

图2-117

图2-114　玉组佩
河南平顶山西周墓出土

图2-115　玉组佩
山西绛县倗国墓地出土

图2-116　玉牌联珠串饰
山西曲沃县北赵村晋侯墓地出土

图2-117　梯形牌玉组佩
陕西韩城西庄镇梁带村芮国墓地出土

体为兽面，其余面积饰有侧面龙纹。饰物组件有春秋早期的玉饰，也有西周中晚期的玉饰。这组玉佩集不同时代的玉饰件重新串结而成，成为此组串饰最大的特色之一。梯形牌玉组佩玉饰众多，编排有序，制作工艺高超，是周代贵族佩戴的等级较高的组玉佩。

周代玉组佩由玉璜、玉珩、玉管、玛瑙珠和料珠等不同玉件，串联起来组成整套玉饰。玉组佩制作精良，排列有序，色彩鲜艳，纹饰多用阴线双勾技法雕琢，工艺精湛。玉组佩是西周用玉中最具时代特征，结构最为复杂的佩玉，改变了商代以单件玉饰以为主体的佩玉特征。玉组佩形成以多璜联壁、玉牌串珠等组合玉佩的形制，使用时佩戴于颈部胸前，垂挂于胸腹部，尽显周代贵族饰品的奢华。

西周玉组佩（图2-118），强家村出土，宝鸡市周原博物馆藏，长约80厘米。组佩由玉璜、人龙鸟兽纹佩、兽面佩、凤鸟纹佩以及其他抽象纹饰的玉件组成。玉组佩以红色玛瑙珠、玛瑙管和黄色萤石珠连接，穿缀方式复杂，排列井然有序，构思巧妙、样式活泼。六璜联珠玉组佩（图2-119），山西曲沃北赵村晋侯墓出土，出土时位于墓主胸部。组玉佩玉件共有408件，由绿色料珠和红色玛瑙珠串联6件玉璜，自上而下连缀而成。西周时期的玉璜沿袭了商代风格，但周人不仅佩戴单件玉佩，玉组佩的出现更成为当时的新风尚。周代王公贵族多佩戴玉组佩，代表其高贵的身份，所以此时的玉璜多被上凹下凸地串联于组佩串饰中。

西周七璜联珠玉组佩（图2-120），虢国墓地出土，河南博物院藏，通长约52厘米，共有各种玉件三百多件。上部由人龙纹玉佩、玉管和两行红玛瑙珠相间串联而成，下部由七件自上而下依次递增的玉璜，纵向排列红色玛瑙管形珠和浅蓝色菱形琉璃珠串联而成。整组佩饰组合完整，制作精细，连缀方式匀称讲究。玉组佩出土时位于墓主肩、胸至腹部，璀璨夺目、富丽堂皇、华丽无比。

西周七璜联珠玉组佩（图2-121），梁带村芮国遗址博物馆藏，出土时位于墓主胸腹部，由七件玉璜、圆形玉牌和数百颗玛瑙珠分三排串联而成。上部圆形玉佩总贯项饰枢组，下部由七件玉璜与玛瑙珠相互串联。圆形玉牌位于颈后集束，璜为半圆形，自上而下按璜的大小顺序排列。芮国墓地位于陕西渭南韩城市梁带村，为西周晚期至东周早期大型墓地，其中有三座大墓为两周时期芮国国君与两位夫人的墓葬，出土玉组佩极为精美绚丽。梁带村M27墓主考证为芮国国君，为七鼎大墓，所佩璜件数为七璜。《周礼》载“侯伯七命，其国家、宫室、车旗、衣服、礼仪皆为七节。”芮国国君组玉佩应遵循的是侯伯七命之礼。周代礼制鼎盛，组佩是王朝礼制的重要内容，在贵族中盛行。

玉璜玉珩联珠玉组佩（图2-122），北赵村晋侯墓地出土，山西博物馆藏，由玉璜、玉管、玛瑙珠等204件玉饰组成。其中共有玉璜45件、玉珩3件，最大的玉璜长15.8厘米。玉组佩玉饰种类众多，由玉璜、玉珩、玉管、料珠、玛瑙管珠等穿缀组合，玉饰组件排列有序。整个玉组佩展开长达2米，佩挂于颈上，末端长达膝下。纹饰多用双勾技法，体量奢华，工艺精湛。西周玉组佩讲究玉的色泽和形式的对称和谐，这套大型玉组佩不但制作精工，而且色彩柔和淡雅，代表了周代最高的治

图2-118 玉组佩
陕西扶风县强家村出土的

图2-119 六璜联珠玉
山西曲沃北赵村晋侯墓地出土

图2-120 七璜联珠玉组佩
河南三峡上村岭虢国墓地出土

图2-121 七璜联珠玉组佩
陕西韩城西庄镇梁带村芮国墓地M27出土

图2-122 玉璜玉珩联珠玉组佩
山西曲沃北赵村晋侯墓地63号墓出土

图2-118

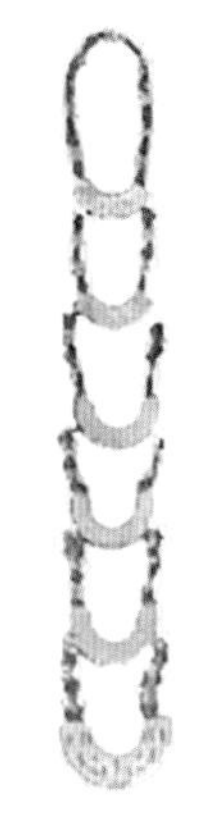

图2-119

图2-120

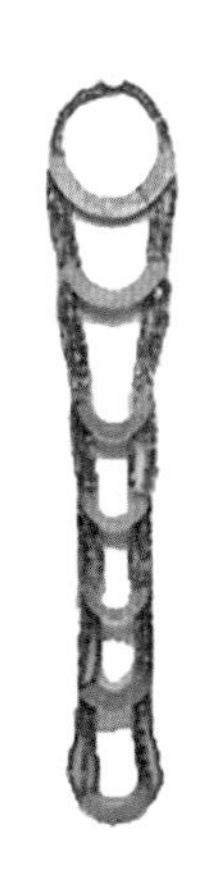

图2-121

图2-122

玉水平。

佩戴组合玉佩在西周贵族中间盛行。玉组佩由许多玉件串联组成，为挂在颈部悬于胸前的组合佩饰。通常由玉璜或玉片串连玛瑙、绿松石及彩珠、贝壳穿缀而成，也有用数个玉璧、玉璜、玉管、玉勒等串联而成。玉璜是玉组佩的重要组成部分，玉组佩中玉璜多制作成鸟、鱼、蚕等多种动物形象。考古发现的多璜玉组佩中，玉璜的数目从二璜到八璜不等。佩戴玉璜数目更多的玉组佩，佩戴者身份地位更高。玉组佩中璜的佩戴有水平和侧立两种，水平款多搭配玛瑙和绿松石，串成环形项圈；侧立款则搭配在两侧，形成对称装饰。从组合关系上，多璜组佩以青白玉质为主，其间串联玛瑙珠和绿松石珠，璜按大小依次序排列，与玛瑙和绿松石形成醒目的色彩搭配，整体上形成大小色彩主次分型的视觉效果。

大型结构繁复的组合玉佩，是贵族阶层表示身份地位及权势的标志，要按一定的礼制规定设计和佩戴。西周时期贵族在行走时，玉组佩就会发出玉石撞击之声，从而提醒其举止得当，不失礼节。步履的徐缓表现身份的高贵，称为玉步。玉组佩的长短和结构的复杂程度是区分佩戴者身份和地位的重要标志，身份地位越高的贵族，玉组佩的结构越复杂，长度也越长。

大型玉组佩不仅反映周代贵族的奢华生活，同时还规范君臣尊卑及礼节，是西周诸侯贵族身份地位等级的象征。玉组佩的所有者都是王侯级别的高级贵族，佩戴组佩代表身份的尊贵。佩戴者行走时组玉能发出美玉悦耳的声音，并约束人们走动的步伐，故有尚德之功能。

玉质丧葬面具也称缀玉瞑目或缀玉面罩，在我国商周时期至汉代比较流行。古人认为玉可防腐，保证尸身不坏，而且能与逝去的祖先灵魂对话。在这种观念的主导下，人们用各种玉料对应人面部五官制成饰片，缀饰于纺织品上，殓葬时覆盖在逝者面部。

西周晚期玉覆面（图2-123），河南博物院藏，是覆盖在墓主人脸部的缀玉面罩。由仿面部的额、眉、眼、耳、口、印堂、面颊、下颚等青玉片饰做成三角形、梯形与三叉形薄玉片及红色玛瑙珠组合而成。玉片布局模仿五官七窍，联缀于丝织物构成的衬地材料上。各类玉片构成的五官，比例匀称，形象逼真，富有艺术表现力。这组玉覆面是西周墓葬考古发掘中，所发现的结构完整，形制规范，工艺讲究，专门制作的殓玉，也是汉代玉衣的雏形。

蚕形玉件（图2-124），陕西宝鸡茹家庄西周墓出土。这些造型生动的玉蚕，展示出西周时期已经出现养蚕制丝的生产工艺。织物和刺绣品不易保存，西周贵族墓葬中发现的部分纺织品痕迹与遗存，是黏附在泥土上的痕迹。丝织物的纹路和刺绣的花纹以及单线辫子股针法绣出的图案痕迹等内容，在一定环境条件下，附着在泥土上，为人们了解西周时期的纺织技术与织物刺绣的情况，提供了重要参考资料。

丝织品痕迹（图2-125），陕西宝鸡茹家庄西周墓出土，其中有些是黏附在青铜器上，有些是压附在淤土上，大部分是平纹纺织品。有一块淤土上的纺织品印痕，具有简单的菱花图案，应为斜纹提花织物，只有采用专门的提花织机才可能织造出来。此外，还发现一处刺绣的印痕，采用辫绣针法，运用双线刺绣出卷曲的草叶纹和山形纹，针脚匀称。茹家庄西周墓室的淤泥中，原本的刺绣品早已腐烂，但在几千年形成的腐泥和相应器物上，发现了刺绣的印痕和刺绣布匹的颜料，用黄色丝线在染过色的丝绸上用辫绣法绣出花纹线条轮廓，据考证这是中国迄今发现的最早的刺绣品残痕。

《皇图要览》载："伏羲化蚕，西陵氏始蚕。"西陵氏之女嫘祖推广了养蚕治丝方法，华夏民族称其为"蚕神"。《绎史·皇帝内经》载："黄帝斩蚩尤，蚕神献丝，乃称织维之功。"可见，夏商之前原始先民已经学会剿丝织布。《尚书注疏·卷五·益稷》载："帝（舜）曰：臣作朕股肱耳目。予欲左右有民，汝翼。予欲宣力四方，汝为。予欲观古人三象，日、月、星辰、山、龙、华虫、作会（绘），宗彝、藻、火、粉末、黼、黻、絺绣，此五彩彰施于五色，作服，汝明。"这是虞舜对大禹说的一段话，意思是将日、月、星辰、山、龙、华虫、宗彝、藻、火、粉米、黼、黻十二种纹样绣在衣服上。这就是后来的十二章服纹样。《太平御览》引《太公六韬》载："夏桀、殷纣之时，妇人锦绣文绮之，坐食衣绫纨常三百人。"可见在夏商时期已经出现刺绣技艺。

山西绛县衡水镇横北村西周倗国墓地M1的西壁和北壁，考古发现保存总面积达10平方米左右的荒帷痕迹（图2-126）。荒帷纺织品的组织结构已不复存在，但在自然条件作用下，纺织品遗痕及表面朱砂颜料层装饰，被挤附夹杂于泥土淤积之中，经清理可辨识织物颜色与纹饰图案。这件荒帷整体是红色丝织品，由两幅横拼而成，上下有扉边。织物有精美的刺绣图案，图案主题是凤鸟。北壁的画面图案保存较为完整，可见3组大小不同的鸟纹图案痕迹，图案中间是一个大凤鸟纹的侧面形象，大勾喙、圆眼、翅和冠的线条以夸张的手法作回旋，线条流畅，气势磅礴。在大凤鸟的前后，多只小凤鸟上下排列，图案造型与西周中期青铜器凤鸟纹饰风格相同。这一重要考古发现，说明当时的刺绣技术已经比较成熟。

《周礼》《仪礼》和《礼记》等对荒帷都有所记载。荒帷是周代贵族墓葬中重要的装饰物，以棉麻织物为基本材料加工而成，并且通过刺绣、针织等方式形成各种纹饰图案，在图案表面饰以红色朱砂颜料，垂悬于棺和椁之间进行装饰。荒帷是以毛、丝、麻等材料织造而成的纺织品，属于有机质类文物，埋藏于地下容易发生朽烂，早期墓葬极少出土有古代纺织品实物。

图2-123

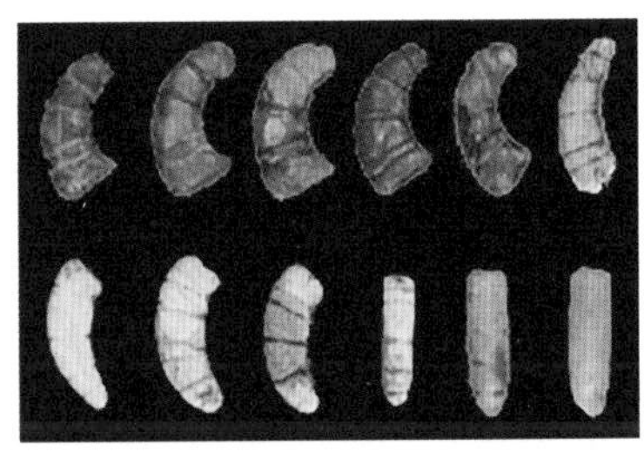
图2-124

图2-125

图2-126

图2-123　玉覆面
河南三门峡虢国墓地2001号墓出土

图2-124　蚕形玉件
陕西宝鸡茹家庄西周墓出土

图2-125　丝织品痕迹
陕西宝鸡茹家庄西周墓出土

图2-126　荒帷痕迹
山西绛县横水镇西周倗国墓地出土

叁 实用尚美的春秋战国服饰

从公元前770年周平王迁都洛邑，到公元前476年为春秋时期。这个时期是我国古代社会思想活跃、民族融合、政治大变革的阶段。据鲁史《春秋》记载的列国间军事行动有四百八十余次。史料中司马迁提道：春秋之中“弑君三十六，亡国五十二，诸侯奔走不得保其社稷者，不可胜数。”春秋时期，诸侯列国连年兼并，互相攻伐，争夺霸权。战国时期从公元前476年至公元前221年，处于东周末期。战国时代在华夏历史上分裂对抗严重且持久。战国七雄的兼并征战，促使地区间政治经济趋于平衡，统一的趋势日渐显现，为秦王朝建立统一的中央集权王朝奠定了基础。

春秋战国时期，周王室衰微，诸侯国各自为政，兼并弱小，增强国力，发展生产，注重商品流通。这一时期随着手工业发展，以丝麻为原料的纺织生产，空前繁荣起来。织绣工艺的进步，使服饰材料日益精细，品种名目日见繁多。河南陈留的花锦，山东齐鲁的冰纨、绮、缟、文绣，风行一时。南方吴越的细麻布，北方燕代的毛布、毡裘，西域羌胡族的细旃花罽，精美绝伦。各类面料的发展，推进了服装制作工艺和装饰技术的完善，形成纺织服饰的繁荣局面，使多样精美的衣着服饰脱颖而出，其中深衣成为最为流行的样式之一。春秋战国时期王侯贵族有着衣饰珠玑，腰金佩玉，衣裘冠履的服饰形象。

春秋战国时期，学术上的百家争鸣赋予衣饰佩玉诸多人格化的色彩，《国风·秦风·小戎》有“言念君子，温其如玉”的记载。《荀子·大略》载：“聘人以圭，问士以璧，召人以瑗，绝人以玦，反绝以环。”

春秋战国人像

战国玉人（图3-1），河南洛阳博物馆藏，青玉质，呈跽坐状，双手交叉置于腹前，跣足交叉于臀下。玉人头戴面具，面具以绳缚于脑后。面具上附发髻，粗眉大眼，如意状鼻，高颧大口，唇上划须。玉人头顶短发结辫，上身着交领短袖窄衣，下着短裤。上衣饰以方格、三角和条带纹装饰，腹前佩有由一环一璜组成的组佩。考古资料中，头戴面具的人物形象比较罕见，推测玉人身份应为驱鬼辟邪，正行傩戏的方相士形象。战国玉人（图3-2），浙江湖州安吉县博物馆藏，高2.5厘米，玉色受沁呈鸡骨白。玉人呈跪姿，双手交叉放置腹部，头部带小冠。器形精致小巧，造型生动。

战国玉人骑兽佩（图3-3），中国国家博物馆藏，河南省洛阳市小屯村1号墓出土。此墓属战国中期，东周王城北墙附近积石积炭大墓。玉人骑兽佩，玉料呈灰白色，有黑色微斑。玉人头梳双髻，短发梳向脑后呈环状。圆脸尖颔，鼻梁隆起，口部微张，双手前伸执兽耳。兽似伏虎，昂首双目前视，身侧腹下刻绘卷云纹装饰。自玉人头部至虎腹下纵钻穿孔，

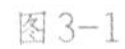
图3-1

图3-2

图3-3

图3-1 玉人
河南洛阳铜加工厂出土

图3-2 玉人
浙江湖州安吉县博物馆藏

图3-3 玉人骑兽佩
河南洛阳小屯村1号墓出土

可贯组绶随身佩戴。玉人骑兽佩造型精致，流畅生动，展示出战国时期人物形象。

战国中晚期三舞人踏豕玉佩（图3-4），湖北省博物馆藏，出土于九连墩2号墓内棺之中，为墓主贴身佩戴之物。三人叠加站立，服装相同，身穿交领右衽对襟长袍，窄袖束腰，衣长至脚腕，服饰上用细阴线刻绘大方格纹，并花素相间。豕即为猪，呈奔跑状，前肢收起，后肢用力蹬地，张嘴翘尾，耳和腿用云涡纹表达，身上的色斑用斜格纹填刻。两人并肩站于豕背之上，另一人立于此两人头上，三人都双手拢于腹前，或为杂技类的舞蹈表演场景。玉佩雕琢精细，风格写实，形象生动。

战国双联玉舞人佩（图3-5），河南洛阳金村出土，又名金村双联玉舞人佩，现藏于美国弗利尔美术馆。两舞女身材比例匀称，长方形脸，短发覆额，额发为半月形，两鬓卷曲，眉毛细长，五官小巧。舞女甩袖作舞蹈状，衣长曳地，各扬一袂于头上作舞。舞衣为交领右衽曲裾深衣，垂胡袖，袖口窄小，袖头附加一段轻柔的水袖，袖肘处宽松形成堆褶，斜裙绕襟，系宽腰带，袖、领、襟边缘有纹饰。两舞女单臂上举互接起舞，造型对称。玉人雕刻细腻，形态优美，衣纹繁简有序，线条流畅，雕刻手法多用阴线云纹表现。玉舞人为扁平状玉片，上下有穿孔，丝绦贯穿舞人玉及璜、管、冲牙等玉饰，组成颈饰，佩戴在颈部垂于胸前。

玉舞人佩源于战国，盛行于汉代，是当时社会文化的缩影。舞人形象一般为舞蹈中的女子形象，玉舞人佩通常是将各类玉石雕刻为玉舞人佩件，作为玉坠悬挂在项饰或组佩上。玉舞人佩造型小巧，多呈扁片状，姿态曼妙，为我国古代玉饰艺术中，较早出现的世俗化题材，带有浓郁的世俗风情，在春秋战国与汉代诸侯王室和贵族阶层中非常流行。

明器即我国古代专为随葬而制作的器物，又称“冥器”。明器一词，周代已经使用，《礼记·檀弓》中有“其曰明器，神明之也”的记载。明器常模仿各种礼器或日用器皿、工具、兵器的形状，还有人物、家畜及鸟兽的形象以及车船、家具、建筑模型等，质料以陶、瓷、木、石最为常见，也有用金属制造的。从新石器时代开始，历代墓中均有发现。

俑作为随葬明器的一种，反映了当时的社会生活、风俗习惯和丧葬信仰，也集中体现了我国古代人像雕塑艺术。据《礼记·檀弓》记载：“涂车刍灵，自古有之，明器之道也。

孔子谓为刍灵者善，谓为俑者不仁，不殆于用人乎哉。”郑玄注曰：“俑，偶人也，有面目机发，有似于生人。”另据《孟子》记载：“仲尼曰：‘始作俑者，其无后乎！’为其像人而用之也。”赵岐注曰：“俑，偶人也，用之送死。”可以看出，人俑在古代文献中一般专指人物类明器。春秋战国时期，以人俑代替人殉陪葬，发展成殉葬习俗，这是我国人俑塑造艺术的开端。

人俑代替活人随葬，在地下侍奉墓主，因而人俑的身份包括墓主生前的侍卫、仆从、厨夫、歌女、舞伎等各色人物，甚至还有衣饰华贵、有较高地位的属吏、宠姬、近侍等。俑的形象不追求表现人物的个性特征，而侧重于表现各种不同身份人物的服饰特征。墓主人身边的人员应当是善于察言观色、伶俐能干的各类侍从，所以人俑五官必须端正，四肢必须健全。在制作上，人俑往往穿衣戴帽，衣冠周正。人俑的四肢加榫卯，可以装卸，甚至上下活动。为了便于识别，有的还用毛笔在身体上写明其身份，主要是在于“有似于生人”。春秋战国时期，陶俑大多见于北方，木俑大多见于南方楚国。一般而言，陶俑是塑造后再烧制的，烧制后的陶人俑，形体小而壮实，制作粗糙；木俑是雕刻后再彩绘的，形体大而瘦长，制作精致，从而形成南北人俑的美学差异。

铅跪俑（图3-6），河南洛阳西工区战国墓出土，人俑头戴翘檐帽，双手捧筒状物于胸前，双膝跪地。人俑的材质和造型，反映了战国时期铅器的铸造工艺水平。人俑制作简朴，表层敷红彩，面部神情忧郁，为奴隶或战俘的形象。春秋战国时期，随葬俑中陶俑、木俑和石俑比较常见，这件铅跪俑则为罕见的铅质地，成为随葬俑中的精品。

图3-4

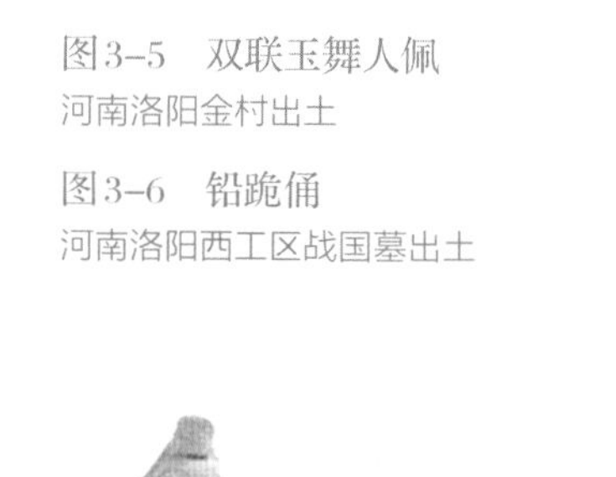

图3-4　三舞人踏豕玉佩
湖北枣阳九连墩战国楚墓2号墓出土

图3-5　双联玉舞人佩
河南洛阳金村出土

图3-6　铅跪俑
河南洛阳西工区战国墓出土

图3-5

图3-6

彩绘漆木俑（图3-7），湖北荆门沙洋塌冢1号墓出土，呈站立姿，头部盘结为发髻，着交领右衽深衣，垂胡袖，袖口缩窄，腰间束带，衣长曳地。深衣为黑色漆绘，领口袖口有黑红间色条纹装饰。木俑以圆雕写实手法雕刻，刀工细腻。人俑昂首挺胸，形态逼真，为战国时期楚国贵族女子形象。彩绘木俑（图3-8），河南信阳楚墓出土，着交领右衽深衣，上衣下裳联属，袖身宽大，袖口收窄，衣长及膝。腰间束带，腰带前中垂系组佩。人俑整体服饰端庄隆重，应为着礼服的贵族女子形象。

战国锦缘云纹绣曲裾深衣彩绘木俑（图3-9），湖南长沙仰天湖25号楚墓出土，着交领右衽曲裾深衣，修眉杏眼，小口朱唇，鬓发整齐，削肩束腰。右侧衣襟斜衽呈三角形，由前胸绕至后腰形成曲裾，腰间束带。领口与衣襟边缘以织花锦装饰，衣身绣云纹装饰，服装纹饰精美，造型华丽，为战国时期楚国贵族女子形象。

彩绘木俑（图3-10），湖北江陵马山楚墓出土，呈站立状，双手拢于胸前。身着交领直裾深衣，窄袖合体，腰间束带。前腰左右两侧分别系垂组佩。组绶由玉璜、玉环和珠管等穿缀而成，造型奢华。彩绘木俑服饰华丽，配饰精致，应为楚国贵族女子形象。

石板人形俑（图3-11），中山国灵寿古城遗址出土，河北博物院藏，以灰色片岩制成，人像头部眉眼刻画清晰，头顶中部束有发髻。人像呈圭形，雕刻简练，属于“信圭”。《周礼·春官》载“以玉作六端，以等邦国……侯执信圭。”郑玄注：“信当为身声之误也。身圭躬圭，盖皆象以人形为瑑饰，文有麤缛耳，欲其慎行以保身，圭皆长七寸。”信圭为周代至战国时期的六瑞之一，诸侯执圭代表爵位。

图3-7

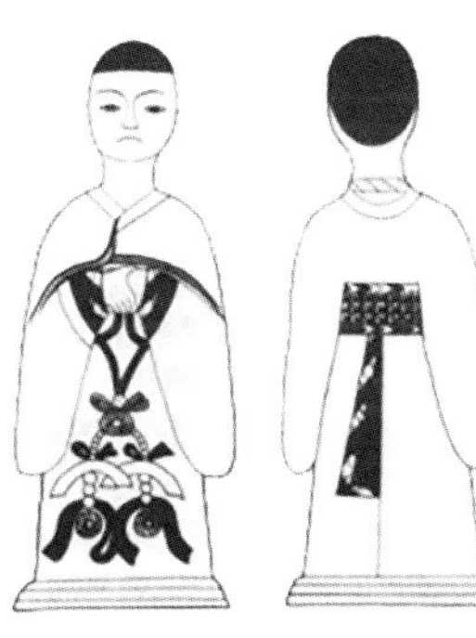
图3-8

图3-9

图3-10

图3-11

图3-7　彩绘漆木俑
湖北荆门沙洋塌冢1号墓出土

图3-8　彩绘木俑
河南信阳楚墓出土

图3-9　锦缘云纹绣曲裾深衣彩绘木俑
湖南长沙仰天湖楚墓出土

图3-10　彩绘木俑
湖北江陵马山楚墓出土

图3-11　石板人形俑
河北平山县三汲乡中山国灵寿古城遗址出土

陶人俑拜山（图3-12），中山国灵寿古城遗址出土，河北博物院藏，这套组合由6件方锥体和1件人俑组成，均为泥质红陶。人俑直立，作拱手拜山状，线条简单粗犷，形态传神。人俑拜山发现于冶铜炉坑边的上龛，以净土掩埋，六个方锥体分为两组斜向排成两列，中间高两侧低，组成山字形。人俑立于其后中间，反映出中山国先民的拜山习俗。

战国水陆攻战纹铜壶（图3-13），四川博物院藏，壶表面用金银嵌错描绘习射、采桑、宴舞等场面。宴乐部分以立柱支撑，上挂数枚编钟、编磬，四舞伎着紧身衣跪舞，四乐伎着斜褶长裙击磬、击鼓。舞女、乐伎服装类似，均为窄袖长裙，斜裙绕襟，腰系宽带，褶裙曳地。《楚辞》曰："长发曼鬋，艳陆离些。二八齐容，起郑舞些。衽若交竿，抚案下些。竽瑟狂会，搷鸣鼓些。"描绘战国时代宫廷乐舞的盛大场景。

战国中期彩绘乐舞陶俑群（图3-14），山东章丘女郎山1号战国墓出土。陶俑为泥质灰陶，其中人物俑共26件，乐器4件，祥鸟8件。陶俑姿势有坐有立，均为泥制黑陶捏塑而成，包含歌舞俑、演奏俑、观赏俑等类型。陶俑身着彩绘服饰，面施粉红彩，衣纹皱褶清晰，发型、服装均为烧前雕刻，衣服花纹则是烧后彩绘而成。其中有5件男性乐工陶俑在演奏乐曲，其余全为女性舞俑。乐工陶俑皆头戴翘角盖耳帽，身披黑长袍衣，双肩披挂红色彩带。女舞俑多绾偏左高髻，有的双肩披红色彩带，衣服款式有细瘦齐腕长袖和披肩短袖，也有几乎垂地超长袖，呈长袖曼舞的状态。陶俑服装为上衣下裳，右衽曲裾于身后交掩，下摆外侈曳地，后呈圭形尾，露出内长裙曳地。这组乐舞俑造型生动，形神兼备，风格写实。乐舞俑群中有击悬架磬者、击悬架钟者、击大鼓者、击小鼓者，有长袖起舞者，有列坐观望者。另有禽、兽列于旁，形态迥异。这组乐舞俑生动地再现了战国贵族观赏乐舞的场景，体现了当时"乐本于心"的传统思想。

舞蹈彩陶俑群（图3-15），山东临淄赵家徐姚村齐墓出土，陶俑为泥质灰陶，手工捏塑，头部用墨勾画眼眉，服装上施彩绘。陶俑为跪坐姿势，面施粉红彩，头戴翘角帽，身着彩绘服饰。服装上窄下宽，交领右衽，合体窄袖，腰间系带，上下连属，衣长曳地。服饰色彩纹饰丰富，外衣有浅红底加白点或红点、青灰底加白点或红点以及黄色彩条纹等装饰。整体舞蹈场面生动热烈，为研究战国时期齐国舞人服饰等提供了珍贵的实物资料。

战国银首人俑灯（图3-16），中山王墓出土，河北博物院藏，由人俑、蛇、灯杆、灯盘和方座组成。人俑头部为银制，余为铜制，眼睛用墨石镶嵌，发型精致，胡须微翘，表情生动，足下有兽纹方座。人俑发顶盖方巾，于右侧上部打花结，系巾的缨带结于颌下。人俑着云纹右衽宽袖锦衣，衣上花纹以朱、黑两色填漆。腰系宽带，带钩相扣，两臂平伸，广袖低垂。右手握住一蛇，蛇首上挺，吻部托住长灯柱，柱饰错银龙纹，绕以浮雕螭龙，并有一猴作攀援状。左手握蛇尾，蛇身卷曲，头部昂起，吻部顶灯盘。在底部灯盘内还有一蛇盘踞，以头顶住男子左手所握之蛇，保证全灯的重心稳定。此灯的三个灯盘内各有三只灯签，点亮时烛光灯影上下辉映，造型生动，结构精巧。

在考古发掘遗存或传世品中，战国以

图3-12

图3-13

图3-14

图3-15

图3-12 陶人俑拜山
河北平山县三汲乡中山国灵寿古城遗址出土

图3-13 水陆攻战纹铜壶
四川博物院藏

图3-14 彩绘乐舞陶俑群
山东章丘女郎山1号战国墓出土

图3-15 舞蹈彩陶俑群
山东临淄赵家徐姚村齐墓出土

图3-16 银首人俑灯
河北石家庄平山县中山王墓出土

图3-16

前都尚未发现灯的实物，有文献认为，“灯之起源，似始于秦汉，秦以前但有烛，而无灯。”20世纪40年代后，各地陆续考古出土战国铜灯，可见战国灯具已有很大发展，并为汉代灯具的繁荣奠定了基础。战国时期的灯具多以青铜材质为主体，为实用器。人俑灯是战国时期青铜灯最具代表性的器物，人俑形象多为身份卑微的侍者。河北省平山县中山王墓出土的这件银首人形铜灯是战国时代灯具中的杰作，将实用性与装饰性有机结合的典范。

战国青铜灯座（图3-17），洛阳金村大墓中出土，美国波士顿美术馆藏，灯座为立人造型，高30厘米，身材敦实，大脸高颧骨，梳双辫垂于两肩。身着合体长衣，衣长及膝，腰间系带，腰带前中系杂佩，腰侧悬挂削刀，刀首造型如同玉环，疑是玉首削刀，足蹬短靴。人像手执灯柱，灯盘残缺，推测为青铜人俑灯座。

青铜人像（图3-18），河北易县燕下都战国遗址出土，河北博物院藏，应为灯座上双手执灯盘柱的烛奴形象。人像头戴环形冠，着交领长衣，上下连属，两侧开衩。腰间束带，腰带端头用带钩扣合。人像服饰简洁实用，为战国时期侍者形象。

《人物龙凤帛画》（图3-19），湖南长沙陈家大山战国楚墓中出土，画面中女子双手合十，举手祝祷，身穿交领右衽深衣，腰间束宽带，袖肘宽大下垂，为垂胡形衣袖，袖口收窄。衣裾下部宽大曳地，显得华丽富贵。女子前方上空中绘有龙凤纹，龙凤为助魂升天的神兽，女子表情肃穆向龙凤合掌祈求，祈祷龙凤引导灵魂登天升仙。

《人物御龙帛画》（图3-20），湖南长沙子弹库1号楚墓出土，描绘墓主乘龙升天的情景。男子头戴高冠，冠带系于颌下，身穿大袖交领长衣，衣襟盘曲而下，形成曲裾，为深衣样式。男子侧身直立，腰佩长剑，御龙而行。龙首轩昂，龙身则弯卷成舟形，龙尾翘起。龙尾上端立长颈凤鸟，单腿独立作长鸣状。龙体下方则是游动的鲤鱼，闭嘴张目，似正随龙在空中向前游行。男子上方有天盖，天盖垂三缕璎珞与男子冠带随风向后飘动，表现出御龙飞升前行的动势。

金银错狩猎纹铜镜（图3-21），河南洛阳金村出土，日本永青文库藏。铜镜直径17.5厘米，为半环钮，外饰凹面宽带一周，外侧弦纹圈向外等距饰以三片银色扁叶纹。钮座之外，饰以六组金银错纹。三组为错金涡纹，还

图3-17

图3-18

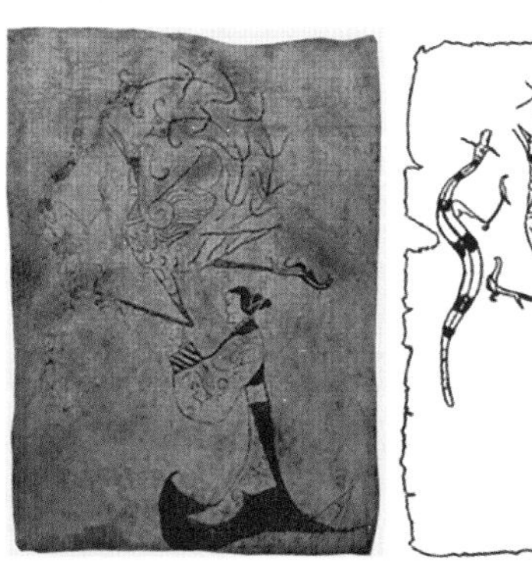

图3-19

图3-17 青铜灯座
洛阳金村大墓出土

图3-18 青铜人像
河北易县燕下都战国遗址出土

图3-19 《人物龙凤帛画》
湖南长沙陈家大山战国楚墓中出土

有三组不同纹饰，其中以《武士搏虎图》最为著名。

铜镜背右侧是一武士，跪骑在马上，手持短剑面对返身扑来的猛虎。武士头戴插两根羽毛的鹖冠，身披甲衣，左手执缰，右手持剑，蹲在披甲的战马上，正向一只猛虎刺去。左侧的立虎作欲噬状，全身饰以斑纹。第二组为二兽相斗图，第三组是一只蹲立于扁叶之上展翅欲飞的凤鸟。三组纹饰皆嵌以金银丝，金黄色卷缘。在镜钮、钮座、凹面宽带、镜缘等处均残存鎏金。《离骚·国殇》中“操吴戈兮披犀甲”“带长剑兮挟秦弓”正是对当时军士的写照。武士搏虎图中，武士服装为战国时期军队服装中流行的胡服。

胡服俑铜器足（图3-22），中山王墓出土，河北博物院藏，人俑头部发结小辫，面部饱满，眉骨和颧骨较高。双足并拢蹲身，上身左扭，昂首挺胸，目光前视，左手压右腕，右手扶膝。身穿窄袖紧口左衽上衣，长及臀，系宽带，衣饰回纹。胸前有泡饰，左衽有纽结。腿、脚赤裸。人俑服饰与汉服的宽袍广袖明显不同，是当时的胡服样式。战国时期跽坐人漆绘铜灯（图3-23），河南博物院藏，铜人俑身穿胡服，上衣为交领左衽短衣，窄袖，腰间系带，带钩扣合，衣长至膝，下身穿宽口裤，为胡服样式。

玉人（图3-24），中山王墓3号墓出土，河北博物院藏，共13件，其中5件残缺，7件完整。玉人用白玉、墨玉、黄玉和青玉锯成片状，雕刻成人形，有男童和年轻女性及中年女

图3-20 《人物御龙帛画》
湖南长沙子弹库1号楚墓出土

图3-21 金银错狩猎纹铜镜
河南洛阳金村出土

图3-22 胡服俑铜器足
河北平山县三汲乡中山王墓出土

图3-20

图3-21

图3-22

性的形象。女性头梳牛角形双髻或圆形发髻，身穿圆领窄袖束腰长袍，袍上饰有花格纹，双手在腹部，圈手而立。年轻女性长发浓密，身材丰满，牛角形双髻也显得粗壮。中年女性头上的牛角形双髻显得较小。男童为单髻盘于头顶。薄片玉人正面形象雕刻生动，背面光素无纹，制作手法简练，均为战国时期中山国鲜虞人特有的发型和服饰，展现了战国时期少数民族服饰形象。

战国宴乐狩猎攻占纹铜壶（图3-25），故宫博物院藏，壶的主体纹饰分三部分：第一表现射礼和侯妃采桑；第二表现飨食礼、弋射；第三表现水陆攻战场面。图中人物、器具和走兽等，取剪影形式，动作特征鲜明，叙事清晰。水陆攻战纹表现在攻城和水战中激烈的战争场景，纹饰中的众武士身穿胡服，窄袖合体，腰间系带，服装实用强，适应骑射攻占等军事活动。

赵国武灵王十九年，北方林胡、楼烦和东胡等游牧民族多用骑兵侵扰赵国，游牧民族白狄鲜虞所建中山国在赵国腹心，与赵国抗衡，而此时秦国国势日盛，逐渐成为赵国的最大威胁。武灵王十年，秦攻取赵的中都；武灵王十三年，秦又攻取赵的蔺，俘虏了将军赵庄。赵武灵王认识到“欲继襄主之业，启胡、翟之乡”，“将胡服骑射以教百姓”。胡服骑射改革由上而下推行，赵武灵王“破原阳为骑邑”训练骑兵，“代相赵固主胡，致其兵”招揽胡人骑兵，迫使“林胡献马”获取骑兵战马。国学大师王国维曾作“胡服考”，提出赵武灵王推行胡服，包括惠文冠，又名武冠、大冠，加双鹖尾，竖插两边，或称鹖冠，其形制可参考洛阳金村铜镜上的骑士冠；胡服中的革带，也称带扣或带钩，这种革带是从马具中演变过来的，最早用来系辔，后来用来束带；靴，即长筒靴，便于骑兵在水草地骑行；袴褶

图3-23

图3-24

图3-25

图3-23　跽坐人漆绘铜灯
河南三门峡上村岭出土

图3-24　玉人
河北平山县三汲乡中山王墓3号墓出土

图3-25　宴乐狩猎攻占纹铜壶
故宫博物院藏

服，即上身为短衣，下身着长裤，这是变服的关键，主要是裤子为满裆的长裤，便于骑射。秦陵骑兵俑的装束也能代表战国时期骑兵服饰，其战袍较短，袍袖很窄，袍的左襟折于胸的右前方，胫著护腿，足穿皮靴，便于骑射。胡服骑射是中原农耕民族借鉴北方游牧民族服饰元素的服装变革，是华夏服饰与胡狄服饰的融合体现，这使中原骑兵有了更为便捷合适的戎服，丰富了华夏服饰的类型，推进了汉服文化的发展。

服装实物与织物

湖北江陵马山1号楚墓考古出土战国时期的各类丝织品，织物质地色彩保存完好，其中有单衣、袷衣、绵衣、单裙、绵袴等服装实物，还有绣枕套等家纺织物等。马山楚墓出土的丝织品，是我国考古出土时代最早的锦绣被服实物，再现了战国时期楚地贵族的衣饰风采。

编号N-1的素纱绵衣（图3-26），为窄袖交领长衣，背部领口下凹，衣袖从肩部至袖口逐渐收缩变小。衣长约148厘米，两袖展开长216厘米，袖口宽21厘米。上衣与下裳两大部件组合缝制，上下以腰缝为界，腰缝以上用八幅织物对称斜拼而成，腰缝以下用八幅织物竖拼而成。素纱绵衣凹领窄袖，短小适体，面料用本色素料，不饰文采，为贴身穿着的冬服小衣或内衣，一般不会显露于外。

编号N-10凤鸟花卉纹绣浅黄绢面绵衣（图3-27），衣身长约156厘米，袖展开长158厘米，袖口宽45厘米。袍衣为短袖宽口，肩袖平直，衣面用刺绣黄绢。腰缝以上四片衣片拼合，腰缝以下用九片或六片不等。衣领、衣袖和衣缘部分均用锦装饰，体现“衣作绣、锦为缘”的衣饰特色。锦领的内外面，各加饰一道纬花条带，装饰各种车马人物等纹饰，更显衣服庄重华丽。这类宽袖口刺绣凤鸟纹样的长衣，制作精美，为当时贵族女子的吉服或礼服。

编号N-14的龙凤纹绣浅黄绢面绵衣（图3-28），交领直裾长衣，衣长约145厘米，双袖展开长52厘米，直领对襟，后颈领口凹下，衣身为浅黄绢面呈绛紫色，绣有龙凤纹样。衣领和衣袖皆以锦为缘边，衣襟与下摆以绣绢缘边。衣服裁剪制作用料充分，细节讲究，风格端庄。

编号N-15的小菱纹绛地锦绵衣（图3-29），衣袖较长，两袖展开长度达345厘米，衣长约200厘米，面料为小菱纹绛地锦。绵衣在制作工艺上，以腰缝为界分作上衣与下裳两部分，再组合缝缀，上下不通裁且不

图3-26 素纱绵衣
湖北江陵马山砖厂1号战国楚墓出土

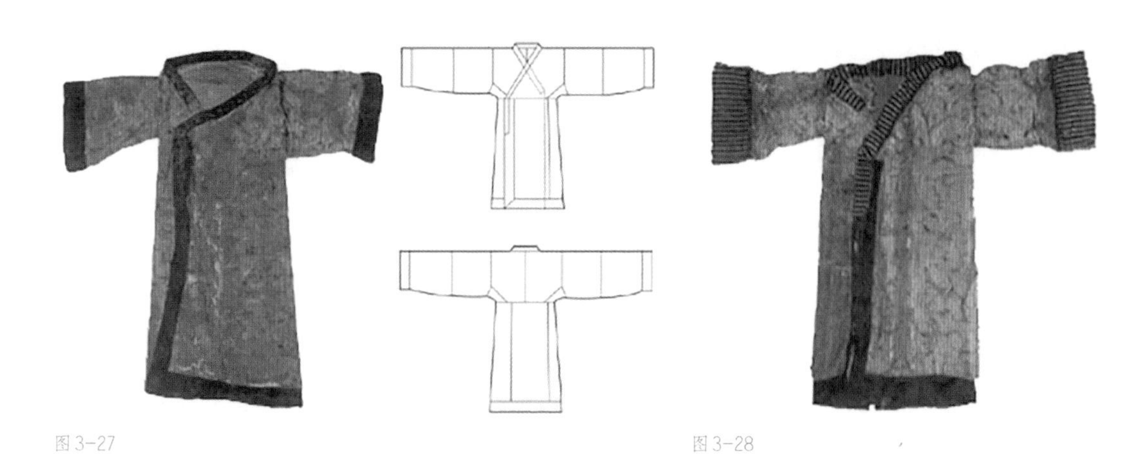

图3-27　　图3-28

图3-29

图3-27　凤鸟花卉纹绣浅黄绢面绵衣
湖北江陵马山砖厂1号战国楚墓出土

图3-28　龙凤纹绣浅黄绢面绵衣
湖北江陵马山砖厂1号战国楚墓出土

图3-29　小菱纹绛地锦绵衣
湖北江陵马山砖厂1号战国楚墓出土

通幅。绵衣的材质造型和色泽方面，选料讲究，风格典雅，为贵族冬季常服。

编号N-25的红棕绢面绵袴（图3-30），出土时残损严重。长约116厘米，宽95厘米。由袴腰、袴腿和口缘三部分组成。以中缝为界，左右形式结构和裁剪分片完全对称。袴腰以四片等宽的本色绢横连，后腰开口不闭合。袴腿以朱绢制成，绣凤鸟花卉纹。绵袴在穿着时，套在胫部，《说文》解作“胫衣”。湖北江陵马山楚墓出土的绵袴实物，前面连腰，棕红绣绢裤面，锦边小口裤脚，两侧附装饰绦带，后面开裆。同时期流行的胡服中，下装胡裤可长可短，为合裆裤。从考古出土文物看，江陵马山楚墓出土服装实物的衣式结构具有代表性。结构特点是交领直裾，宽身大袖，上衣下裳分裁，而后缝制成一体的长衣；袖口衣缘用重锦边，与古籍“衣作绣、锦为缘”的记载一

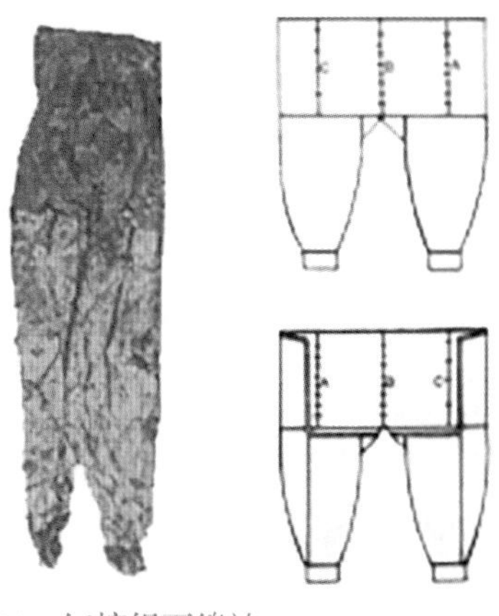

图3-30　红棕绢面绵袴
湖北江陵马山砖厂1号战国楚墓出土

致；衣面多为大花纹龙凤彩绣，也有几何纹小花锦。这种长衣男女通用，是当时楚国贵族阶层中的流行服饰。

春秋战国时期，宽博的深衣在贵族阶层流行。深衣又称长衣、麻衣或中衣，有曲裾和直裾两种衣襟造型，在制作上将上衣下裳连属一体，腰部保持有界线，故上下不通缝、不通幅。在两腋下腰缝与袖缝交界处各嵌入一片矩形面料，成为续衽钩边样式，使平面剪裁立体化，更具实用功能。古人称深衣“可以为文，可以为武，可以摈相，可以治军旅”，可见深衣的设计极大满足了日常穿用需要。

舞人动物纹锦（图3-31），马山砖厂1号战国楚墓出土，荆州博物馆藏，为三色锦，用红、黄、棕色丝线，织造出横向排列的龙、凤、麒麟和歌舞人物等七组图案。第一组图案为昂首转身的龙；第二组是一对头戴花冠、身穿长袍、腰间系带、身佩饰物并且双手上扬作歌舞状的舞人；第三组是一对昂首高冠、展翅卷尾的凤鸟；第四组为两对爬龙；第五组是一对麒麟；第六组是一对仰首展翅的凤鸟；第七组是一对长卷尾的龙。每组图案呈三角形排列，左右对称，横贯全幅，图案分别以宽条相隔，宽条内填龙纹和几何纹，花纹细密复杂。其中长袖飘拂的舞人纹样，表现的或许是楚地的巫舞活动，巫师通过歌舞与鬼神沟通，而龙凤为通天灵物，反映出楚人尚巫的文化现象。

织锦始现于西周，至春秋战国逐渐增多，此时锦多为二色锦和三色锦，纹样以规则拘谨的几何图案为主。战国以后图案逐渐发展为鸟兽纹和人物纹，织物组织采用二重或三重经线显花的经锦。马山砖厂1号战国楚墓舞人动物纹锦是我国现存最古老的通幅大花纹提花织物，在世界丝织品织造史上独树一帜。整幅锦结构严谨、纹饰精美、色调温润、节奏明快，是战国时期高贵华丽衣料的典范。

塔形纹锦（图3-32），马山砖厂1号战国楚墓出土，湖北荆州博物馆藏，主要用于捆扎衣衾包裹的锦带，还用于木俑所穿绢裙的缘边。图案由若干个小矩形在一长方块内组成，并顺经线方向作长带状排列，上下左右互为倒置。塔形纹锦用二色经线交替起花，形成不同的色彩。织锦色线组合有三种：浅棕和土黄；深棕和土黄；朱红和土黄，三组色线依次顺条带排布。面料采用分区配色的方法，使相邻条带间的塔形纹样色彩不尽相同，这样使整幅锦面色彩鲜艳、光彩夺目。

根据马山砖厂1号战国楚墓考古出土的丝织物，可见，春秋战国时期楚人已熟练掌握饲蚕、缫丝、织造、练染整套技术，并已达到相当高的水平。马山砖厂1号战国楚墓出土的锦均为平纹地经线提花织物。根据织造时经线配用的不同色彩，有二色锦和三色锦。锦的纹样以几何图案为主，有棋格、菱形、S形、六边形。动物纹为次，有龙、凤、虎、麒麟等纹样，还有舞蹈人物纹。不同图案的锦用作衣物不同部位，还制成锦带捆扎衣衾包裹。刺绣织品花纹各异，主要用作衣衾及其他物件的面和缘。绣地以绢为主，刺绣花纹有蟠龙飞凤纹、对凤对龙纹、花卉纹、龙凤虎纹等，针法均匀整齐，线条流畅，图案生动多变（图3-33~图3-36）。

战国对龙对凤朱色彩条几何纹锦（图3-37），长沙左家塘44号墓出土，湖南省博物馆藏，其色彩和纹饰风格与江陵马山战国楚墓出土的织锦相似。彩条几何纹锦为二色锦，地色为深

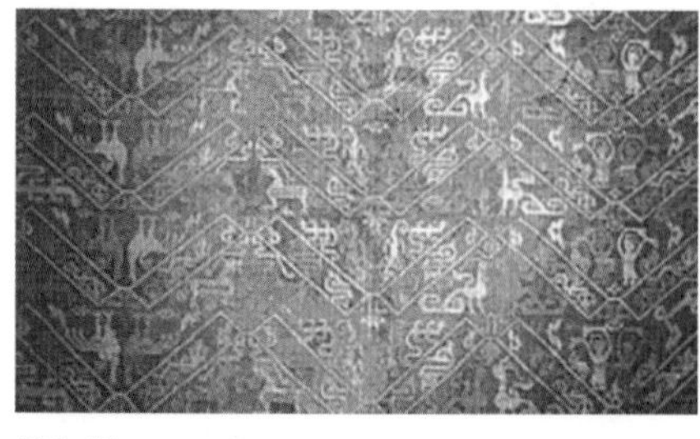

图3-31

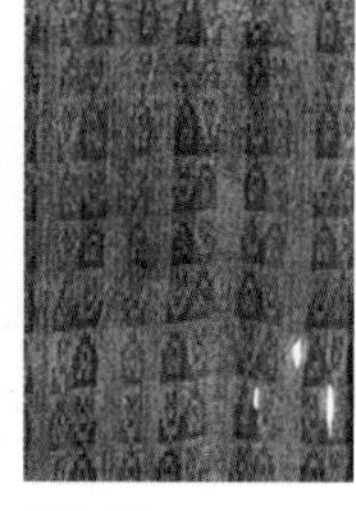

图3-32

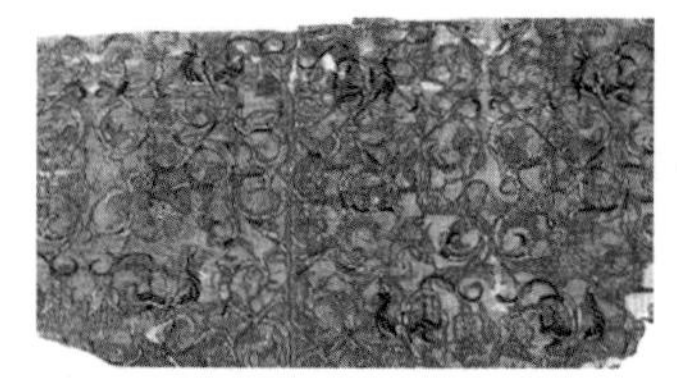

图3-33

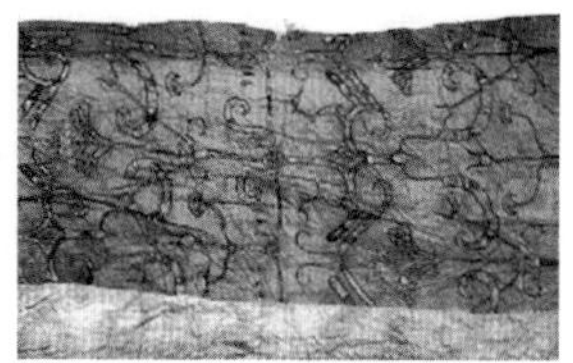

图3-34

图3-35

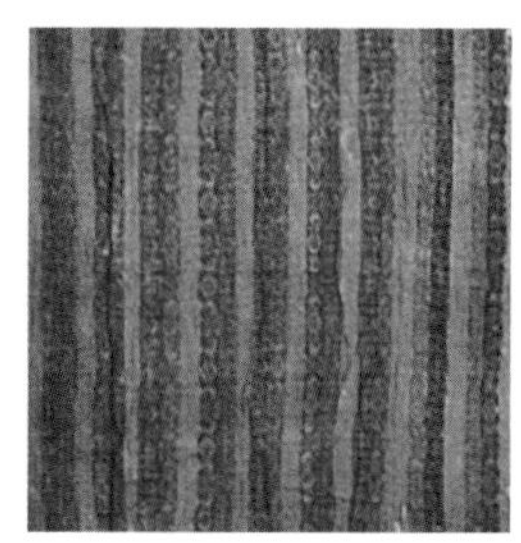

图3-36

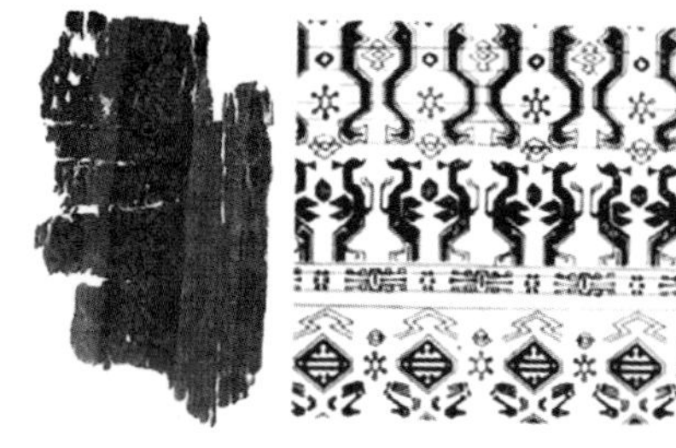

图3-37

图3-31 舞人动物纹锦（局部）
湖北江陵马山砖厂1号战国楚墓出土

图3-32 塔形纹锦（局部）
湖北江陵马山砖厂1号战国楚墓出土

图3-33 龙凤虎纹绣（局部）
湖北江陵马山砖厂1号战国楚墓出土

图3-34 凤纹绣（局部）
湖北江陵马山砖厂1号战国楚墓出土

图3-35 花卉纹绣（局部）
湖北江陵马山砖厂1号战国楚墓出土

图3-36 凤鸟凫几何纹锦面衾（局部）
湖北江陵马山砖厂1号战国楚墓出土

图3-37 对龙对凤朱色彩条几何纹锦
湖南长沙左家塘44号墓出土

棕色，龙凤纹纹饰相对组合为浅棕色，彩条经为朱红色，朱色的运用反映了楚人“色尚赤”的习俗。战国时期楚人已能运用丹砂、石黄等矿物染料和蓝草、茜草等植物染料染色，朱红色的彩条经即为矿物染料染成，棕色则是植物染料染成。织锦上的龙凤纹是楚人尊凤崇龙的真实写照，整体织锦纹饰精美，色彩饱满、结构严谨、节奏明快，为战国时期贵族服装的奢华面料。

锦是我国多彩提花丝织物，是名贵的丝绸品种。战国时期锦用作衣衾的面料，还大量用作衣服的袖缘、领缘和摆缘，只有贵族才能享用。锦有二色锦与三色锦等，二色锦是指经线有两种不同颜色，各取一根成为一组，或作花纹经，或作地纹经；三色锦则是从三种不同颜色的经线中各取一根成为一组，一根用作地色，另外两根用于显示花纹。因生产工艺复杂、织造难度大，织锦最能反映当时的丝织技术水平。战国时期各类纹饰锦、绒圈锦、填花锦都需要用束综提花丝织机织造，束综提花织机能够织出飞禽走兽、人物花卉等复杂的花纹，充分反映出当时丝质面料的织造水平。

湖北江陵马山楚墓出土古丝绸织物，品种丰富，包括了春秋战国时期的锦、绣、编组、针织等主要门类。通幅大花纹织锦表明当时已有比较完善的提花装置和先进的织造工艺；提花针织品衣缘则可能以棒针织成，为迄今所知最古老的针织品；许多大花纹刺绣品，如龙凤大花纹彩绣、龙凤虎纹彩绣、鸟型纹彩绣、对龙凤大串枝彩绣、车马田猎纹纳绣等，展现了当时刺绣工艺的成熟。

春秋战国时期，随着对丝织品的需求加大，蚕桑生产极为重要。《诗经》中“氓之蚩蚩，抱布贸丝”，说明丝已作为商品进行贸易。《谷梁》记载：齐国桓公十四年“王后亲蚕以共祭服”。在育蚕季节里，王后率领贵妇们，举办亲蚕仪式，表明古代王朝对蚕桑生产的重视。

春秋战国配饰

玉梳（图3-38），曾侯乙墓出土，湖北省博物馆藏，呈扁平长方形，淡青色，玉质温润，边皮呈褐黄色。梳背转角圆滑，梳密集，共23根齿均匀细密排列。梳背阴刻勾连云纹，边缘刻斜线，上端中央有孔，可穿系随身携带。玉梳雕琢精美，出土时位于墓主头部，是梳理和装饰发髻的佩饰。

双凤纹玉梳（图3-39），中山国灵王厝墓出土，河北博物院藏，材质为半透明黄玉，梳柄为半椭圆形，正中透雕两只相对站立的凤鸟，双凤长颈相连，曲体回首，体表用阴线雕琢出羽毛纹。玉梳上弧边阴刻勾云纹，下横边雕琢细密的斜格纹。螭纹玉梳（图3-40），中山国灵王厝墓出土，河北博物院藏，材质为灰绿色青玉，局部有灰白沁斑，梳背为首尾相对的双虺形纹饰，镂空雕刻，表面有阴线纹饰，下有五齿，风格古朴。

螭纹木梳（图3-41），长沙浏城桥战国1号楚墓出土，湖南省博物馆藏，长8.9厘米，宽5.3厘米，呈上圆下方造型。古人梳理头发的用具为梳和篦，梳齿较疏，篦齿细密，以梳梳理头发，以篦去发垢，梳篦总称为栉。

龙形玉觿（图3-42），湖北枣阳九连墩2号墓出土，长13.7厘米，造型流畅自然，雕刻精美。觿为解结的实用性工具，多用骨、玉等制成。商周时代开始，男子成年前佩戴“容臭”香囊，成年后佩戴觿角。《礼记·内侧》载男子“左右佩用，左佩纷、帨、刀、砺、小觿、金燧”，觿是男子挂在腰间，用于日常生活中解结的工具，兼具装饰和实用功能。

玉韘（图3-43），山西太原春秋晚期赵卿墓出土，呈青色有褐斑，均为盾形，中孔相

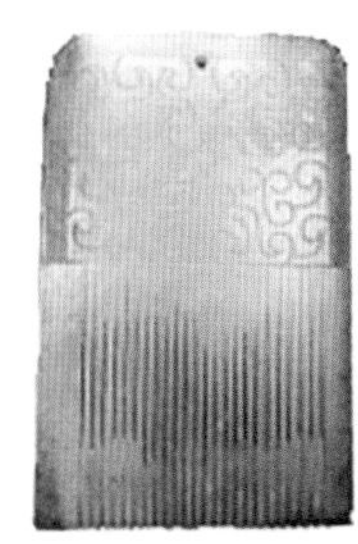

图3-38

图3-39　图3-40

图3-38　玉梳
湖北随州市擂鼓墩曾侯乙墓出土

图3-39　双凤纹玉梳
河北平山县三汲乡中山国灵王厝墓出土

图3-40　螭纹玉梳
河北平山县三汲乡中山国灵王厝墓出土

对的壁侧有一道凸起竖脊，用于拉弦，光素无纹，器表平滑光亮，应是长期使用所致。春秋战国时期，玉韘仍维持西周基本样态与功能，但部分玉韘已不再钻磨系孔，而是在壁侧凸雕与器壁高度相当的竖脊，成为这时期韘的流行样式。

战国螭凤纹玉韘（图3-44），故宫博物院藏，玉质温润细腻，局部有褐色沁斑。玉韘器中部有圆孔，左侧凸出并雕有一凤，凤昂首张口、长尾；右侧凸雕一螭，紧贴器壁。玉韘一端成斜坡，饰有勾云纹及凤鸟纹，内壁饰蟠虺纹，后面有象鼻式穿孔。战国时期玉韘逐渐失去实用功能，无扣弦拉弓的凹槽，体型短小，表面多有纹饰，仅是作为佩戴，是象征性的装饰品。战国云纹玉韘（图3-45），故宫博物院藏，玉质洁白温润，呈环状，上部出尖，一端宽而扁，上饰双勾云纹，两侧各雕出廓钩。玉韘造型纹饰简约，无实用功能，作为韘形饰玉佩戴。

春秋时期周礼渐微，礼玉减少而装饰玉大增。玉饰纹样细密繁缛，由简向繁演变。战国时期玉器类型多样，造型生动活泼，龙凤玉佩大量出现，线条细腻，装饰华美，具有鲜明的时代特点。春秋战国时期各国玉饰还有鲜明的地域特色，秦国僻处西北一隅，与戎狄杂居，形成地域性和民族性较强的秦式风格。秦国用玉样式有一定滞后性，当东方国家摒弃改良西周玉组佩后，秦国仍用典型西周玛瑙珠形制玉组佩。

带钩是古人用来束带的钩挂用具，是服装的重要配件，一般制作精美，材质以金属和玉石为主，有实用性兼具装饰功能。《淮南子》载："满堂之座，视钩各异，于环带一也。"满堂宾客的腰间环带上，奢华的钩饰各不相同。春秋战国时期，带钩已经普及成为人们不可或缺的服饰用品，其中制作考究的各类玉质带钩更是社会财富和身份地位的象征，成为王公贵族的贵重佩饰。

春秋战国时期中原地区已经开始流行革带束腰，兼以带钩扣合的服饰习俗。腰带带钩的束法，可用带钩钩住革带另一端小孔或附环。带钩材质有金、玉、铜、铁、骨、木、陶

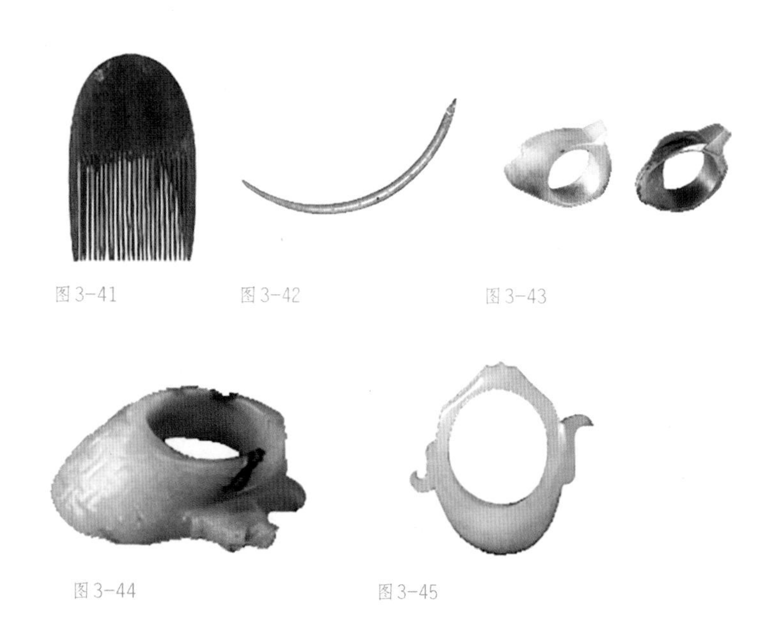

图3-41　图3-42　图3-43　图3-44　图3-45

图3-41　木梳
湖南长沙浏城桥战国1号楚墓出土

图3-42　龙形玉觿
湖北枣阳九连墩2号墓出土

图3-43　玉韘
山西太原春秋晚期赵卿墓出土

图3-44　螭凤纹玉韘
故宫博物院藏

图3-45　云纹玉韘
故宫博物院藏

等，造型丰富，做工精细，其中错金雕镂嵌玉带钩，尤其华贵。

战国时期带钩大量普及使用，原料有铜、金、银、玉、石等，结构包含钩首、钩体和钩钮，类型多为素方体形、琵琶形和曲棒形，纹饰多见几何纹与勾云纹。这一时期少数牌形玉带钩采用透雕工艺，制作精致，为上层贵族所佩戴。带钩的流行，与古代衣冠服饰的演变有密切关系。春秋战国时期衣冠服饰开始出现上衣下裳联为一体的深衣，这种服装促使了腰带和带钩的大量出现与流行。

鸭首玉带钩（图3-46），陕西凤翔高庄10号秦墓出土，玉扁体，钩头作鸭首形，鸭头顶浮雕勾云纹，喙正面阴刻对称的反向涡纹，钩体为长方形，正面浮雕勾云纹，中间以双阴斜线相连，组成变体的蟠虺形象。钩体上琢长方形体腔，后端钻圆形凹槽，中部留圆柱，可做缚系用。玉带钩造型小巧，雕刻精细。鹅首玉带钩（图3-47），湖北随州战国曾侯乙墓出土，其形状浑圆粗短，造型简练实用，风格质朴，为战国早期玉带钩的标准器。战国至汉代，武士一般都在腰间束一条施钩的革带。

龙首玉带钩（图3-48），美国哈佛大学博物馆藏，呈反琵琶形，钩首为浮雕龙首造型，雕琢精细，钩体为圆弧形，谷纹装饰，钩身侧面饰细阴线纹，设计巧妙。牌形玉带钩（图3-49），山东曲阜鲁故城出土，为宽腹式带钩，钩颈短小，钩身宽短。钩体呈圆角方形，镂雕刻绘兽面纹饰，钩腹两端有委角，造型精美。

贴金银质猿猴形带钩（图3-50），山东曲阜鲁城出土，呈跳跃攀援回首状猴形。银猴通体多处贴金，侧身前视，单臂前伸为钩首，双目嵌蓝色料珠，构思巧妙，形象生动，为战国时期的精品带钩。

战国铜带钩（图3-51），山西运城博物馆藏，长14.2厘米，呈长线条琵琶形，带钩首部作蟠首，颈细长，方形钮位于中后侧，表面圆点错金间以镶嵌绿松石装饰。战国时期玉雕工艺中镶嵌技术进一步完善，琢玉业和金银细工相结合，将金银铜铁和玉、绿松石、琉璃等多

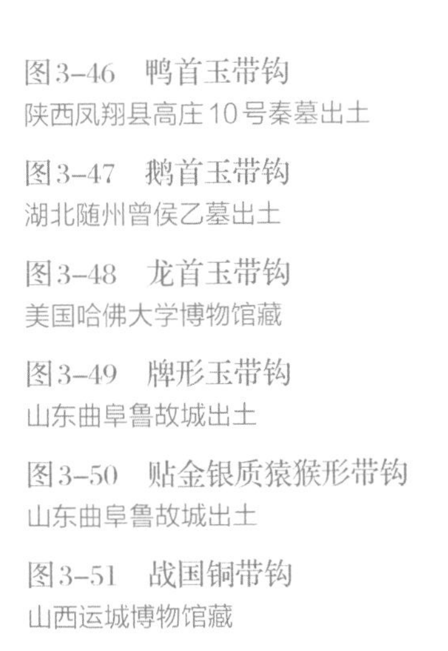

图3-46　鸭首玉带钩
陕西凤翔县高庄10号秦墓出土

图3-47　鹅首玉带钩
湖北随州曾侯乙墓出土

图3-48　龙首玉带钩
美国哈佛大学博物馆藏

图3-49　牌形玉带钩
山东曲阜鲁故城出土

图3-50　贴金银质猿猴形带钩
山东曲阜鲁故城出土

图3-51　战国铜带钩
山西运城博物馆藏

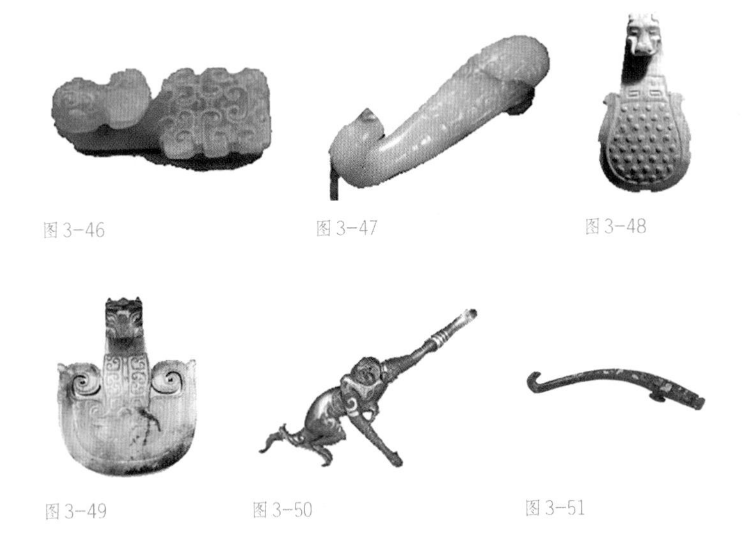

图3-46　图3-47　图3-48　图3-49　图3-50　图3-51

种材料综合使用，形成错金银镶嵌宝玉工艺，为当时上层贵族的奢华配饰。

春秋时期鸭首金带钩（图3-52），陕西历史博物馆藏，为铸造成型，钩首呈鸭首形，宽喙圆脑，鸭嘴的两侧有S纹。颈部连接在方形基座上，基座中空前端开口。鸭首金带钩造型逼真，构思别致，做工精美。春秋时期龙首蟠龙金带钩（图3-53），陕西历史博物馆藏，造型巧妙，钩首为龙头，钩身盘踞着四条龙，龙身以细纹刻绘鳞甲。金带钩精美的蟠螭纹，工艺精湛，为秦国黄金制造工艺的经典之作。

战国时期鎏金嵌玉镶琉璃银带钩（图3-54），国家博物馆藏，为琵琶状，白银制成，通体鎏金。带钩铸浮雕兽首和长尾鸟，兽首位于钩前后两端，长尾鸟居钩身左右两侧。钩身镶嵌三枚白玉玦，表面谷纹装饰，中心嵌琉璃珠。带钩制作工艺精湛，图案繁复，以鎏金、镶嵌、浮雕等多种方法，将金银、玉和琉璃珠组合使用，制作精美，为战国时期贵族男子奢华的带钩精品。

战国金丝圈耳环（图3-55），中山国遗址出土，河北省博物院藏，直径4厘米，每个重6克，用细金条盘成三层环状，两头稍尖，出土时位于墓主头骨两侧的耳根处。玛瑙琉璃耳饰（图3-56），陕西历史博物馆藏，由铜环穿缀红色和绿色琉璃珠而成，铜环直径2.1厘米，玛瑙珠直径1.2厘米，色彩鲜艳，生动活泼。串饰（图3-57），河南三门峡上村岭战国时期虢国墓地出土，长20厘米，由大小不同的玛瑙珠、琉璃珠、玉珠、绿松石管、玉管及蚕形和蝉形玉饰穿缀而成，为战国时期贵族佩带之物。琉璃珠（图3-58），江陵马山砖瓦厂2号墓出土，形如腰鼓状，中空微透光。琉璃珠为蓝色底，以白色直线分成九组菱形，菱形交汇点饰以蜻蜓眼纹九个，菱形内为黄色椭圆形纹，中间为七个小圆圈组成的花瓣纹。琉璃珠保存完好，色彩鲜艳，反映了战国时期琉璃佩珠的华丽之美。

琉璃珠3件、琉璃管1件（图3-59），湘乡市牛形山1号墓出土，湖南省博物馆藏。目前考古所见古代琉璃制品中，琉璃珠管是最常见的类型。西周时期已有琉璃珠管饰品，战国时期琉璃珠管广泛流行。琉璃珠管作为饰件多与玉璧、玉璜、玉珩及玛瑙珠等组合，穿缀为玉组佩。琉璃珠（图3-60），平凉市出土，甘肃博物馆藏，珠面镶嵌同心圆，形似蜻蜓眼，称为蜻蜓眼琉璃珠。琉璃珠饰为战国时期贵族的奢华饰品。蜻蜓眼琉璃珠（图3-61），曾侯乙墓出土，湖北省博物馆藏。战国时期有“随侯珠”的称呼，《辞海》戌集对“随和”注释为“随侯之珠，卞和之璧，皆至宝也，故随和并称”，随侯珠与和氏璧有同样的美誉。

琉璃珠表面饰颜色各异的圆圈，形似蜻蜓的眼睛，或凸起或剔刻，称为蜻蜓眼，被人们认为有辟邪功能。其工艺是在玻璃溶液将凝未凝的瞬间，迅速粘贴出图案，这种琉璃珠发源于西亚和南亚地区。这种琉璃制品传入中国后，为以好巫著称的楚人所接受，并很快仿制加工。楚地发现大量的彩色琉璃珠，时被称为“陆离”，《楚辞》载“长余佩之陆离”“带长铗之陆离”。

玉珑（图3-62），枣阳九连墩楚墓出土，湖北省博物馆藏，玉龙曲身卷尾作腾飞状，龙身饰云纹，头，尾，足均刻有阴线边廓，雕琢精细。玉珑是古人为祈雨而雕刻的龙纹玉佩。“珑”本身由“玉”与“龙”组合而成，表现

图3-52　鸭首金带钩
陕西凤翔县南指挥村秦公1号墓出土

图3-53　龙首蟠龙金带钩
陕西凤翔县彪角镇上郭村出土

图3-54　鎏金嵌玉镶琉璃银带钩
河南辉县固围村5号墓出土

图3-55　金丝圈耳环
河北平山县三汲乡访驾庄村中山国遗址出土

图3-56　玛瑙琉璃耳饰
陕西子长县出土

图3-57　串饰
河南三门峡上村岭虢国墓地出土

图3-58　琉璃珠
江陵马山砖瓦厂2号墓出土

图3-59　琉璃珠、琉璃管
湖南湘乡牛形山1号墓出土

图3-60　琉璃珠
甘肃平凉出土

图3-61　蜻蜓眼琉璃珠
湖北随州擂鼓墩曾侯乙墓出土

图3-62　玉珑
湖北枣阳九连墩楚墓出土

图3-52　图3-53　图3-54　图3-55　图3-56　图3-57　图3-58　图3-59　图3-60　图3-61　图3-62

农耕文化特有的艺术形态。

螭食人纹佩（图3-63），中国国家博物馆藏，青色玉质，两面纹饰相同。玉佩中部透雕螭纹，身躯卷曲呈环状，张口衔吞一人腹部。螭头部有双耳，菱形眼，背脊正中有宽带纹，填饰阴线纹，旁饰弦纹。螭右爪抓人手臂，左爪抓人左腿，环形身体两侧透雕两个带有飞翼的羽人。羽人肩生羽翅，拖有长尾，尾上刻有勾云纹。玉佩形式生动，雕刻精细。

镂雕龙凤纹玉佩（图3-64），安徽长丰县杨公乡8号墓出土，两面镂雕相同龙纹，龙身满饰谷纹，尾上雕鸟纹，龙头内外侧及尾部又各凸雕小鸟纹，龙身中部有圆形钻孔。镂雕龙凤玉佩有两件，出土时分别位于墓主腰部左右，大小形态基本一致，主体纹样为回首S形龙纹，辅饰纹样为三凤纹，两面饰排列有序的谷纹，显示墓主的高贵身份。镂空龙凤玉佩（图3-65），安徽省长丰县杨公乡2号墓出土，呈扁平形，以镂空、浅浮雕、阴刻等技法，琢磨双龙双凤纹饰。龙凤纹左右对称，以祥云连接，玉佩雕琢技法高超，精美绝伦。龙凤玉佩是战国时期常见玉饰题材，雕刻手法夸张，图纹精美，线条卷曲相连，龙凤组合浑然一体。

透雕夔龙黄玉佩（图3-66），河北平山县三汲乡中山国1号墓出土，是战国时期中山国王族墓葬中考古出土最大的龙形玉佩，全长23.6厘米，宽11.4厘米，黄玉质呈栗黄色，整体为镂雕挺身回首的夔龙，龙头较小，短角前曲，枣核形眼，上吻圆长，龙身蜷曲，两侧饰有足和卷毛，卷尾下垂。龙身为浮雕谷纹，内外缘有凸起的轮廓线，上部中有系孔。龙的形体巨大，造型富有神采，动感十足，是战国时期龙形玉佩的佳作。

透雕圆形夔龙玉佩（图3-67），河北平山县三汲乡战国中山国1号墓出土，由圆形黄玉片透雕而成，中心为圆环，环上装饰绳索纹，内外缘有阴刻的轮廓线。环外廓透雕三条形态相同的夔龙，夔龙独角上折，圆眼口微张，上吻上翘，下唇内勾，腰部上拱，尾部低沉，尾尖上卷，前后各有一足，龙身刻鳞纹，尾部卷曲并饰有绞丝纹。三条龙曲颈回首，拱背翘尾，体态矫健，生机勃勃。夔龙玉佩雕刻工艺精湛，阴阳线运用灵活，造型优美。

中山国是北方游牧民族白狄族鲜虞部所建立，为战国时期今河北省中南部由少数民族建立的国家。关于中山国史书记载比较简略零散，20世纪70年代以来，对河北省平山县三汲乡中山王陵的考古发掘，揭开了战国时代中山国贵族的生活风貌。中山国遗址出土的多例龙形玉佩，大多玉质莹润，精雕细琢，龙纹体态修长，充满生机。龙纹玉佩表面多用谷纹、云纹、丝束纹装饰，工艺精致，纹饰繁缛华丽。龙形玉佩反映战国时期民族文化的融合，也是贵族崇尚佩玉礼仪风范的再现。

镂雕双凤纹玉璜（图3-68），安徽长丰县杨公乡战国晚期楚墓群出土，暗青质玉，有部分沁斑。玉璜呈扇面形，边缘呈凹凸齿状，两面纹饰相同。表面铺饰谷纹，谷粒呈菱面状凸

图3-63

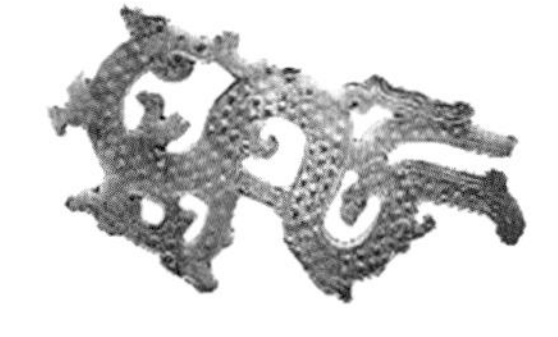

图3-64

图3-65

图3-66

图3-67

图3-68

图3-63　螭食人纹佩
中国国家博物馆藏

图3-64　镂雕龙凤纹玉佩
安徽长丰县杨公乡战国晚期楚墓群8号墓出土

图3-65　镂空龙凤纹玉佩
安徽长丰县杨公乡战国晚期楚墓群2号墓出土

图3-66　透雕夔龙黄玉佩
河北平山县三汲乡中山国1号墓出土

图3-67　透雕圆形夔龙玉佩
河北平山县三汲乡中山国1号墓出土

图3-68　镂雕双凤纹玉璜
安徽长丰县杨公乡战国晚期楚墓群出土

起，谷纹间有卷云纹。玉璜顶部镂雕一对相背的凤，凤细身长尾，尾端粗而回卷，凤身有镂孔，可穿绳系挂。战国时期，璜是玉组佩的重要组件，雕琢精致，纹饰华丽。

双龙首玉璜（图3-69），安徽长丰县杨公乡战国晚期楚墓群出土，青玉质扁平镂空片状，有色变沁斑，两面纹饰相同。玉璜左右对称，雕双龙纹，龙独角回首仰视，唇部卷曲夸张。龙身蜿蜒虬曲，以短阴线勾连云纹，外侧雕镂空云纹。玉璜上部两侧均有孔洞，可以穿绳，整体线条自然流畅，雕工细致精良，为成组玉佩的玉饰件，是战国时期玉佩中的珍品。

战国时期是我国古代社会格局发生重大变革的时代，思想文化上百家争鸣，对玉饰的发展产生很大的影响。从考古出土的丰富实物资料，人们可以清晰地看到春秋战国时期玉饰出现了发展有序、异彩纷呈的局面。

战国时期佩玉之风盛行，玉饰品种增加，纹饰种类繁多，主要流行的有云纹、蒲纹、谷纹、涡纹、龙凤纹、螭虎纹等。玉饰的材料选择更为讲究，大多选用和田玉和辽宁岫玉，玉质细腻，色泽丰富。战国时期玉饰在造型纹饰上体现整体艺术美和纹饰的立体效果，琢玉技艺更加精湛，多以镂空、浅浮雕的技法、巧妙的构思和独特的造型见长。玉饰的品种丰富，大多趋向小型化，大量使用玉带钩、龙凤纹玉佩等单独佩戴的玉佩件。《山海经·海外西经》载："夏后启……又手操环，佩玉璜"，《韩诗外传》载："孔子南游适楚，至于阿谷之隧，有处子佩璜而浣者。"可见贵族阶层在腰侧单独佩玉为普遍现象。玉佩饰表面阴刻线相互勾连，满布于龙凤等各类纹饰形态上，形成空前繁缛华丽的玉饰风格。

玉组佩（图3-70），河南洛阳中州路战国早期1316号墓出土，由一大一小玛瑙环、玉环、玉夔龙和6颗绿松石、2颗水晶珠组成串饰。组玉佩出土时位于墓主胸部。最上面为白玛瑙环，洁白光润。佩分为两竖行，左边由上到下依次为绿松石珠、水晶珠、玉环和2颗绿松石珠。其中玉环呈青黄色，环面浮雕虺纹，纹饰精美，制作精致。右边由上到下依次为2颗绿松石珠、小玛瑙环、紫水晶珠和绿松石珠。其中玛瑙玉环，质地纯净光润。组佩下部连接玉夔龙，圆眼鼻上卷，下唇向上弯卷，如意形耳，为回首曲身状，尾向上卷翘，两面浮雕云纹及虺纹，背部上方钻小孔，与组佩玉饰相串联。整体玉组佩雕刻工艺娴熟，纹饰精美，为战国早期玉组佩中的精品。

十六节龙形玉组佩（图3-71），曾侯乙墓出土，湖北省博物馆藏，全长48.5厘米，将玉料雕琢成图案各异的16节，各玉片之间以玉套环相连，用椭圆形活环和榫连接而成，所有玉片可折叠成玉团。各节分别透雕成龙、凤或璧形，表面以阴刻和浅浮雕表现细部特征，并以蚕纹、弦纹、云纹、绳纹等作为辅助纹饰，组成多节活环套练玉佩。多节活环套练玉佩属于极具特色的玉组佩。玉组佩纹饰繁复，工艺复杂，玉质晶莹润泽，设计匠心独运，是战国时期琢玉工艺最高水平的经典代表。

玉组佩又称"杂佩"，《毛诗·郑风·女曰鸡鸣》有关于组玉佩的记载："知子之来之，杂佩以赠之。"毛传云："杂佩者，珩、璜、琚、瑀、冲牙之类。"玉组佩是贵族服饰的重要装饰内容，大型组玉佩在西周时期开始流行，由多件玉饰连缀，其主体多以璜、牌饰、管、珠等串联而成。春秋战国时期，贵族阶层

图 3-69

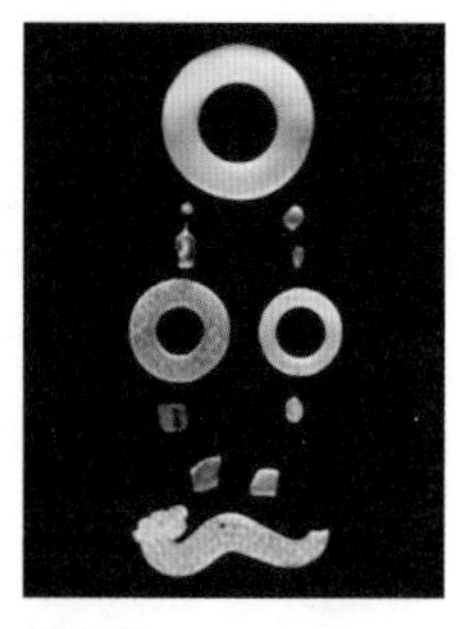

图 3-70

图 3-71

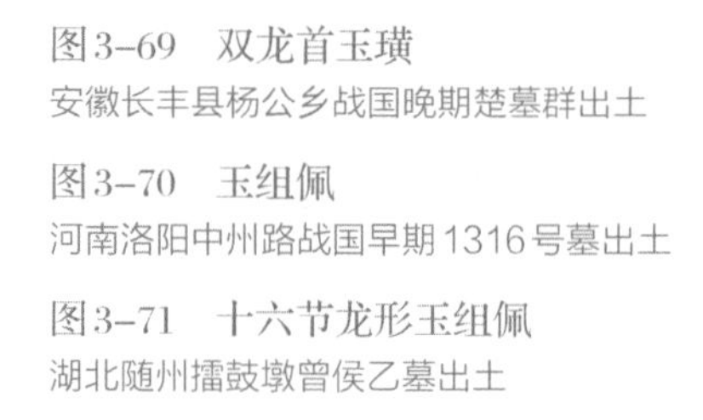

图3-69　双龙首玉璜
安徽长丰县杨公乡战国晚期楚墓群出土

图3-70　玉组佩
河南洛阳中州路战国早期1316号墓出土

图3-71　十六节龙形玉组佩
湖北随州擂鼓墩曾侯乙墓出土

仍盛行饰以华丽的组玉佩，表现高贵的身份地位。春秋战国时期，随着玉组佩工艺的不断发展，玉组佩的组合和佩戴方式等都发生较大变化。玉组佩是以丝绥串联各式璜、璧、环、龙凤佩、虎形佩等作为主要构件，这些构件既可单独作为佩件，又可组合串联。玉组佩均不再戴于颈部，而是系在腰间的革带上，垂悬至下肢，更倾向于装饰功能。

肆

端庄威仪的秦汉服饰

秦代戎服与人像

公元前230年至公元前221年，秦王嬴政先后攻灭六国，北击匈奴，南并百越，完成全国统一，结束了自春秋时代五百年来各国诸侯分裂割据的局面，建立了我国历史上第一个以华夏民族为主体的多民族融合的中央集权制国家。秦始皇统一文字，货币，度量衡等，对华夏汉民族文化的传承及延续有极其深远的影响。

秦朝创立皇帝制度、三公九卿中央官制，废除周代的分封制与世卿制，执行郡县制，强化中央对地方的控制，维护国家统一。秦朝推行车同轨、书同文等制度，有利于民族文化传播，故称“百代都行秦政法”。在冠服礼制上，废周代六冕之制，设“玄衣纁裳”常服制，佩通天冠，百官戴高山冠、法冠和武冠，穿袍服佩绶。

《后汉书·舆服志》载：“秦以战国即天子位，减去礼学，郊祀之服，皆以袀玄”。秦始皇崇信“五德终始”说，历代尊崇的颜色都与阴阳五行思想有关。西周之前的各朝，夏以木德，尚青；殷以金德，尚白；周以火德，尚赤。秦属水德，黑色主水，固尚黑。秦始皇二十六年，规定衣色以黑色为最上，冠服制度上规定大礼服是上衣下裳同为黑色的祭服。

秦代服饰主要沿袭战国形制，样式简单实用。随着纺织技术的进步，战国时期上下连属的深衣就已经出现。秦代深衣在人们的日常服装中穿用更加普遍，样式通常为左衣襟加长，向右在腰部缠绕围裹，腰间系带，长度可到小腿，长衣通体颜色一致，具有整体美和端庄大气的服饰特色。

袍服始见于战国，是继深衣之后出现的长衣，样式以大袖收口为多，衣服边缘一般都有花边。秦代男子多以袍服为贵，秦朝三品以上的官员穿绿袍，一般庶人穿白袍。官员的典型形象为头戴冠，腰佩刀，手执笏，耳簪笔。秦代儒生衣着朴素，通常冬天穿缊袍，夏天穿褐衣。百姓通常束发髻，戴小帽或巾子，服装主要是由粗麻、葛等制作的褐衣、缊袍、衫、襦等。奴隶和刑徒最明显的标志为戴粗麻制成的红色毡巾，称为“赭衣徒”。

秦始皇陵兵马俑的发现，揭开了秦代军事服饰的风貌。随葬俑在春秋战国时期就已经出现，秦始皇完成统一大业，为标榜战功，生前就开始筹划制造大规模的随葬兵马俑。1974年考古发掘的秦始皇兵马俑位于骊山北麓。考古出土的各类军装陶俑巍然而立，坚毅威武，其战袍均用布帛、皮革、金属等缝制到一起，鞋子都是针脚细密的布底鞋。

秦朝军官有高低官阶区分，在军服形制上也有差异。将军俑（图4-1），秦始皇帝陵博物院藏，头戴双鹖冠，冠带系于颌下，打八字结，身穿双层长袍，外披彩色铠甲，下着长裤，足蹬方口齐头翘尖履。将军俑所穿甲衣，形制基本相同，甲衣周围有宽边，胸前背后由整片皮革制成，表面绘有几何形彩色花纹，并饰有彩带绾结的花结。前身甲较长，在胸腰部位嵌缀小型甲片，下摆呈等腰尖角形，下缘及腹下。后身较短，下缘平直，仅及腰际。军俑甲衣整体制作精细，等级尊贵。

军吏俑（图4-2），秦兵马俑1号坑出土，秦始皇帝陵博物院藏，通高约190厘米。军吏俑头戴长冠，身穿交领右衽长袍，外披铠甲，甲衣上无彩绘花纹，胫部缠裹护腿，足穿浅履。文官俑（图4-3），秦始皇帝陵封土西南的陪葬坑出土，俑高184厘米，袖手而立，头戴长冠，身穿交领右衽长袍，衣长齐膝，下着长裤，足蹬方口齐头翘尖履，再现了秦国文官形象。

御官俑（图4-4），秦始皇帝陵西侧铜车马陪葬坑出土，为秦陵1号铜马车上的御官，俑高91厘米，头戴鹖冠，身穿交领右衽长袍，袍衣合体窄袖，腰间系带，垂有佩玉，背负青铜剑，双手握辔绳。御者佩戴鹖冠，腰间佩剑、佩玉等服饰细节，再现了秦朝高级御官的服饰形象。

跽坐御手俑（图4-5），秦始皇帝陵博物院藏，为秦陵2号铜马车上的御官，俑高51厘米，头戴鹖冠，身穿长袍，交领右衽，衣身合体窄袖，腰束革带，下穿长裤。跽坐御手俑通体彩绘，展现了具有一定爵位的军吏形象。

立射俑（图4-6），兵马俑2号坑弩兵方阵内出土，通高178厘米，头顶右侧绾圆髻，身着齐膝长袍，腰间束带，下着短裤，腿扎行縢，足穿方口翘头履，身体呈拉弓射击姿势。立射俑展现了不穿铠甲的轻装步兵形象。

跪射武士俑（图4-7），秦始皇帝陵博物院藏，秦兵马俑2号坑弩兵方阵内出土。跪射俑，通高128厘米，左腿曲蹲，右膝着地，双

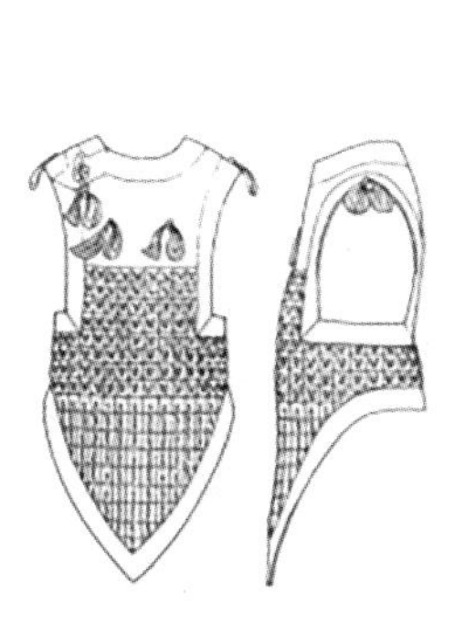
图4-1

图4-2

图4-3

图4-4

图4-5

图4-6

图4-7

图4-1　将军俑
秦始皇帝陵博物院藏

图4-2　军吏俑
秦始皇帝陵博物院藏

图4-3　文官俑
秦始皇帝陵博物院藏

图4-4　御官俑
秦始皇帝陵博物院藏

图4-5　跽坐御手俑
秦始皇帝陵博物院藏

图4-6　立射俑
秦始皇帝陵博物院藏

图4-7　跪射俑
秦始皇帝陵博物院藏

手置于体侧，呈握弓弩待发状。人俑头顶绾成发髻，身穿交领右衽袍服，外披铠甲与披膊，下穿短裤，腿扎行縢，足部穿针脚细密的布底鞋。跪射俑生动传神，再现了着重装甲衣秦军射手的服饰形象。

骑兵俑（图4-8），秦始皇帝陵博物院藏，头后绾扁髻，戴低矮皮弁，穿交领齐膝长袍，下摆呈褶裙样式。袍衣外罩齐腰铠甲，无披膊呈马甲状，下穿长裤，足蹬皮靴。左手似持兵器，右手为牵马状。鞍马骑兵俑（图4-9），手牵马缰，头戴弁帽，帽带系于颔下，穿交领窄袖袍服，外披甲衣，足蹬平口布履，整体服装实用便捷。

石甲与石胄（图4-10），秦始皇帝陵陪葬坑出土，带披膊石甲长75厘米，共有甲片612片；无披膊石甲长64厘米，共有甲片380片；石胄高31.5厘米，共有胄片72片。甲衣由前后身甲和披膊等组件连缀而成，甲胄为头部佩戴的冠帽。石甲胄制作精细，材料为青灰色石灰石，质地细密，色泽均匀，经过磨制和钻孔以青铜丝串系。石甲胄再现了秦朝军队服装中的防护装备，也是秦始皇兵马俑甲胄服饰的真实再现。

《史记·卷七十·张仪列传》载："秦带甲百馀万，车千乘，骑万匹，虎贲之士跿跔科头贯颐奋戟者，至不可胜计。秦马之良，戎兵之众，探前趹後蹄间三寻腾者，不可胜数。"

山东嘉祥武梁祠画像石创建于东汉，为武氏家族墓葬石祠的石刻装饰画，其西壁石画像《荆轲刺秦王》中刻画有秦王形象（图4-11）。秦王侧身而立，一手高持玉璧。头部佩戴通天冠，为帝王专用。杜佑《通典·卷五十七·礼十七》记载："秦制通天冠，其状遗失。汉因秦名，制高九寸，正竖，顶少邪御，乃直下为铁卷梁，前有山，展筩为述，筩駮犀簪导，乘舆所常服。"汉蔡邕《独断》

图4-8

图4-9

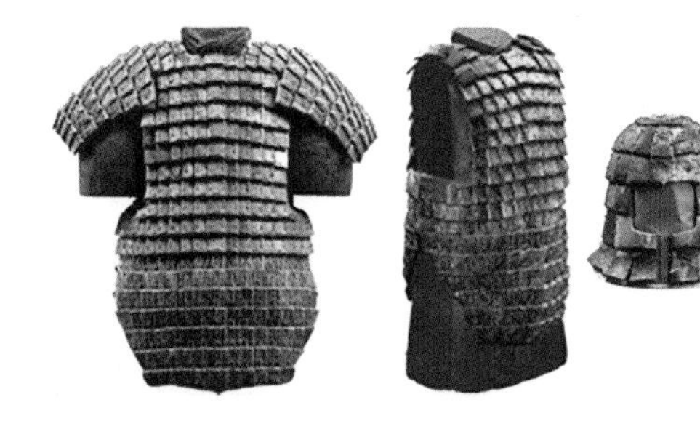

图4-10

图4-11

图4-8　骑兵俑
秦始皇帝陵博物院藏

图4-9　鞍马骑兵俑
秦始皇帝陵博物院藏

图4-10　石甲与石胄
秦始皇帝陵博物院藏

图4-11　《荆轲刺秦王》画像石拓片

载："通天冠，天子所常服，汉受之秦，礼天文。"通天冠为秦代确立的帝王礼冠，后代沿用。画像石中秦王着宽袖深衣，上下一体，衣身宽大，长至脚踝，腰间束带，垂有蔽膝。深衣领部、袖口及下摆边缘均有纹饰。《礼记正义》深衣第三十九记载"以其记深衣之制也。名曰深衣者，谓连衣裳而纯之以采也。有表则谓之中衣，以素纯则曰长衣也……此深衣衣裳相连，被体深邃，故谓之深衣。"秦代深衣为贵族礼服，沿用至汉代。

跽坐俑（图4-12），上焦村马厩坑出土，秦始皇帝陵博物院藏。人俑脑后梳圆形发髻，面部有髭无须为男子形象，身穿交领右衽长袍，衣身合体窄袖，双臂下垂置于膝上，双腿呈跽坐状，表情拘谨，姿势恭敬，为管理马厩与养马事务的圉人形象。百戏陶俑（图4-13），秦始皇帝陵东南部陪葬坑出土。百戏指古代散乐杂技，包括扛鼎、寻橦、角抵、走索等项目，百戏俑即为古代百戏娱乐场景的表演伎人。角抵即角力，两两徒手或持械相搏，较量力量和技艺的竞技项目。寻橦亦为扶卢，杂技中的高竿表演，大力士抱着竿子，表演伎人在竿上做各种惊险表演。走索即为空中走丝，在绳索上表演惊险动作。四尊百戏陶俑，均头部缺失，上身赤裸，下身着短裳，身体姿势各不相同，展示了秦朝大型竞技娱乐表演的百戏人物形象。

汉代首服

汉朝（公元前202年－220年）是我国历史上继秦朝后的大一统封建王朝，分为西汉与东汉两个历史时期，合称两汉。汉高祖刘邦建立西汉，建都长安；汉光武帝刘秀建立东汉，建都洛阳。汉朝建立，对秦朝的各项制度多有承袭。随着社会发展和文化进步，汉代社会经济逐渐呈现繁荣兴旺的局面。丝绸之路开通，各国间民族交往与文化交流增强，汉代服饰也更为丰富多彩。汉代社会政治稳定，国力强盛，经济繁荣，百姓生活安定，穿衣风气也走向华丽。东汉明帝永平二年（公元59年），汉朝融合秦制与三代古制，完善祭祀服制与朝服制度，制定冕冠、衣裳、鞋履、佩绶等严格的等级差别，从此汉代服制得到巩固。

我国古代服饰艺术中，头部的穿戴物统称为首服，主要用于头部保暖、遮蔽、装饰及

图4-12　跽坐俑
秦始皇帝陵博物院藏

图4-13　百戏陶俑
秦始皇帝陵博物院藏

图4-12

图4-13

身份的象征等。汉代服饰文化中，男子首服类型多样，成为汉代服饰的主要特色。首服作为古代服饰等级制度的表现载体，是贵族官爵身份的标志。《周礼·春官宗伯》载："王为三公六卿锡衰，为诸侯缌衰，为大夫士疑衰，其首服皆弁绖。"周代贵族阶层就比较重视头部服饰的佩戴，有了首服这种称谓。汉代男子二十岁行加冠之礼，为男子成年的标志。汉代男子首服以冠、帻、巾为主要类型。

汉代皇帝礼服为冕服和冕冠。冕冠是帝王，诸侯，卿大夫所戴的一种礼冠，专用于重大祭祀，为祭服礼冠配饰。山东沂南北寨1号汉墓中室南壁的画像石，展示有戴冕冠佩剑人像（图4-14）。冕冠是我国古代最重要的冠式之一，《仪礼·士冠礼》载："周弁，殷冔，夏收。"《后汉书·舆服制》载："爵弁，一名冕，广八寸，长尺二寸，如爵形，前小后大，缯其上似爵头色，有收持笄，所谓夏收殷冔者也。祀天地，五郊，明堂，云翘舞乐人服之。"冕冠也称爵弁，夏代称收，商代称冔，周代称冕冠，又称旒冠，俗称平天冠。阎立本《历代帝王图》（图4-15），美国波士顿博物馆藏，描绘出蜀主刘备戴冕冠的形象。

东汉明帝整饬礼制，诏令有司以及儒学大师参考古籍，重新厘定冕冠制度。《说文》载："大夫以上冠也，邃延垂旒统纩。"《礼记·礼器》载："天子之冕，朱绿藻，十有二旒，诸侯九，上大夫七，下大夫五，士三。"汉代规定，冕冠顶部，为前圆后方的冕板，表面裱以细布，上用玄，下用纁。冕板长一尺二寸，宽七寸，前后垂有玉旒。旒为冕前后两端，分别垂挂的数串玉珠。藻为穿旒的丝绳，以五彩丝线编织而成。旒与藻都是辨别身份的标志，皇帝冕冠十二旒系白玉珠，是等级最高的礼冠。冕板下部为冠身，以铁丝，细藤编为圆框，外蒙缟素等织物。冠身称为玄武或冠卷，《礼记·玉藻》有："缟冠玄武，子姓之冠也。"《周礼·夏官·弁师》有："皆玄冕朱里延纽。"冠卷的两侧各有一个对穿的小孔，用以贯穿玉笄，为纽。佩戴时将冠身扣覆在头顶，插入玉笄，使冠身和发髻固结。笄两侧系上丝带，为冠缨，在颌下系结。汉代用一条冠缨，一头系在笄首，一头绕过颌下，系在笄的另一边，为纮。冕板的两侧，还垂挂两根丝带，为紞。紞的下端分别悬挂一枚丸状玉石，称为瑱，又称充耳，提醒戴冠者忌听信谗言。《诗经·淇奥》："有匪君子，充耳琇莹。"汉毛亨注"充耳谓之瑱。琇莹，美石也。天子玉瑱，诸侯以石。"冕冠色彩，以黑为主。汉代规定，凡戴冕冠者，要穿冕服。冕服为玄衣纁裳，上下绘有十二章纹，搭配蔽膝、佩绶、赤舄等，组成完整的冕服礼制。

通天冠为帝王所佩戴，又称高山冠、卷云冠，源于楚冠，主要用于郊祀、明堂、朝贺、燕会。山东嘉祥武梁祠东壁画像石《聂政刺韩王》（图4-16），韩王佩戴通天冠。《释问》载："通天冠金博山蝉为之，谓之金颜。"通天冠其形如山，正面直竖，高九寸，稍向前倾斜，以铁为冠梁，铁卷垂直而下，展筒前有金博山述与蝉纹装饰。山是附缀于冠前的牌饰，做为圭形，其状如山。述是一种鹬鸟形饰物，以细布制成。鹬鸟见天将雨而鸣，古人认为其能知天时，故用作帝王冠饰。汉代通天冠为帝王专服，百官于月正朝贺时，帝王乘舆时常服此冠，并且后代沿用。

汉代规定，皇帝戴通天冠时，太子、诸王应戴远游冠。远游冠取式于楚冠，也称通梁。《后汉书·舆服志》载："远游冠，制如通天，有展筒横之于前，无山述，诸王所服也。"汉代远游冠式样与通天冠相同，但不用山述等装饰。

汉代公卿佩戴长冠，戴长冠着衣木俑（图4-17），湖南长沙马王堆汉墓出土，再现长冠形制。木俑身穿黑色绛缘领袖长衣，头部佩戴长冠。《后汉书·舆服志》载："长冠，一曰斋冠，高七寸，广三寸，促漆纚为之，制如板，以竹为里。初，高祖微时，以竹皮为之，谓之刘氏冠。"长冠又称斋冠、竹皮冠，是用竹皮编制的礼冠，高七寸，广三寸，竹皮外缝有一层黑色丝织物，冠顶扁平而细长。《史记·高祖本纪》记载："高祖为亭长，乃以竹皮为冠，令求盗之薛治之，时时冠之。及贵常冠，所谓'刘氏冠'乃是也。"《后汉书·舆服志》载："长冠，一曰斋冠，高七寸，广三寸，促漆纚为之，制如板，以竹为里……祀宗庙诸祀而冠之。"汉高祖刘邦依照楚冠样式，创制长冠，也称"刘氏冠"，为刘氏家族特权的象征，汉代中期定为官员的祭服礼冠。

武弁大冠，又称武冠或鹖冠。《通志》卷四七载："秦灭赵，以其君冠赐近臣。胡广曰，赵武灵王效胡服，以金珰饰首，前插貂尾为贵职。或以北土多寒，胡人以貂皮温额，后代效之，亦曰惠文。惠者，蟪也，其冠文细如蝉翼，故名惠文。"战国时期赵武灵王佩戴武冠，也称赵惠文冠。《后汉书·舆服志》载："侍中、中常侍加黄金珰，附蝉为文，貂尾为饰，谓之赵惠文冠。"河北望都汉墓壁画，显示有汉代戴武弁冠武官像（图4-18）。汉代武弁大冠主要为武官所戴礼冠，造型高大华贵，冠上插貂尾装饰，冠前有蝉纹金珰显示尊贵。河南邓县东汉墓画像砖，展示有戴鹖冠执笏武吏像（图4-19）。汉代中期武官与内侍常在冠两边竖双鹖尾装饰，取"鹖者勇雉也，其斗对一，死乃止"之意。

进贤冠为汉代文官和儒生日常佩戴，象

图4-14

图4-15

图4-16

图4-17

图4-18

图4-19

图4-14　南壁画像石《戴冕冠佩剑人像》
山东沂南北寨1号汉墓出土

图4-15　《历代帝王图》局部
美国波士顿博物馆藏

图4-16　《聂政刺韩王》拓片

图4-17　戴长冠着衣木俑
湖南长沙马王堆汉墓出土

图4-18　壁画《戴武弁冠武官像》
河北望都汉墓出土

图4-19　画像砖《戴鹖冠执笏武吏像》
河南邓县东汉墓出土

征文员要向朝廷引荐能人贤士，蔡邕《独断》载："进贤冠，文官服之，前高七寸，后三寸，长八寸。公侯三梁，卿大夫、尚书博士两梁，千石八百石以下一梁。"河南安阳曹操墓画像石，刻绘戴进贤冠佩绶的咸阳令（图4-20）。进贤冠下面是套于头部的冠圈，冠圈上装有用铁或竹木所做的冠梁，外蒙细纱。山东沂南北寨1号汉墓出土画像石，展示有戴进贤冠吊唁祭祀人像（图4-21）。冠前高后低，前柱倾斜，后柱垂直。冠上竖脊为梁，以梁的数量区分等级。常见有一梁、二梁、三梁，其中三梁为贵，公侯佩戴三梁，卿大夫与尚书博士两梁，博士以下至小吏私学弟子为一梁，刘氏宗室无官者也可戴两梁冠。《续汉志》称进贤冠"古者有冠无帻"，东汉之前，戴进贤冠都不加帻，东汉时期进贤冠开始和帻搭配使用。介帻与进贤冠相配为文官常服，平上帻与武弁相配，为武吏常服。

委貌冠与皮弁冠形制相似，为汉代公卿诸侯所佩戴。《新定三礼图》中绘制有委貌冠和皮弁的款式图（图4-22，图4-23）。《后汉书·舆服志》载："委貌冠、皮弁冠同制，长七寸，高四寸，制如覆杯，前高广，后卑锐……委貌以皂绢为之，皮弁以鹿皮为之。"委貌冠又称玄冠，长七寸，高四寸，上小下大，形如复杯，正面较高广，背面较卑锐，使用时以冠缨缚系，不用簪导。《礼记·郊特牲》称"委貌，周道也"，汉郑玄注："常所服以行道之冠也。或谓委貌为玄冠也。"委貌冠以皂绢制作，与玄端相配，行大射礼或祭祀礼于辟雍，公卿诸侯佩戴。汉以前委貌称为"章甫"或"毋追"，戴此冠时须着玄端素裳。

委貌冠与皮弁冠，造型相似，材质不同，委貌用皂色的缯绢制作，皮弁则用鹿皮制作。皮弁制作时将鹿皮分割成数瓣，呈瓜棱形，用针线缝合，上锐下广，似两手掌相合。东汉刘熙《释名·释首饰》载："弁如两手相合抃……以鹿皮为之，谓之皮弁。"皮弁冠内衬以象骨为邸，拼缝凸出部分为会，会中间缀以五彩玉饰为琪。《诗经·卫风·淇奥》称"充耳琇莹，会弁如星"，《周礼·夏官·弁师》称"王之皮弁，会五采玉琪，象邸玉笄"，都形容皮弁上缀满珠玉宝石的华美状态。

法冠，又称獬豸冠，或称铁冠。獬豸是我国古代神话传说中的神兽，能别曲直、辨是非，为公正的象征。汉杨孚《异物志》载："东北荒中有兽，名獬豸。一角，性忠。见人斗，则触不直者。闻人论，则咋不正者。"《通典》曰："法冠，一名獬豸冠，一角，为獬豸之形。"《后汉书·舆服志下》载："法冠，一曰柱后。高五寸，以纚为展筩，铁柱卷，执法者服之，侍御史、廷尉正监平也。或谓之獬豸冠。解豸神羊，能别曲直，楚王尝获之，故以为冠。"獬豸冠源于楚国，将形似獬豸独角的装饰制于冠上，象征戴冠者能明辨是非。河南洛阳出土的西汉画像砖中，有戴法冠执棨戟吏使画像（图4-24）。法冠以铁制成冠柱，寓意戴冠者坚定不移。汉代法冠为执法官御史佩戴。

樊哙冠，广九寸，高七寸，前后出各四寸，形制类似冕冠。山东金乡县朱鲔祠堂山墙，展示有戴樊哙冠吏使画像石（图4-25）。《后汉书·舆服志》载："樊哙冠，汉将樊哙造次所冠，以入项羽军。广九寸，高七寸，前后出各四寸，制似冕。"鸿门宴樊哙为保护刘邦曾藏盾牌戴于头上，因而名为樊哙冠。汉晋时期樊哙冠为殿门卫士所佩戴。方山冠，又名巧士冠，汉代祭祀宗庙时侍者、宦官与乐者所戴礼冠，形制类似进贤冠，用五彩縠制成。《后汉书·舆服志》载：“方山冠似进贤，以五彩縠为之。祠宗庙，大予、八佾、四时、五行乐服之。冠衣各如其行方之色而舞焉。

巧士冠，高七寸，要后相通，直竖不常服，唯郊天，黄门从官四人冠之。”巧士冠，皇帝祭天时随从官员仪仗佩戴礼冠，也为御用乐工舞者所戴。

击鼓说唱俑（图4-27），四川成都天回山汉墓出土，中国国家博物馆藏，袒胸露腹，着袴赤足，头部用布帛包为帩头，于额头前束尖角。汉代平民中这种戴巾的样式比较普遍，称为帩头或络头。我国古代男子二十岁，贵族行加冠礼，庶人则裹巾。以整幅巾裹头的称为幅巾，幅巾有帩头、缁撮、折上巾等常见类型。帩头又称绡头，为汉时百姓以宽布从后向前裹的头巾。戴缁撮时以布将头发束于头顶打成撮，其余的布垂下来盖住头顶。折上巾是以帛裹头并翻折起巾角。巾的颜色是区分身份的标志，战国时期韩人以青巾裹头为苍头，秦人以黑巾裹头为黔首。汉代贵族用巾为黑色，官奴为青色，武士、卫士为红色，平民多为白色。

戴平巾帻执刀盾陶俑（图4-28），四川资阳天台山崖墓出土，身穿交领宽袖长袍，头部佩戴平巾帻。帻在汉代为男子常用首服，分

图4-20

图4-21

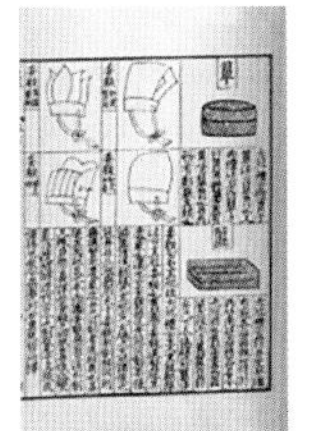
图4-22

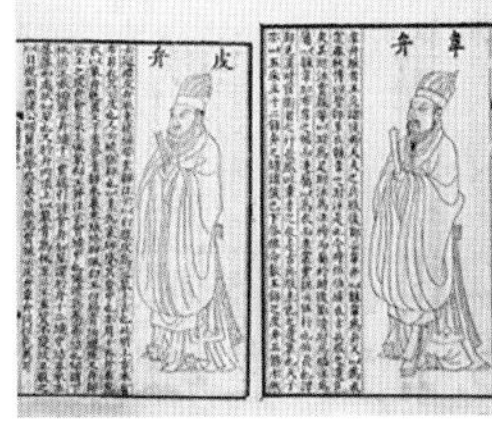
图4-23

图4-24

图4-25

图4-26

图4-27

图4-28

图4-20 画像石《戴进贤冠佩绶的咸阳令》
河南安阳曹操墓出土

图4-21 画像石《戴进贤冠吊唁祭祀人像》
山东沂南北寨1号汉墓出土

图4-22 委貌冠
选自《新定三礼图》上海古籍出版社1985影印本

图4-23 皮弁冠
选自《新定三礼图》上海古籍出版社1985影印本

图4-24 西汉画像砖《戴法冠执棨戟吏使》
河南洛阳出土

图4-25 画像石《戴樊哙冠吏使》
1934年美国学者费慰梅临摹

图4-26 画像石《戴方山冠的乐者》
山东沂南北寨1号汉墓出土

图4-27 戴巾击鼓说唱俑
四川成都天回山汉墓出土

图4-28 戴平巾帻执刀盾陶俑
四川资阳天台山崖墓出土

为介帻和平巾帻。帻为一种便帽，在头顶直接盖住发髻，四周有整齐的边缘。介帻正中近额眉处称为颜题，两边围向脑后并延伸出竖立的双耳，形成两个尖角，称为收，或称纳言。文官在进贤冠下戴介帻，介帻顶部提高，通常作为尖顶，帻对角两端打结成两耳，具有很强的装饰性。平巾帻为武官所戴，在武弁冠下衬平巾帻，用以平缠束发。帻可单独佩戴，也可与冠搭配佩戴。单独佩戴时，黄色的帻为皇帝所戴，红色为武官所戴，文官戴黑色。与冠搭配时，帻与冠颜色须成套。汉代童子的帻为空顶，即未冠童子，帻无屋者。

袍服与深衣

汉代早期沿用秦代服舆体制，《后汉书·舆服志》载："及秦并天下，揽其舆服，上选以供御，其次以锡百官。汉兴，文学既缺，时亦草创，承秦之制，后稍改定，参稽六经，近于雅正。"汉代女子常服以深衣为主，而男子多穿用袍服。连身长袍从肩部下垂到脚踝，样式以大袖为多，袖身宽大为袂，袖口紧小为祛，分为曲裾袍和直裾袍两种造型。民间百姓上衣穿用短袍，长度遮住小腿，便于劳作，下装穿用宽裤，类似裙裤或灯笼裤。汉代男子常见的服饰为，头部束发髻，佩戴头巾，身穿袍服，下穿宽裤，腰间系革带，用带钩扣合。

袍服最初为夹层内衣，穿着时在袍服的外面要罩外衣。汉代袍服穿用习惯逐步演变，袍服既可作为内衣，也可作为外衣，成为一种男女通用的流行服饰。日常生活中男女袍服形制差别不大，均为大襟窄袖，男子腰间系革带与带钩，女子则以丝带系扎。

长沙马王堆汉墓考古发掘的实物遗存较为丰富，出土的服饰有素纱禅衣、素绢丝绵袍、朱罗纱绵袍、绣花丝绵袍、绢裙、绢袜、丝履、绢手套等多种类型；色彩丰富，有茶色、绛红、灰、朱、黄棕、浅黄、绿等；花纹的制作工艺有织、绣、绘、印等；纹样有动植物、云纹、几何纹等。马王堆出土的服装实物，经历2000多年仍然质地坚固、色泽鲜艳，反映出汉代纺织工艺的精湛技术和高超水平。

素纱禅衣（图4-29），马王堆1号汉墓出土，湖南省博物馆藏，衣长132厘米，通袖长181.5厘米，重49克。素纱禅衣为交领右衽曲裾单衣，面料为素纱，无衬里，边缘为几何纹绒圈锦。《说文解字》载："襌，衣不重。从衣，单声。"《大戴礼记》载："襌，单也。"《礼记·玉藻》载："襌为絅"，郑玄注曰"有衣裳而无里。"禅衣是单层无衬的外衣，汉书《汇充传》有"充衣纱縠禅衣"。根据禅衣衣襟造型，划分两种：一为曲裾禅衣，即开襟从领曲斜至腋下；二为直裾禅衣，开襟从领垂直向下。直裾禅衣又称"襜褕"，为汉代男子普遍穿用。马王堆出土的曲裾素纱禅衣，薄如蝉翼，轻如烟雾，代表汉代养蚕、缫丝和织造工艺的最高水平。

绢地曲裾长寿绣丝绵袍（图4-30），马王堆1号墓出土，湖南省博物馆藏，两袖通长232厘米，身长130厘米。袍衣保存完好，为交领右衽曲裾袍，绢地长寿绣面，内絮丝绵，素纱里，领袖与衣襟边缘有绒圈锦装饰。袍衣面料纹饰为长寿绣，在绢地上用朱红、金黄、土黄、绿等不同颜色丝线绣成，穗状流云间填土黄色云纹，点缀朱红和土黄色如意状花纹，工艺精细。

罗地曲裾信期绣绵袍（图4–31），湖南长沙马王堆1号墓出土，两袖通长243厘米，衣长155厘米。袍服为交领右衽曲裾，内絮丝绵，大身面料为黄色菱纹罗，信期绣纹饰，领袖与衣襟缘边为绢。袍衣上下分裁，中间连属，刺绣纹饰为均匀排列的穗状流云纹，点缀卷枝花草，中间有抽象的燕首纹。燕为定期南迁北归的候鸟，以燕纹寄托，刺绣在织物上，成为汉代贵族阶层流行的信期绣纹饰。

朱红菱纹罗丝绵袍（图4–32），湖南长沙马王堆1号墓出土，两袖通长245厘米，衣长140厘米。袍服为交领右衽曲裾，上下分裁，中间连属。面料为暗花绞经丝织物，由经丝相互绞转织成，罗孔清晰，组织牢固。平纹地起菱形纹，又称杯纹，杯纹纹样上下左右完全对称，织造工艺复杂，为汉代奢华织物的代表。

印花敷彩纱丝绵袍（图4–33），湖南长沙马王堆1号墓出土，两袖通长228厘米，衣长132厘米。袍服为交领右衽直裾，大身面料为印花敷彩纱，内絮丝绵，里为素纱，领袖与衣襟缘边为绢。袍服面料以印花与彩绘相结合的工艺，装饰枝叶、蓓蕾、花蕊及花穗组合图案。枝蔓用阳文版印制成印花，其余图案则为手工描绘形成敷彩。这件绵袍是我国首次考古发现的印花敷彩面料实物，反映出汉代印染加工技术的进步，是汉代服装面料彩绘工艺的珍贵作品。

“万事如意”锦袍（图4–34），民丰尼雅遗址1号墓出土，新疆维吾尔自治区博物馆藏，两袖通长174厘米，衣长133厘米，为东汉时期的男子袍服。锦袍形制为对襟窄袖，束腰斜

图4–29

图4–30

图4–31

图4–32

图4–33

图4–34

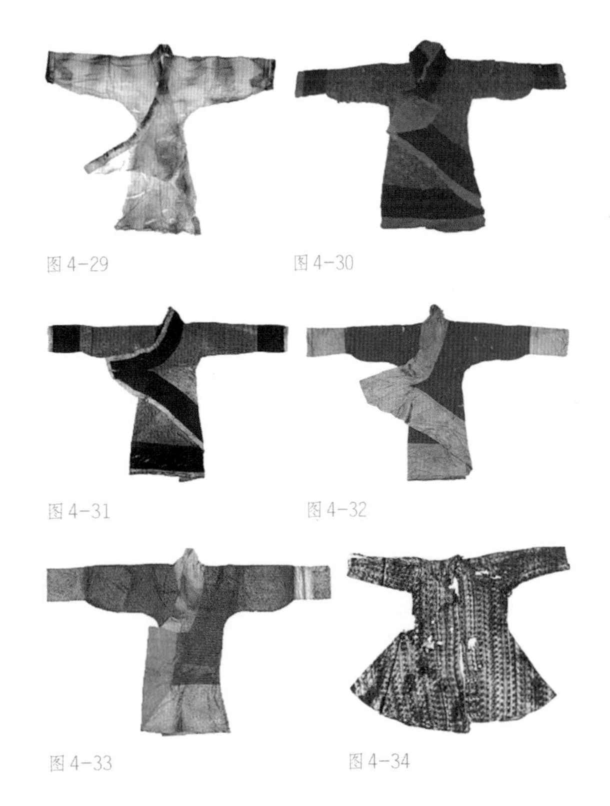

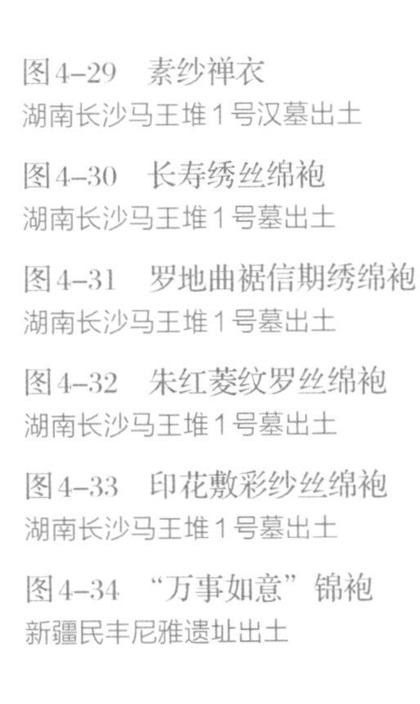

图4–29 素纱禅衣
湖南长沙马王堆1号汉墓出土

图4–30 长寿绣丝绵袍
湖南长沙马王堆1号墓出土

图4–31 罗地曲裾信期绣绵袍
湖南长沙马王堆1号墓出土

图4–32 朱红菱纹罗丝绵袍
湖南长沙马王堆1号墓出土

图4–33 印花敷彩纱丝绵袍
湖南长沙马王堆1号墓出土

图4–34 “万事如意”锦袍
新疆民丰尼雅遗址出土

摆长上衣。袍服面料用红色、绛色、绿色、浅蓝色和白色等经线的显花织锦，有“万事如意”铭文和卷云纹装饰，衣襟右下部位镶配一块“延年益寿大宜子孙”锦，铭文和纹样寓意吉祥，为东汉时期具有西域民族艺术特色的袍服。

彩绘男立侍俑（图4-35），铜山县茅村北洞山楚王墓石龛出土，徐州博物馆藏，色彩与服装纹饰保存较好，展示出汉代男子着袍衣的服饰形象。人俑服饰色彩搭配得当，线条流畅和谐。四例立侍俑均头部戴帻，身着袍衣，三角形领口，呈现出交领右衽或交领对襟的领襟形制。外衣领口开口较低，露出两层中衣领，为三重领造型。人俑胸前系绳，应为绳索系箭箙背于后背，箭箙为收纳弓箭的器具。人俑腰间系带，袍衣窄袖合体，衣长至胫部，下摆为三层重叠，露出中衣的缘边，脚着平底布履。

彩绘执兵男立俑（图4-36），铜山县茅村北洞山楚王墓出土，徐州博物馆藏，俑高50厘米，头部戴帻，身穿交领右衽袍衣，三重领，领、袖、下摆均有缘边。衣身合体，窄袖束腰，长至脚踝，袍衣内着宽口袴，足蹬翘头履。执兵俑左前胸部配有长剑，双手握于腰前，应执有木柄戟，戟已残缺，呈现出汉代执戟卫士的服饰形象。

彩绘执笏男立俑（图4-37），铜山县茅村北洞山楚王墓出土，徐州博物馆藏，俑高54厘米，拱手而立，双手拢于袖内，身穿交领右衽袍衣，领口有缘边，衣长至脚踝，脚穿翘头履。立人俑双手处有一小孔，应为手握木笏的造型，笏板腐朽无存。执笏俑展示出汉代文职官员的服饰形象。

汉代塑衣式彩绘文吏俑（图4-38），汉阳陵博物馆藏，高63厘米，双手拱于袖内，置于胸腹前，呈站立状。人俑头部额前头发中分，头发于头顶挽髻，外部戴帻，帻上有冠，冠已残缺。身穿交领右衽曲裾袍，三重领，露出两层中衣衣领，领袖处有红色缘边，衣长及地，足蹬翘头履。人俑神情平和，胡须外撇，双唇紧闭，为汉代宫廷文吏服饰形象。

彩绘射立俑（图4-39），咸阳市韩家湾狼家沟出土，陕西历史博物馆藏，俑高50厘米，呈站立状，双手抬举做拉弓射箭状。射立俑头部顶发中分，佩戴赤帻，身穿交领右衽袍衣，二重衣领，外袍领口较低，露出中衣衣领，衣长至胫部，腿扎行縢，足蹬长靴。射立俑展示出汉代军戎服装的艺术特色。

汉代塑衣式跽坐俑（图4-40），西安汉阳陵博物馆藏，呈跽坐姿势，双手握于胸前，原应持物，物品残失。人俑额前头发中分，头顶戴帻，身穿交领右衽袍服，三重领，露出两层中衣领口。袍服袖肘部较宽，袖口收紧，为垂胡袖造型，衣身紧窄合体，为汉代侍者服饰形象。

汉代彩绘步兵俑（图4-41），陕西历史博物馆藏，高约48厘米，呈站立状。五例步兵俑均头部戴帻，身穿交领右衽红色直裾短袍，二重领，露出中衣领口，领、袖和下摆均有宽缘，衣长至膝，下身着宽口袴，腿扎行縢，足蹬平底履。左侧第二例人俑，袍衣外罩裲裆式甲衣。步兵俑右手半握拳上举，应持有兵器，现已残缺。汉承秦制，在葬俗上用兵马俑随葬，步兵俑展现了汉代军戎服装的形象。

奏乐木人俑（图4-42），湖南长沙马王堆汉墓出土，湖南省博物馆藏，五例人俑屈膝跪坐，高约32厘米至38厘米，其中两人吹竽，三人鼓瑟，呈现出奏乐表演的场景。《吕氏春

图 4-35

图 4-36

图 4-37

图 4-38

图 4-39

图 4-40

图 4-41

图 4-42

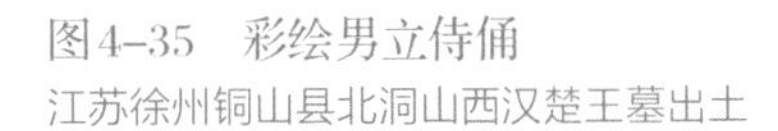

图4-35　彩绘男立侍俑
江苏徐州铜山县北洞山西汉楚王墓出土

图4-36　彩绘执兵男立俑
江苏徐州铜山县北洞山西汉楚王墓出土

图4-37　彩绘执笏男立俑
江苏徐州铜山县北洞山西汉楚王墓出土

图4-38　彩绘文吏俑
陕西咸阳汉阳陵出土

图4-39　彩绘射立俑
陕西咸阳韩家湾狼家沟出土

图4-40　跽坐俑
陕西咸阳汉阳陵出土

图4-41　彩绘步兵俑
陕西咸阳汉长陵陪葬坑出土

图4-42　奏乐俑
湖南长沙马王堆1号汉墓出土

秋·分职篇》载："今有召客者，酒酣歌舞，鼓瑟吹竽"，春秋战国时期贵族就有竽瑟合奏的宴乐生活。木人俑采用圆雕手法雕刻，低额高鼻，墨眉朱唇，神情谦恭，形象写实。人俑头部戴帻，身着交领右衽长袍，合体窄袖，展示出汉代乐工侍者的服饰状态，也描绘出汉代贵族歌舞升平的生活场景。

汉代百戏俑（图4-43），陕西西安西郊出土，陕西历史博物馆藏，人俑呈舞蹈状态。左右两侧人俑头部戴帻，身穿交领右衽袍服，衣长至踝，袖口收紧，腰间束带，袍裾飞扬。中间人俑头顶结发髻，张口吐舌，表情夸张，上身裸露，下身着宽口袴。汉代乐舞杂技表演艺术比较繁荣，《乐府诗集》卷五十二云，"自汉以后，乐舞寖盛"。三例百戏俑塑造手法质朴生动，展现出汉代乐舞伎人的服饰形象。

驾驭木人俑（图4-44），双包山2号汉墓出土，四川绵阳市博物馆藏，呈站立状，服装为交领右衽窄袖袍服，腰部系带，衣长至小腿，小腿露于衣外。

骑马俑，双包山2号汉墓出土（图4-45），人俑骑坐于漆木马上，发式为椎髻，服装为交领右衽短袍，三重领，窄袖，腰间系带，袍服长至大腿部位。骑马俑，江苏徐州狮子山楚王墓出土（图4-46），人俑手臂残缺，头部顶

图4-43 汉代百戏俑
陕西西安市西郊出土

发中分，拢于脑后，身穿二重领袍服，衣长及膝，下身穿宽口袴，马腹下有"飞骑"二字，为汉代飞骑军士形象。

东汉抚琴俑（图4-47），四川博物院藏，高55厘米，为立体圆雕的抚琴男子形象。人俑头部戴帻，身穿交领右衽袍服，衣袖宽大，盘腿而坐，右手抚弦，左手弹拨，呈抚弦弹奏姿势。抚琴俑人物形象生动，展示出汉代蜀地男子的服饰状态。

东汉持镜女俑（图4-48），四川博物院藏，高61.4厘米，为黄灰陶，呈跽坐姿势。人俑头部戴帼，巾帼左右饰簪花，左手持一圆镜于胸前，右手置于右膝，食指与中指戴环形饰物。身穿交领右衽曲裾袍，衣袖宽大，领、袖均有缘饰，绘朱红彩绘，展示了汉代蜀地女子服饰形象。

东汉哺乳女俑（图4-49），四川博物院藏，呈盘坐状，表现正在哺乳的女子形象。哺乳女俑（图4-50），重庆市丰都江南东汉墓出土。两例人俑服饰形象相似，均为头部挽高髻，前额戴巾，身穿交领右衽袍，衣袖宽大，衣襟敞开，左臂斜抱婴儿，右手执乳作哺乳状，表现出汉代乳母的服饰形象。

四川地区考古出土的女俑，穿用宽松袍服比较常见，表明蜀地女子服饰整体较宽松，风格活泼欢快，富有生活气息。另外，四川地区汉代女俑发髻，多为头顶高髻，发髻装饰物常用花卉，巾帼等，形式夸张，色彩鲜艳，形成汉代蜀地特有的服饰风格。

T形帛画（图4-51），通长205厘米，顶端宽92厘米，末端宽47.7厘米，保存完整，色彩鲜艳，内容丰富，出土时位于1号汉墓锦饰内棺的盖板上。帛画材质为单层棕色细绢，

图4-44　驾驭木人俑
四川绵阳双包山2号汉墓出土

图4-45　骑马俑
四川绵阳双包山2号汉墓出土

图4-46　骑马俑
江苏徐州狮子山楚王墓出土

图4-47　抚琴俑
四川峨眉山市双福乡出土

图4-48　持镜女俑
四川成都市郫县宋家林东汉砖墓出土

图4-49　哺乳女俑
四川资阳崖墓出土

图4-50　哺乳女俑
重庆市丰都江南东汉墓出土

图4-51　T形帛画
湖南长沙马王堆1号汉墓出土

图4-44　图4-45　图4-46
图4-47　图4-48
图4-49　图4-50　图4-51

三块绢帛拼成T形，上宽下窄，顶部系棕色丝带，中部和下部的四角，均缀有青色细麻线织成的筒状绦带。

帛画又称非衣，画面上部绘日、月、升龙及蛇身神人等天国图景，下方有两男子头带爵弁，着交领右衽袍服，拱手对坐，为守卫天门的“司阍”形象。帛画中部有两条青色和赤色的龙交互穿过谷纹璧。两个龙首之间，绘有拄杖而立贵族妇人，左侧有两男子举案跪迎，右侧有三位侍女拱手相随。妇人着交领右衽曲裾深衣，垂胡形衣袖，衣上有彩绘纹饰，衣长曳地；身后侍女着黄、红、白色深衣，无纹饰；跪迎两男子头戴长冠，着红色和青色袍服。帛画下部有双手托举状神人“鲧”，赤身裸体，为力士形象。帛画为汉代贵族葬仪中引魂升天的幡，画面中写实的人物形象，再现了汉代贵族的服饰状态。

汉代贵族女子礼服均采用深衣，形制为交领右衽广袖，领、袖有缘饰，裙摆曳地，风格端庄古朴。汉代女子通常以服装色彩、发饰和佩绶等，作为区分身份等级的标志。《后汉书·舆服志》载：“太皇太后、皇太后入庙服，绀上皂下，蚕，青上缥下，皆深衣制，隐领袖缘以绦……皇后谒庙服，绀上皂下，蚕，青上缥下，皆深衣制，隐领袖缘以绦……贵人助蚕服，纯缥上下，深衣制。"《礼记·深衣篇》有云："名曰深衣者，谓连衣裳而纯之采者。"深衣为上下连体的衣裳，衣襟缠绕腰部，衣袖有宽窄不同样式，多有装饰性纹锦镶边，衣长及地，是汉代女服中常见的礼服。汉代贵妇女子着深衣，衣领开口较低，穿时露出中衣衣领，通常为三重领，下摆呈喇叭状曳地，行不露足。

汉代女子着深衣外，还有"袿衣"，样式与深衣相似。袿衣底部衣襟绕转形成两个上宽下窄形像玄鸟燕尾的装饰。汉代宫廷贵妇以深衣为朝服，也称蚕衣，配同色绶带和腰带，蚕衣领袖缘处有丝绦。宫廷女子佩戴香囊，用香料沐浴、熏衣，还用加有香料的灰泥抹墙，有"椒房"之称。

汉代女子发髻样式，主要有两种：一种是背后垂髻，顶发披肩，发梢拢于后背，以绢带系扎为垂髻，发髻下再挽假发，直垂至臂部，髻尾有分髻，称分髾髻。汉代傅毅《舞赋》有："华髾飞髾而杂纤罗"，司马相如《上林赋》有："习纤垂髾"，《文选》注："髾，燕尾也。"这些都描述了垂髻的形象特点。另一种发型是结发椎髻，头髻至脑后挽结成一束，盘旋脑后。《汉赋》载："城中好高髻，四方高一尺，城中好大眉，四方且半额，城中好广袖，四方全成帛"，"头上楼堕髻，耳中明月挡，湘绮为下裙，紫绮为上襦"表明汉代女子以高髻为美。

汉代社会对女性的审美讲究体态轻盈，弱骨丰肌。汉代乐府诗人辛延年《羽林郎》有"胡姬年十五，春日独当炉，长裙连理带，广袖合欢襦，头上蓝田玉，耳后大秦珠，两鬟合窕窕，一世良所无，一鬟五百万，两鬟千万余"；《孔雀东南飞》有"东家有贤女，窈窕艳城郭"，王粲《神女赋》有"丰肤曼肌，弱骨纤行"的描述。目前考古出土的汉代女俑，大多穿着深衣，身材修长，线条优美，比例匀称，端庄恬静，充分反映出汉代的审美观念。

汉代彩绘包头巾女俑（图4-52），陕西历史博物馆藏，俑高31厘米，呈站立状，头部裹有包头巾，双手拢于袖内，置于腹前。人俑身穿交领右衽深衣，衣袖紧窄，腰部束腰，衣身合体，衣长曳地。深衣下摆宽大，长垂曳地，形似喇叭。汉代这种形制的喇叭口曳地深衣，为贵族女子中较为流行的款式，也是汉代女子深衣在衣摆造型上的新样式。

跽坐女俑（图4-53），铜山县茅村北洞山楚王墓出土，徐州博物馆藏，俑高31厘米，双手拢于袖内，置于膝前，呈跽坐姿势。女俑顶发中分，头发向后拢为椎髻，身穿交领右衽深衣，衣身合体。领部为三重领造型，领袖部均有宽缘边，且饰有彩绘花纹，镶缀有珠玉装饰，前胸后背处饰有流苏璎珞，衣饰奢华绮丽，应为汉代宫廷贵族女子形象。

女侍立俑（图4-54），铜山县茅村北洞山楚王墓出土，徐州博物馆藏，俑高52厘米，拱手而立。女俑面部施粉，修眉细目，神情自然。头部顶发中分，于头顶左右上方拢为双翼形发鬟，发鬟处有三孔，应装饰有簪钗等发饰，后部头发为椎髻，装饰有发笄。女俑耳部有穿孔，应原有佩戴耳饰，身穿交领右衽深衣，三重领造型，衣袖宽大，衣襟于腰部缠绕，腰身纤细，衣长曳地。深衣衣裾裁为倒三角形，叠压相交，呈燕尾状，这种造型的深衣又称袿衣。

汉代彩绘跽坐女俑（图4-55），西安汉阳陵博物馆藏，高41厘米，呈跽坐状，双手平伸，可能原有手持器物。人俑头部顶发中分，发髻施黑彩，长发拢于项背，挽成垂髻，黛色眉，目视前方，鼻梁挺直，朱丹小口。服装由内至外着黄、白、紫色三重交领右衽曲裾深衣，领口层层叠加，富有层次和立体感。深衣袖口衣襟处锦缘用彩色纹锦镶边，衣着华丽，为汉代恬静端庄的侍女形象。

塑衣式彩绘侍女俑（图4-56），西安汉阳陵博物馆藏，高41厘米，席地跽坐，双手拱于袖中，袖部微微遮面。人俑发式前额中分，长发后拢于项背挽成垂髻，身穿交领右衽深衣，曲裾束裹，衣领、袖口、衣襟等处皆有红、黄两色锦缘，衣着华丽，为汉代宫廷侍女形象。

塑衣式彩绘侍立俑（图4-57），西安汉阳陵博物馆藏，高约51厘米，呈站立状。人俑顶发中分，头发拢于后颈处挽髻，髻下垂髾。身穿交领右衽深衣，三重领，领袖处有彩色锦缘，曲裾束腰，垂胡袖，双手拢于袖内，置于胸腹前，为汉代宫廷侍女形象。

侍立女俑（图4-58），西安汉阳陵博物馆藏，高54厘米，呈站立状，双手环抱腹前，双拳半握上下叠加，原应持有物，物品残失。女俑头发中分，拢于后颈挽髻，身穿交领右衽深衣，衣长及膝，足蹬方口布履，神态谦卑，为汉代宫廷侍女形象。

彩绘木立俑（图4-59），湖南长沙马王堆1号汉墓出土，人俑造型相似，双手拱于腹前，呈站立状，服饰基本相同。立俑由木料雕出人物轮廓，敷白粉为地，墨绘眉目，朱绘两唇，以红黑二色彩绘衣着纹饰。木俑头发拢于后颈垂椎髻，身穿交领右衽深衣，曲裾绕襟，二重领，露出红色中衣衣领，领袖处有宽锦缘，以云纹装饰，服饰风格端庄秀丽。

彩绘抚瑟女俑（图4-60），江苏徐州驮篮山西汉楚王墓出土，徐州博物馆藏，俑高33

图4-52　图4-53　图4-54

图4-55　图4-56　图4-57　图4-58

图4-52　彩绘包头巾女俑
陕西西安西郊汉长安城遗址出土

图4-53　跽坐女俑
江苏徐州铜山县北洞山西汉楚王墓出土

图4-54　女侍立俑
江苏徐州铜山县北洞山西汉楚王墓出土

图4-55　彩绘跽坐侍女俑
陕西咸阳汉阳陵出土

图4-56　塑衣式彩绘侍女俑
陕西咸阳汉阳陵出土

图4-57　塑衣式彩绘侍立俑
陕西咸阳汉阳陵出土

图4-58　侍立俑
陕西咸阳汉阳陵出土

厘米，双膝曲跪，上身前倾，双臂曲肘前伸，呈抚琴姿势。女俑头发拢于脑后，结为椎髻，身穿交领右衽深衣，三重领形，衣身紧窄合体，腰腹以下为筒状，袖口宽大，为汉代宫廷女乐工的形象。

长信宫灯（图4-61），满城汉墓出土，河北博物院藏，为汉代中山靖王刘胜妻窦绾墓内发现的青铜灯具。灯体通体鎏金，高48厘米，灯上有“长信”字样，为窦太后居所长信宫中使用。灯外形是宫女跽坐执灯的形象，宫女一手执灯，另一手袖似在挡风，实为虹管，用以吸收油烟，防止空气污染，灯罩开合可调节光亮方向，设计巧妙。跽坐宫女神态恬静，头发拢于脑后挽成椎髻，髻下垂髾，身穿交领右衽深衣，三重领，宽袖曲裾束腰，跣足，为汉代宫廷侍女形象。

陶人俑（图4-62），双包山1号汉墓出土，绵阳市博物馆藏，高38厘米，头部梳长发，披发拢于脑后，发梢垂于后背，收尾处用发巾绾成两节垂髾，发巾一端垂于右侧。人俑服装为交领右衽深衣，窄袖合体，三重衣领，露出两层中衣领口，束腰绕襟，衣袖较长，袖口处形成堆褶，为垂胡袖型，衣长曳地，露出两足尖。

木质拱立木人俑（图4-63），双包山2号汉墓出土，绵阳市博物馆藏，呈站立姿势，发式为发顶中分，两侧向后梳理为椎髻，垂于脑后；服装为三重领，交领右衽深衣，露出两层中衣领口，腰间系带，袖肘宽大，袖口收紧，双手在腹前合拢于袖中，衣长曳地，下摆为喇叭口造型，露两足尖。跽坐俑（图4-64），双包山2号汉墓出土，发式为椎髻，服装为交领右衽深衣，三重领，双手拱于腹前，袖口堆积褶皱。

图4-59

图4-60

图4-61

图4-62

图4-63

图4-64

图4-59 彩绘木立俑
湖南长沙马王堆1号汉墓出土

图4-60 彩绘抚瑟女俑
江苏徐州驮篮山西汉楚王墓出土

图4-61 长信宫灯
河北保定满城汉墓出土

图4-62 陶人俑
四川绵阳双包山1号汉墓出土

图4-63 拱立木人俑
四川绵阳双包山2号汉墓出土

图4-64 跽坐俑
四川绵阳双包山2号汉墓出土

舞服、甲衣及玉衣

秦汉时期舞乐表演艺术有较大进步，出现专职表演的歌舞艺人，以供贵族阶层观赏。考古出土多例汉代舞人俑，显示出舞乐表演的流行盛况。《韩非子·五蠹》载：“鄙谚曰‘长袖善舞，多财善贾’”，战国时期已有长袖舞蹈，汉代长袖折腰舞在贵族生活中更为流行。汉代宫廷舞女以善跳长袖舞著称，长袖是将平常衣袖接出一截，加装窄而长的假袖来增加舞蹈的美感。汉代宫廷舞女的长袖舞衣，常缀缀金银珠花、玳瑁、羽毛和玉石等装饰，面料质地轻薄华丽，服装式样奇巧多变。

汉代不仅宫廷有专职舞伎，贵族公卿与富商家宅也多蓄歌童舞女。《盐铁论·散不足》载：“今富者钟鼓五乐，歌儿数曹。中者，鸣竽调瑟，郑舞赵讴。”汉代流行长袖舞，舞者宽衣长袖，腰如束素，加长的衣袖随舞姿飞动摇曳，展示出舞者婀娜多姿的表演形象，反映出汉代崇尚浪漫的审美观念和社会风尚。

汉代彩绘陶舞伎俑（图4-65），中国国家博物馆藏，呈站立状，长袖舞姿。人俑头部顶发中分，拢于后颈，结为发髻；身穿交领右衽深衣，三重领，褶袖袖口有加长舞袖，领、袖均有宽缘，衣长曳地，表现出汉代舞衣的艺术特色。

彩绘舞伎俑（图4-66），驮篮山西汉楚王墓出土，徐州博物馆藏，俑高45厘米，呈舞蹈姿势。舞女俑头发中分，拢于脑后为椎髻，身穿交领右衽绕襟深衣，衣身紧窄合体，衣长曳地。舞衣衣袖为加长两层衣袖，展示出翘袖折腰舞的优美舞姿。

彩绘舞蹈俑（图4-67），咸阳汉阳陵出土，西安汉阳陵博物馆藏，高55厘米，呈舞蹈姿势。人俑发式前额中分，后颈有垂髻，髻下垂髾，身穿交领右衽深衣，曲裾束腰，衣身紧窄合体，衣长曳地，造型生动传神，展示出汉代宫廷歌舞伎的服饰形象。

彩绘舞蹈陶俑（图4-68），驮篮山西汉楚王墓出土，徐州博物馆藏，呈长袖舞蹈姿势，顶发中分，拢为椎髻，身穿交领右衽绕襟深衣，衣身紧窄合体，衣长曳地，舞衣衣袖加长，再现了汉代宫廷舞伎服饰形态。

玉舞人（图4-69），广州西汉南越王博物馆藏，高3.5厘米，为圆雕舞人像。舞人一手抛袖上扬，一手身后甩袖，呈长袖折腰舞蹈姿

图4-65

图4-66

图4-67

图4-65　汉代彩绘陶舞伎俑
中国国家博物馆藏

图4-66　彩绘舞伎俑
江苏徐州驮篮山西汉楚王墓出土

图4-67　彩绘舞蹈俑
陕西咸阳汉阳陵出土

图4-68

图4-69

图4-68　舞蹈陶俑
江苏徐州驮篮山西汉楚王墓出土

图4-69　玉舞人
广州西汉南越王墓出土

势。舞人头发拢于脑后一侧，结为椎髻，身穿交领右衽曲裾深衣，腰间束带，衣长曳地。人俑造型生动，为越女跳楚舞的形象。

一对白玉舞人佩（图4-70），西汉梁国王僖山1号墓出土，河南博物院藏，高4.6厘米，呈舞蹈姿势。舞人身穿交领右衽深衣，衣袖加长，衣摆曳地，为翘袖折腰舞姿，富有动感。舞人服饰形态，以细阴线雕琢，线条简洁，以卷云纹装饰，风格写实。

一对连体玉舞人（图4-71），西安汉杜陵出土，舞人头顶挽高髻，身穿交领右衽深衣，曲裾绕襟，衣袖加长，衣长曳地，下摆外撇，下缘裁剪为大小不同的尖角，上广下狭，形若燕尾，为汉代女子袿衣形象。

说唱俑为汉代以乐舞谐戏为业的俳优之人，《韩非子·难三》载："士之用不在近远，而优俳侏儒固人主之所与燕也，则近优而远士而以为治，非其难者也。"俳优通常为上身袒裸、体形粗短、形象滑稽的侏儒，随侍主人左右，以调谑滑稽的表演，供主人取乐。

说唱俑镇（图4-72），满城汉墓出土，河北博物院藏，用以系压帷帐或席角之用镇，具有实用和辟邪祛恶的作用。呈说唱姿势的俳优俑，盘腿而坐，头部梳高髻，戴帻，身披错金锦纹衣，袒胸露腹，下穿宽口短袴，造型生动，展现出汉代俳优艺人的服饰特色。

东汉陶说唱俑（图4-73），四川博物院藏，高66.5厘米，呈站立状，泥质灰陶材质。人俑头顶挽结发髻，双目微闭，张嘴吐舌，两臂上耸，左手执鼓，右手执槌。人俑上身赤裸，左臂戴环形臂钏，下身着宽口袴，袴腰低垂，露出鼓腹，形象滑稽生动，为汉代说唱表演的俳优形象。

汉代相扑俑浮雕砖（图4-74），陕西历史博物馆藏，相扑俑浮雕砖，人俑怒目圆睁，双拳紧握，呈站立状。人俑上身赤裸，腰胯间着短裤，光腿赤足，体格彪悍，反映出汉代相扑勇士的服饰形象。

相扑古时称为角抵，秦汉时期民间角抵活动非常盛行。《汉书·刑法志》载："春秋之后，灭弱吞小，并为战国，稍增讲武之礼，以为戏乐，用相夸视，而秦更名角抵。"秦兼并六国后，罢讲武息兵事，尚武的民风常在角抵活动得以宣泄，角抵成为具有表演性质的争斗相搏戏目，成为民间百姓喜闻乐见的表演项目。

铁铠甲（图4-75），河北满城刘胜墓主室出土，原铁甲捆卷存放，考古出土时铁甲已经锈成一团。文物修复将铁甲逐渐剥开，根据残存痕迹复原完成铁甲样式。铁甲在胸前开襟，两侧护臂呈圆筒状，为筒袖铠。整副铠甲甲片较小，排列紧密，相邻叠压，称为鱼鳞甲。秦汉之前，铠甲材质主要为皮革，汉代开始逐渐流行铁甲，颜色以黑为主，称为玄甲。跽坐甲胄陶俑（图4-76），江苏徐州狮子山楚王墓出土，出土时位于狮子山西汉楚王陵兵马坑内，人俑头部戴帽盔，身穿袍服，外罩短袖齐膝甲胄，为汉代戴甲士兵形象。

金缕玉衣（图4-77），河北满城陵山1号汉墓出土，河北博物院藏，长188厘米，用金丝将玉片编缀而成，共用不同形状玉片2498片。玉衣由头部、上衣、裤筒、手套和鞋五部分组成，上衣呈绿色，下身为灰白和淡黄色，外观和人体形状相同，为中山靖王刘胜的葬服。汉代贵族认为“金玉在九窍，则死人为之不朽”，故以玉随葬。周代已有缀玉面罩和缀玉葬衣，汉代出现金缕玉衣，是用玉量最大并且规格最高的葬服。玉衣又称玉柙，根据连缀玉片丝缕的不同材质，有金缕、银缕、铜缕和丝缕，丝缕玉衣（图4-78），广州西汉南越王墓出土。西汉皇帝和王侯主要使用金缕玉衣，

图4-70 白玉舞人佩
河南永城芒砀山西汉梁国王僖山1号墓出土

图4-71 连体玉舞人（正背面）
陕西西安三兆村汉杜陵出土

图4-72 铜说唱俑镇
河北保定满城汉墓出土

图4-73 说唱俑
四川郫县宋家林砖室墓出土

图4-74 相扑俑浮雕砖
陕西历史博物馆藏

图4-75 铁铠甲（复制品）
河北满城陵山1号汉墓出土

图4-76 跽坐甲胄陶俑
江苏徐州狮子山楚王墓出土

图4-77 金缕玉衣
河北满城陵山1号汉墓出土

图4-78 丝缕玉衣
广州南越王墓出土

图4-70

图4-71

图4-72

图4-73 图4-74

图4-75

图4-76

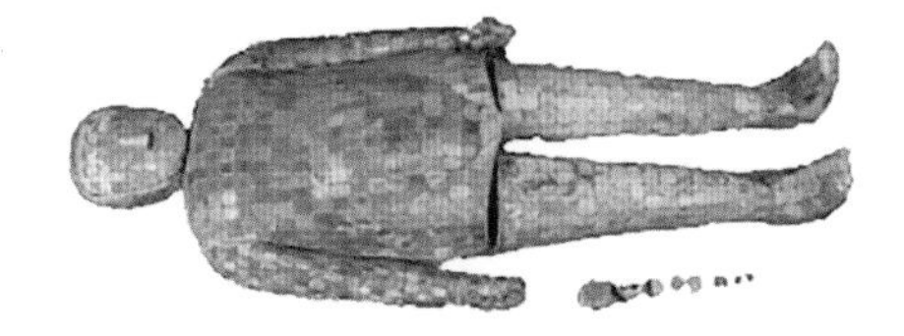

图4-77

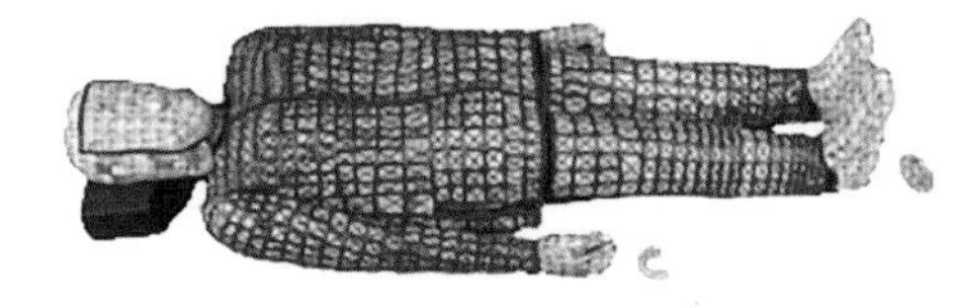

图4-78

东汉确立使用玉衣严格的等级制度。据《后汉书·礼仪志》记载，东汉皇帝玉衣用金缕，诸侯王、列侯等用银缕，大贵人、长公主用铜缕。曹魏文帝曹丕鉴于“汉氏诸陵无不发掘，至乃烧取玉匣金缕，骸骨并尽”，下令禁止使用玉衣，玉衣从此退出我国古代服饰舞台。

织物与配饰

汉代丝织和刺绣技艺进一步发展，东汉王充《论衡·程材篇》有：“齐部世刺绣，恒女无不能。襄邑俗织锦，钝妇无不巧。”东晋左思《魏都赋》有：“锦绣襄邑，罗绮朝歌，锦纩房子，缣总清河”，汉代齐郡和襄邑等地，织锦刺绣业尤为繁盛。汉代贵族服饰材质以锦、绢、罗纱、绮为主，其中汉锦色彩缤纷、纹样复杂，为汉代织物工艺最高水平的代表。汉代织物多以云纹、卷草和瑞兽为装饰纹样，其中云纹气势遒劲，强调动态飘逸的线性美感，艺术特色比较突出。卷曲回转的云气纹饰与茱萸、蔓草等植物纹相结合，形成汉式图案的显著特点。汉代都城长安设织室，管理纺、织、染手工业。汉代丝织品花纹绮丽、种类丰富，丝织物远销海外，开辟了举世闻名的丝绸之路。

刺绣在织物上运针刺缀，以绣迹构成纹样，在我国有着悠久的历史。长沙马王堆为代表的汉代遗存出土有精美的绣品，制作精细，色彩丰富，花纹构思巧妙，表明汉代刺绣已经达到极高的水平。《范子计然书》卷下载：“能绣细文出齐，上价匹二万，中万，下五千”，汉代齐地生产工艺高档的“绣细文”刺绣品，价值达到二万钱，在当时也是非常昂贵奢侈的刺绣面料。汉代刺绣织物纹样，多以单色的绢、纱、绮、罗等丝绸为地，用各色丝线和锁绣针法绣制而成，主要有信期绣、长寿绣、乘云绣、茱萸纹绣、树纹铺绒绣、桃花纹绣、方棋纹绣、云纹绣、贴羽绣等品种。

江苏铜山洪楼纺织画像石拓片（图4-79），中国国家博物馆藏，表现汉代纺织生产的场景。纺织画像中右侧织工以络车调丝，中间织工以纬车摇纬纺纱，左侧织工以织机织布，分工明确，工序井然有序，展示出纺织生产中各类纺织工具的应用。汉代织布机的出现和应用，极大地促进了织绣工艺的进步。

刺绣残片（图4-80），河北怀安县五鹿充墓出土，残片上显示有奔兽、凤鸟、狩猎和人物等纹饰，绸本辫绣，赋染朱色，为汉代刺绣珍品。汉代红绢地长寿绣残片（图4-81），中国丝绸博物馆藏，显示出汉代刺绣纹饰内容表现较抽象化，而魏晋以后的图案风格则偏向写实。

绢地长寿绣残片（图4-82），湖南长沙马王堆1号汉墓出土，残长12厘米，宽31厘米，以绢为底，用浅棕红、橄榄绿、紫灰、土黄、深绿等丝线，在绢地上绣出变形云纹，云彩间露出侧面龙纹像，点缀花蕾、枝叶及如意等抽象图案。汉代传说龙能引导人们成仙，使人长生不老，寓意“长寿”，长寿绣因此得名，长寿绣运线粗犷，气势磅礴，为汉代刺绣纹样的经典代表。

信期绣残片（图4-83），湖南长沙马王堆1号汉墓出土，纹饰为写意燕纹，用卷枝花草纹和穗状流云纹点缀。燕是定期南迁北归的候鸟，信期归来，信期绣因此得名。信期绣图案纹样单元较小，线条灵动，运线细密，做工精巧。黄褐色对鸟菱纹绮地乘云绣残片（图4-84），湖南长沙马王堆1号汉墓出土，长39厘米，宽34厘米。绣品以绮作绣地，有纵向连续的菱纹与对鸟纹交替分布。对鸟在云气之中，瑞草花卉枝叶蔓生，菱形纹连续紧扣，纹样线条配置匀称，画面生动活泼。

黄棕绢地乘云绣残片（图4-85），湖南长沙马王堆1号汉墓出土，长42厘米，宽38厘米，用朱红、棕红、橄榄绿等丝线，采用锁绣法，在黄棕绢地上绣飞卷如意流云纹，云气中点缀凤鸟纹，寓意凤鸟乘云。乘云纹布局匀称、流转生韵，为汉代丝织物的典型图案。绢地茱萸纹绣残片（图4-86），湖南长沙马王堆

图4-79

图4-80

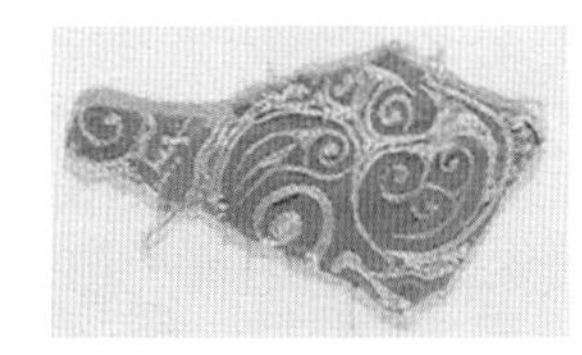
图4-81

图4-82

图4-83

图4-84

图4-85

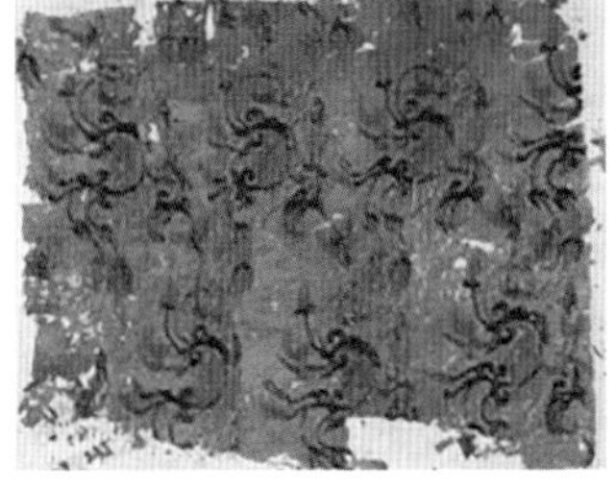
图4-86

图4-79 纺织画像石拓片
中国国家博物馆藏

图4-80 刺绣残片
河北怀安县五鹿充墓出土

图4-81 红绢地长寿绣残片
中国丝绸博物馆藏

图4-82 绢地长寿绣残片
湖南长沙马王堆1号汉墓出土

图4-83 信期绣残片
湖南长沙马王堆1号汉墓出土

图4-84 黄褐色对鸟菱纹绮地乘云绣残片
湖南长沙马王堆1号汉墓出土

图4-85 黄棕绢地乘云绣残片
湖南长沙马王堆1号汉墓出土

图4-86 绢地茱萸纹绣残片
湖南长沙马王堆1号汉墓出土

1号汉墓出土，长34厘米，宽35厘米，用朱红和土黄色丝线，在绢上绣茱萸花纹。刺绣图案由茱萸花、卷草纹和云纹等纹样组成。古人认为茱萸是吉祥花，佩上茱萸可辟邪去灾，汉代茱萸纹成为寓意吉祥的图案。

绢地铺绒绣残片（图4-87），湖南长沙马王堆1号汉墓出土，长41厘米，宽13厘米。织物用朱红、黑、烟三色丝线在褐色绢上绣斜方格纹，格内绣树纹，平针满绣。这件绢地铺绒绣残片是我国迄今所见最早的平绣织物。绒圈锦残片（图4-88），湖南长沙马王堆1号汉墓出土，残长40厘米，宽30厘米。绒圈锦，又称起绒锦，为经线提花起绒圈的经四重组织，花型层次分明，纹样立体。绒圈锦结构复杂，织造工艺高超，是汉代织锦工艺的创新产品。

东汉“延年益寿大宜子孙”锦鸡鸣枕（图4-89），新疆民丰尼雅遗址出土，长50厘米，宽13厘米，高9厘米，织有“延年益寿大宜子孙”字样，搭配祥云瑞草图案，是中原汉文化与西域民族艺术融合的织物代表。枕由“延年益寿大宜子孙”锦缝缀，中部为鸡身，两端各有一鸡首。鸡首相背，缝制出尖嘴、圆眼，鸡冠、细颈等细节。眼部由三层圆绢片叠放而成，冠作锯齿状，枕芯为植物茎秆。鸡鸣枕在我国古代为吉祥之物，《韩诗外传》有：“君独不见夫鸡乎？头戴冠者，文也；足傅距者，武也；敌在前敢斗者，勇也；见食相呼者，仁也；守夜不失时者，信也。”

“五星出东方利中国”织锦护膊（图4-90），新疆维吾尔自治区博物馆藏，织锦饰云气纹，其间绣有禽鸟、独角翼兽、虎、羽人等纹饰，并有汉隶书“五星出东方利中国”字样，整体织锦纹饰有汉韵胡风的时代气息。同墓还出土有“讨南羌”文字饰织锦，两块织锦可拼合为完整的对称构图，组合成文字“五星出东方利中国讨南羌”。《史记・天官书》载：“五星分天之中，积于东方，中国利”。文字饰锦表达吉祥天象的寓意。

罗质手套，湖南长沙马王堆1号汉墓出土，出土时置于妆奁的内盒中。朱色菱纹罗手套（图4-91），长24.8厘米，为直筒露指式手套。手套掌面为朱红色菱纹罗，指部和腕部均用素绢缝合成筒状，折为两层，掌部上下两侧饰有千金绦。素罗千金绦手套（图4-92），为直筒露指式，掌面用素罗，指部、腕部为素绢。掌面上下两侧各饰有丝线编织的彩色丝带绦，绦面中饰篆体“千金”字样。信期绣千金绦手套（图4-93），长26.5厘米，直筒露指样式。手套掌面为罗地信期绣，指部和腕部用绢，信期绣掌面两端饰篆书千金绦。绦是用丝线编织成图案和文字纹样，常用作装饰丝带。信期绣为汉代贵族阶层中流行的高等级绣品，千金绦装饰手套工艺精细，品质奢华。

东汉“延年益寿大宜子孙”锦袜（图4-94），新疆民丰尼雅遗址出土，中国国家博物馆藏，长37厘米，宽24厘米。织锦以经线提花织成瑞兽纹，经线以褐、黄、蓝三色显现图案，纹饰为隶书“延年益寿大宜子孙”字样，纹路细腻。锦面经纬线循环交错，提花繁多，制作工序复杂，判断由提花机织成，这在当时是非常先进的纺织工具，表明两汉以来织绣工艺已经日趋成熟。

“延年益寿大宜子孙”锦图案丰富，色彩艳丽，瑞兽纹流畅并富有动感，花样纹饰具有明显的汉代艺术特色。汉代丝织品中常见云气纹、动物纹、花卉纹、吉祥文字等纹样，图案

图4-87 绢地铺绒绣残片
湖南长沙马王堆1号汉墓出土

图4-88 绒圈锦残片
湖南长沙马王堆1号汉墓出土

图4-89 “延年益寿大宜子孙”锦鸡鸣枕
新疆民丰尼雅遗址出土

图4-90 织锦护膊
新疆民丰尼雅遗址出土

图4-91 菱纹罗手套
湖南长沙马王堆1号汉墓出土

图4-92 素罗千金绦手套
湖南长沙马王堆1号汉墓出土

图4-93 信期绣千金绦手套
湖南长沙马王堆1号汉墓出土

图4-94 “延年益寿大宜子孙”锦袜
新疆民丰尼雅遗址出土

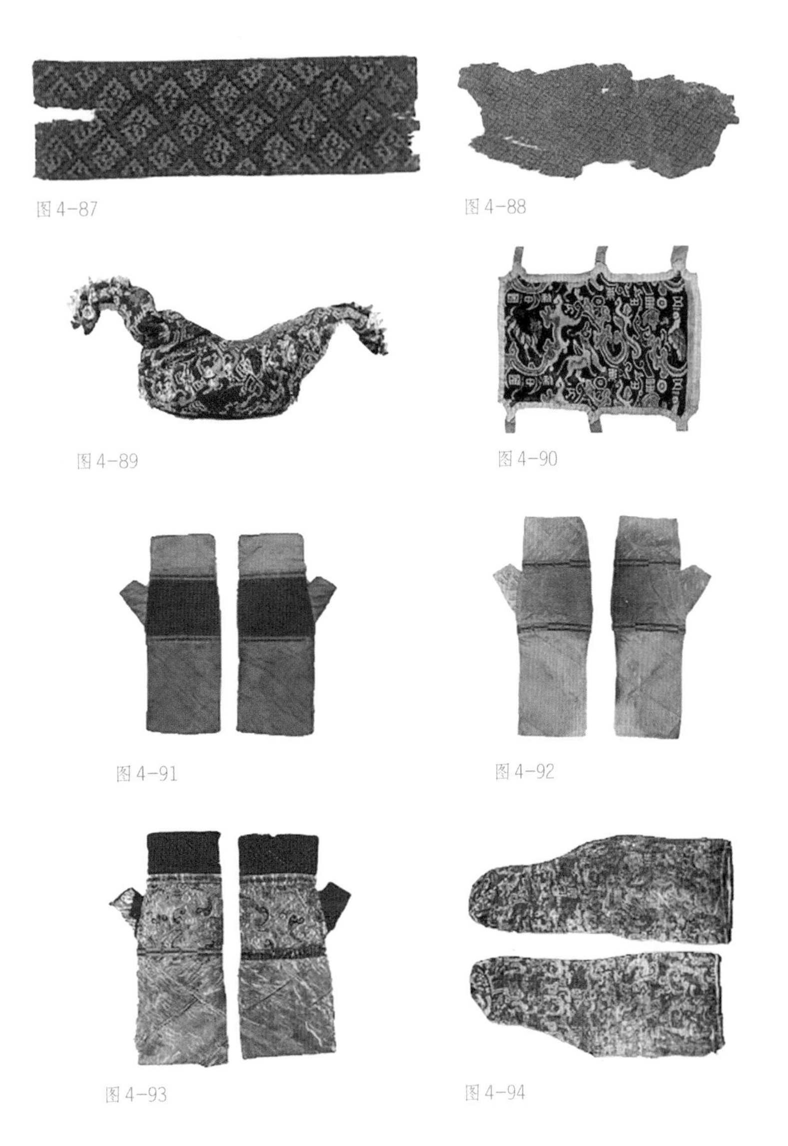
图4-87 图4-88 图4-89 图4-90 图4-91 图4-92 图4-93 图4-94

类型多样，取材于云彩鸟兽、狩猎骑射或者神话传说等，反映出汉代人民的审美追求。

绛紫绢袜（图4-95），湖南长沙马王堆1号墓出土，底长23厘米，口宽10厘米。袜在古代又称足衣，写成袜、韈或韤，《释名·释衣服》称：“袜，末也，在脚末也。”《左传·哀公二十五年》载：“褚师声子韤而登席。”《韩非子·外储说左下》载：“文王伐崇，至凤黄虚，韤系解，因自结。”《说文·韦部》称：“韤，足衣也”。马王堆1号墓329号竹笥内出土两双相同的袜子，袜底无缝，后腰处开口，附有袜带系结，袜面与袜筒由绛紫细绢缝制，系带以素纱制成，用料考究，工艺精细。

丝履（图4-96），湖南长沙马王堆1号墓出土，长26厘米，宽7厘米，为翘头平底式履。《孔雀东南飞》有“足下蹑丝履，头上玳瑁光”“揽裙脱丝履，举身赴清池”等诗句。履面以丝缕编织，底用麻线编成，轻便实用，男女通用，为汉代常见的丝履样式。

绛紫绢单裙（图4-97），湖南长沙马王堆

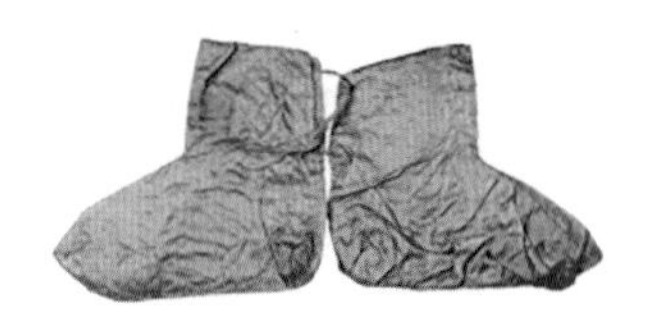
图4-95

图4-96

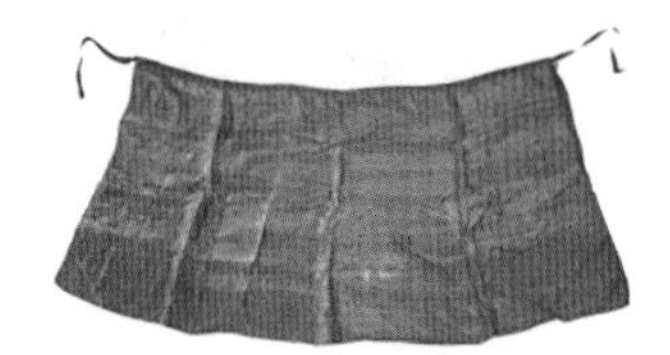
图4-97

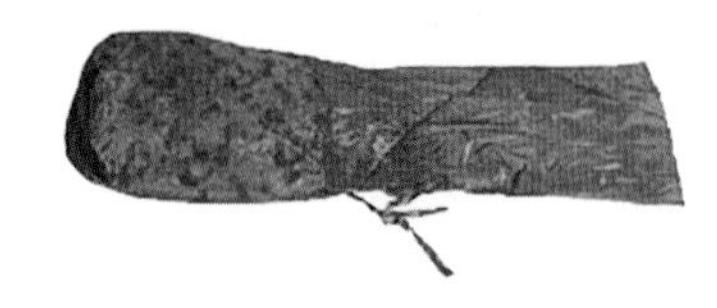
图4-98

图4-95　绛紫绢袜
湖南长沙马王堆1号汉墓出土

图4-96　丝履
湖南长沙马王堆1号汉墓出土

图4-97　绛紫绢单裙
湖南长沙马王堆1号汉墓出土

图4-98　香囊
湖南长沙马王堆1号汉墓出土

1号墓出土，裙长87厘米，腰宽143厘米，是穿在外衣里面的内衣衬裙。裙在古代称裳或常，下身穿用，又称下裳，为缠裹型的下装裙，通常与上衣配套。《易·系辞下》载："黄帝尧舜，垂衣裳而天下治。"下装着裳，一般比较宽大，缠绕于腰间。这件绛紫绢裙由四幅上窄下宽的绢缝制而成，上部加缝裙腰，裙腰两端加长作裙带，为汉代围裳的常见样式。

绮地"信期绣"香囊（图4-98），湖南长沙马王堆1号墓出土，长50厘米，底径13厘米，是汉代贵族随身佩戴的香袋。香囊上部为素绢，下部由黄色绮地"信期绣"面料缝制，底为几何纹绒圈锦，腰有系带，内装茅香。汉代有"昼配香囊，夜用香枕"的习俗，人们将香料装入香囊内，避邪驱虫，祛恶避秽。马王堆汉墓出土多例香囊，内盛茅香、艾叶、辛夷、香草、佩兰等香料，既香气扑鼻，又可驱虫避邪。屈原《九歌·山鬼》有"折芳馨兮遗所思"诗句，佩戴香囊在汉代社会生活中比较普遍。

梳又称为栉，齿疏者为梳，齿密者为篦。汉代女子插梳篦于发髻中，兼具实用性和装饰性功能。漆绘乐舞纹梳篦（图4-99），湖北江陵凤凰山53号汉墓出土，左侧篦背上绘角抵表演场面，帷幕下有二人跨步伸臂相搏，左一人平伸双手，似为裁判。三人均身穿角抵服装，赤裸上身，腰束长带，着短裤，足穿翘首鞋。右侧梳背绘歌舞图像，中间一女子，头部挽髻，着紧窄长袖舞衣，束腰绕襟，衣长曳地，婆娑起舞；左边一男子为伴唱者，右边一男子作教习状，气氛热烈，场景生动。

黄杨木梳和木篦（图4-100），马王堆1号辛追墓出土，湖南省博物馆藏，梳篦尺寸规格基本相同，约长8.5厘米、宽5厘米，梳有齿19根，篦齿74根，梳篦呈上圆下方的马蹄形，梳篦出自辛追墓的单层五子奁内。《说文》中称："栉，梳、篦总名也。"《释名》称："梳，言其齿疏也；篦，言其齿细相比也。"梳、篦有玉制、木制或竹制，黄杨木多为制梳篦首选，《本草纲目》载："其木坚腻，作梳剜印最良。"梳篦也有用名贵物料，如金、银、象牙、玳瑁等制作。

玳瑁梳篦（图4-101），马王堆2号轪侯墓出土，湖南省博物馆藏，梳篦尺寸规格基本相同，长约8.5厘米，宽约5.2厘米，梳有20齿，篦有59齿，呈黑褐色马蹄形。玳瑁为制梳篦的名贵材料，《孔雀东南飞》中有“足下蹑丝履，头上玳瑁光”的诗句。汉代不论男女，梳篦均为必备之物，汉代人们认为“身体发肤，受之父母”，要随时整理仪容，以表恭谨的礼节。

镂空云凤纹白玉笄（图4-102），满城汉墓出土，河北省博物馆藏，笄首透雕凤鸟卷云纹，笄身线雕卷云纹，笄末端刻鱼首，有圆孔。玉笄花纹精美，线条流畅，琢磨精细，为汉代高级别的玉笄发饰。汉代戴笄装饰发髻普遍流行，《后汉书·舆服志》载：“皇后谒庙服……假结、步摇、簪珥。步摇以黄金为山题，贯白珠为桂枝相谬，一爵九华，熊、虎、赤罴、天鹿、辟邪、南山丰大特六兽，《诗》所谓‘副笄六珈’者。”周代已有副笄六珈装饰，是女子盛装形象。《诗·鄘风·君子偕老》有：“君子偕老，副笄六珈。”汉代副笄六珈已经成为服舆礼制的体系内容。《毛诗传》称：“副者，后夫人之首饰，编发为之。笄，衡笄也。珈，笄饰之最盛者，所以别尊卑。”河南新密市打虎亭汉墓壁画中有戴笄女子画像（图4-103），画面中女子在发髻上依次排插多只发笄。汉代贵族女子在发髻中装饰多只簪钗，显示身份和地位的尊贵。《周礼·天官·追师》中汉郑玄注：“王后之衡笄皆以玉为之”，此外笄簪还有玳瑁、金银、象牙、骨角、竹木等多种材质，笄簪材质的优劣，也是身份高低的象征。

玉舞人玛瑙水晶珠串饰（图4-104），河

图4-99

图4-100

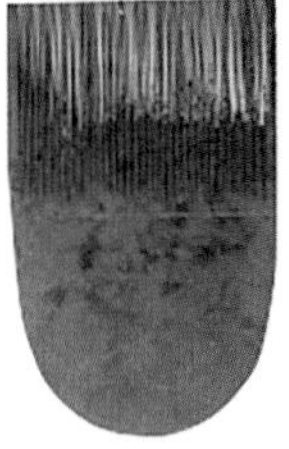

图4-101

图4-102

图4-103

图4-104

图4-99　漆绘乐舞纹梳篦
湖北江陵凤凰山53号汉墓出土

图4-100　黄杨木梳篦和木篦
湖南长沙马王堆1号汉墓出土

图4-101　玳瑁梳篦
湖南长沙马王堆2号汉墓出土

图4-102　镂空云凤纹白玉笄
河北满城汉墓出土

图4-103　戴笄女子画像
河南新密市打虎亭汉墓甬道壁画

图4-104　玉舞人玛瑙水晶珠串饰
河北满城窦绾墓出土

北满城王后窦绾墓出土，由玛瑙珠、水晶珠、玉舞人佩、瓶形玉饰和石珠等配件穿缀组合而成，出于佩戴于窦绾玉衣内胸部。玉舞人佩件高2.5厘米，两面纹饰相同，透雕。舞人身穿交领右衽深衣，长袖折腰舞姿，以细阴线刻饰舞衣纹饰。玛瑙珠与水晶珠交错排列，色彩和谐，为汉代贵族女子的奢华佩饰。

汉代贵族腰间佩绶，绶为官印或玉佩上的绦带，也称为印绶。印绶是汉代官阶和身份的象征，不同官阶的印绶在色彩、材料、规格及制作工艺上都有明显区别。官员一般将官印置于鞶囊中，绶带垂坠在腰侧表明身份。《后汉书·舆服志》载："韨佩既废，秦乃以采组连结于璲，光明章表，转相结受，故谓之绶。汉承秦制，用而弗改，故加之以双印佩刀之饰。"陕西靖边杨桥畔新莽墓壁画中有佩绶持笏跪拜的吏使形象（图4–105），山东嘉祥汉代画像石中也有戴进贤冠佩绶持笏的文吏画像（图4–106）。长沙马王堆汉墓出土墓主人辛追的印与印绶（图4–107），连云港海州双龙村汉墓出土了系有皮绶的墓主人凌惠平印（图4–108）。

汉代带钩长度多在一寸半至六寸之间，是男子服装配饰中的重要内容，也是男子身份和地位的象征。汉代带钩造型和工艺上都达到了极高的水平，设计和制作十分精美。透雕龙虎合体玉带钩（图4–109），广州西汉南越王博物馆藏，玉色青白，质地莹润，构思巧妙。带钩钩首为虎头造型，钩尾为龙首形，龙虎并连，共争一环。带钩是汉代男子腰带扣合用具，兼有装饰性和实用性功能，这件玉带钩造型精美、工艺精细为汉代男子带钩配件的上乘之作。

金钩扣龙形玉佩带钩（图4–110），广州西汉南越王博物馆藏，由青玉雕刻的玉龙和金

图4–105

图4–106

图4–107

图4–108

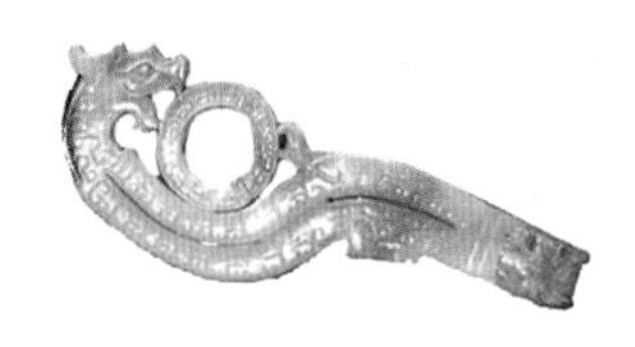

图4–109

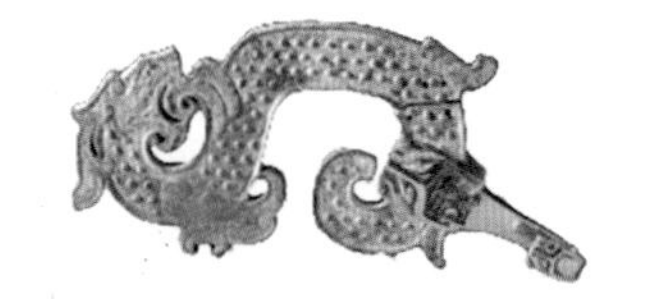

图4–110

图4–105　佩绶持笏跪拜吏使
陕西靖边杨桥畔新莽墓壁画

图4–106　戴冠佩绶持笏的文吏
山东嘉祥汉代画像石

图4–107　辛追印与印绶
湖南长沙马王堆汉墓出土

图4–108　凌惠平印与皮绶
江苏连云港海州双龙村汉墓出土

图4–109　龙虎合体玉带钩
广州南越王墓出土

图4–110　金钩扣龙形玉佩带钩
广州南越王墓出土

质虎头带钩组合而成，设计巧妙。玉龙身体弯曲，回首张口，衔住背鳍，尾部回卷，通体装饰谷纹。金带钩的钩尾和钩首均作虎头形。钩尾虎头双眉上扬，额顶铸汉字“王”。金钩扣龙形玉佩带钩工艺精湛，刻绘细腻，为汉代带钩的经典之作。

水禽形金带钩（图4-111）、鱼龙形金带钩（图4-112）和鹅首形金带钩（图4-113），江苏徐州楚王墓出土，长度均约3厘米，工艺精湛。汉代有“满堂之坐，视钩各异”的用钩盛况，带钩是汉代男子象征身份地位的显著标志。

玉韘佩（图4-114），广州南越王墓出土，长4.3厘米，宽3.6厘米，青玉质，两侧为云纹装饰，出土时位于墓主左腿外侧。韘形玉佩（图4-115），徐州北洞山楚王墓出土，长5.6厘米，宽4.2厘米，呈青黄色，表面雕饰龙凤纹，中部以细阴线刻饰勾连云纹。

韘形玉佩由玉韘演化而来。韘为古代人们射箭时套在拇指上钩弦的工具，商周时期已经出现，以实用功能为主。汉代韘由实用性为主的服装配件，转化为装饰性的佩饰，玉韘两边开始出现装饰纹样，成为汉代男子佩戴的常见佩饰。

透雕龙凤纹重环玉佩（图4-116），广州西汉南越王博物馆藏，直径约10厘米，青白玉雕成，土沁呈黄白色，出土时置于墓主玉衣头罩之上，是墓主生前佩戴的玉佩。玉佩有内外双环，内环有游龙居中，前后爪伸至环外，外环有凤鸟立于龙前爪之上，扭头回望，凤冠和尾羽延成卷云纹。龙凤玉佩构图主次分明，寓意吉祥，阴阳相调，表现了汉代贵族的审美观念。凤纹牌形玉佩（图4-117），广州西汉南越王博物馆藏，长14厘米，青玉质，扁平状双面透雕，出土时位于南越王玉衣头罩左侧。玉佩正中有长方框，上部装饰卷云纹，下部有高冠卷尾凤鸟。框内透雕凤鸟纹，右侧有凤鸟双足踩璧，长尾下垂，左侧透雕璎珞一串，其上饰鸟纹。玉佩方框下端原已断裂，有两金桥连接，刻绘卷云纹装饰，整体工艺精湛，造型奢华，金玉结合，为汉代贵族非常奢

图4-111　水禽形金带钩
江苏徐州楚王墓出土

图4-112　鱼龙形金带钩
江苏徐州楚王墓出土

图4-113　鹅首形金带钩
江苏徐州楚王墓出土

图4-114　玉韘佩
广州南越王墓出土

图4-115　韘形玉佩
江苏徐州北洞山楚王墓出土

图4-116　龙凤纹重环玉佩
广州西汉南越王墓出土

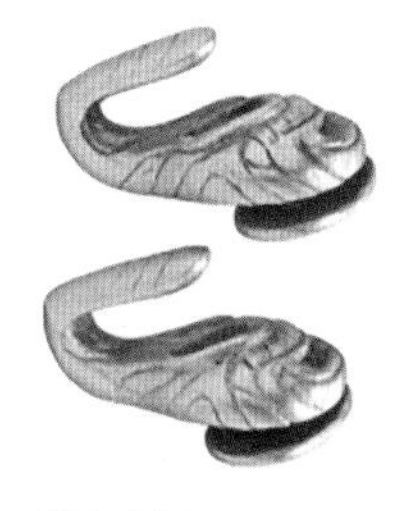

图4-111

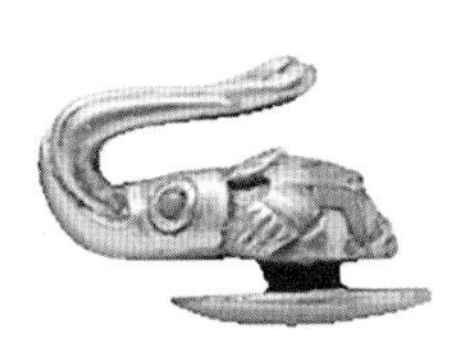
图4-112

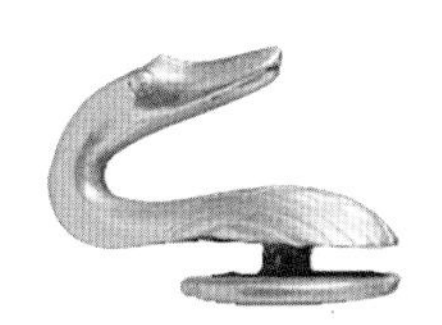
图4-113

图4-114

图4-115

图4-116

华的装饰玉佩。龙形玉佩在春秋战国时期比较流行，汉代随着玉衣的出现，玉佩数量有所减少。双龙形玉佩（图4-118），狮子山楚王墓出土，为蟠曲对称的双龙纹，造型典雅。龙凤纹玉环（图4-119），徐州石桥石灰厂汉墓出土，呈黄白色，透雕玉佩，玉环由三条虺龙盘绕而成，环内透雕有熊、凤鸟和卷云纹，线条流畅，工艺细致。这四件龙形玉佩均为汉代玉质饰品中的精品。

广州西汉南越王墓随葬有四位夫人，右夫人的地位最高，考古出土的右夫人玉组佩较为精美（图4-120）。右夫人玉组佩由七件玉饰组合而成，自上而下依次为玉环、玉舞人、玉璜、玉管。小玉环双面透雕龙纹，大玉环双面透雕两龙两兽纹，玉舞人为长袖折腰舞女形象，玉璜为二龙合体纹饰，两件玉管为中空。整组玉佩浑然一体，构图精致，为汉代极为珍贵的玉组佩。

玉组佩（图4-121），广州西汉南越王博物馆藏，长60厘米，出土时覆盖于玉衣之上。玉组佩由32个配件组成，包括双凤涡纹璧、透雕龙凤涡纹璧、犀形璜、双龙蒲纹璜排列组合，再辅以玉人、玉珠、玻璃珠、煤精珠、金珠等小配件，形成一套排列有序、主次分明、奢华绮丽的华美佩饰。

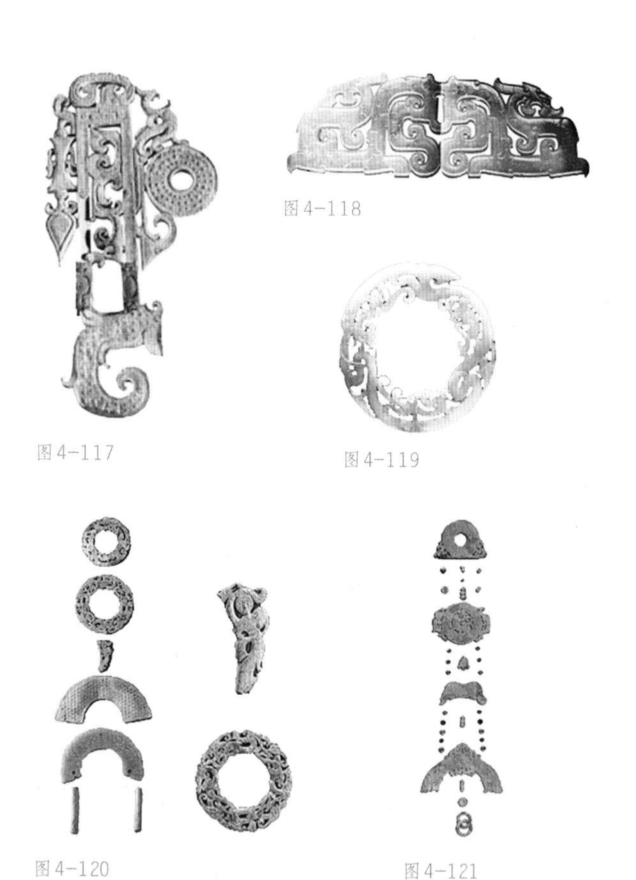
图4-117
图4-118
图4-119
图4-120
图4-121

图4-117　凤纹牌形玉佩
广州西汉南越王墓出土

图4-118　双龙形玉佩
江苏徐州狮子山楚王墓出土

图4-119　龙凤纹玉环
江苏徐州石桥石灰厂汉墓出土

图4-120　右夫人玉组佩
广州西汉南越王墓出土

图4-121　玉组佩
广州西汉南越王墓出土

伍

魏晋南北朝的服饰新风尚

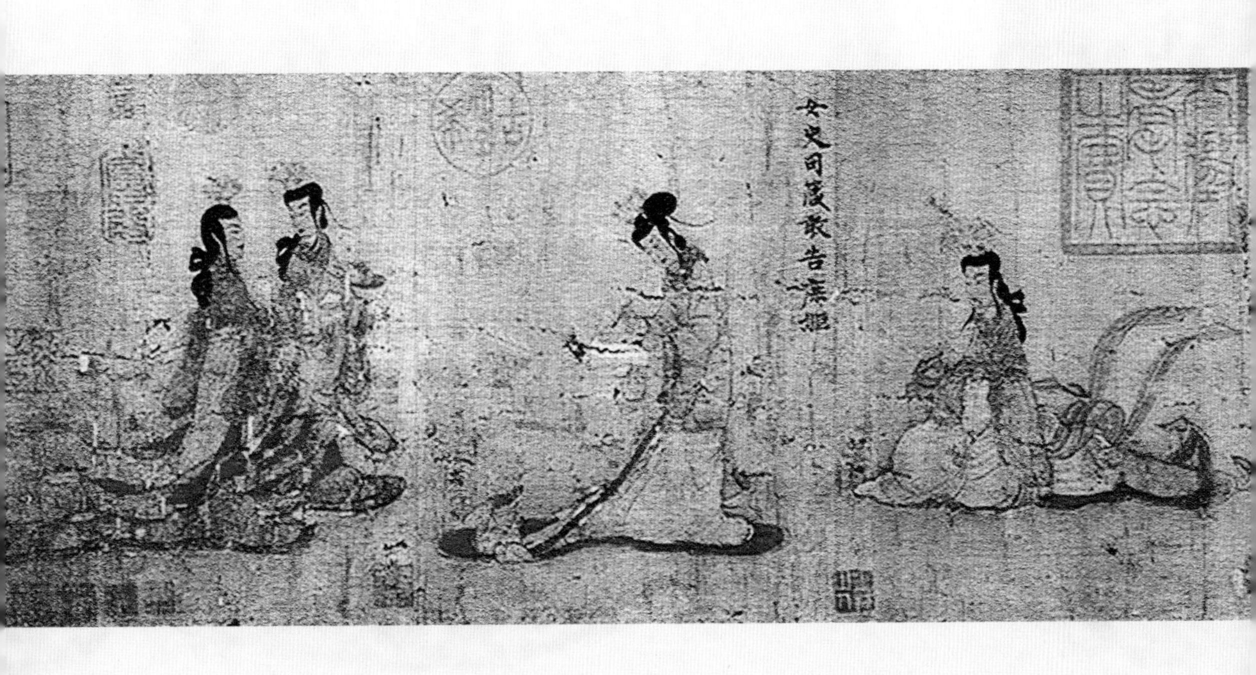

魏晋南北朝首服

魏晋南北朝——公元220年至公元581年。这一时期战争频起、社会动荡、政权更迭，汉代冠服礼制难以维持。随着民族交流与融合，中原地区服饰状态也有很大的改变，褒衣博带成为社会着装风气。男子戴巾成为流行风尚，有幅巾、缣巾和纶巾等多种类型。魏晋有官职的男子戴小冠，冠外加漆纱帽，称为漆纱笼冠。魏文帝曹丕制定九品官位制度，规定“以紫绯绿三色为九品之别”，以服色区分官阶，此后历代相沿，直到元明。女子服装主要为襦裙，由短襦和长裙搭配组合服装样式，形成上俭下丰的服装风格。女子发型流行高髻，通过假发相衬，有十字大髻、双鬟抱面髻、缓鬓倾髻等多种样式。男女足服，以笏头履和高齿屐最为流行。

魏晋南北朝时期，随着北方少数民族南迁进入中原与汉族人民杂居，各民族间的经济文化相互渗透，形成民族融合局面。具有北方民族服饰特色的袴褶和裲裆在中原地区开始流行。褶衣和缚袴的上下装组合服饰以及无袖的裲裆，方便实用且不分贵贱，男女通用。北魏孝文帝推行汉化政策，史称“孝文改制”，改拓跋姓氏并率“群臣皆服汉魏衣冠”，促进了华夏汉服文化的推广与发展。

漆纱笼冠在魏晋时期最为流行，冠上丝纱经纬稀疏轻薄，髹以黑漆，使之高高立起，里面的冠顶隐约可见，男女均可佩戴。漆纱笼冠集巾、冠之长而形成的一种首服，有内外两层，内层为一小冠，外层为筒状笼冠。笼冠用黑漆细纱制成，上部平顶，两侧有耳垂下，下边用丝带系结。

伦敦大英博物馆藏东晋顾恺之《女史箴图》（图5-1），画面中冯媛挡熊，两名侍者头部佩戴漆纱笼冠，是魏晋南北朝时期特有的首服样式。顾恺之《洛神赋图》（图5-2），故宫博物院藏，画面中有曹植与众随从形象，众随从均身穿大袖宽衫，头部佩戴漆纱笼冠。画像砖《童史图》（图5-3），甘肃酒泉市西沟村魏晋7号墓出土，画面中两名骑马士卒均头戴漆纱笼冠，身穿红缘交领袍，下装穿宽口袴，左手持旄旌，右手持缰绳，前者榜题“童史”，后者榜题“都伯吴才”。童史即“幢史”，童史、都伯均为魏晋时期的军务官职名称，画面再现了魏晋河西地区的官吏形象。

唐代阎立本《历代帝王图》卷八（图5-4）、卷九（图5-5），美国波士顿博物馆藏，南朝陈文帝与陈废帝均头戴白色菱角巾。菱角巾因其形似菱角而得名，唐冯贽《云仙杂记·菱角巾》载：“王邻隐西山，顶菱角巾。又尝就人买菱，脱顶巾贮之。尝未遇而叹曰：‘此巾名实相副矣。'"

魏晋时期男子戴巾为流行风尚，以幅绢自额上包裹头发，向后系缚，为幅巾。仕宦多用白巾，显示名士风流，民间多用以葛制成的皂巾。诸葛亮有"羽扇纶巾"形象之称，纶巾由丝带制成，包裹发髻，束首代冠，丝带垂肩，具有从容儒雅的风度，又称诸葛巾。魏晋还有折角巾、菱角巾、紫纶巾等，至北周武帝时，将巾帛裁出角向后裹发，制成幞头，又称折上巾。北齐杨子华《北齐校书图》（图5-6），美国波士顿博物馆藏，描绘出头部裹巾的北朝士人形象。画像砖《出行图》（图5-7），甘肃嘉峪关新城6号墓出土，画面中间一人戴白巾，穿袍衣，双手捧剑，前后两人戴介帻，穿袍衣，双手持笏，为魏晋时期的官吏形象。

西晋戴进贤冠青瓷对书俑（图5-8），长沙金盆岭9号墓出土，湖南省博物馆藏，是考

图5-1 《女史箴图》局部
伦敦大英博物馆藏

图5-2 《洛神赋图》局部
故宫博物院藏

图5-3 画像砖《童史图》
甘肃酒泉市果园乡西沟村魏晋7号墓出土

图5-4 《历代帝王图》卷八陈文帝陈蒨画像
美国波士顿博物馆藏

图5-5 《历代帝王图》卷九陈废帝陈伯宗画像
美国波士顿博物馆藏

图5-6 《北齐校书图》局部
美国波士顿博物馆藏

图5-1

图5-2

图5-3

图5-4

图5-5

图5-6

古出土年代最早的瓷质俑。对书即为校雠，主要是指文书校对工作。校雠由两人合作完成，一人执笔书写校对，另一人手捧简册读念，二人合作校对简牍书文。对书俑头戴一梁进贤冠，冠后部插笄固定发髻，冠两侧有缨绳结于颌下，身穿交领窄袖袍服。进贤冠为汉代以来文官儒士佩戴，冠上横梁数量象征身份等级，一根梁进贤冠表示校书吏身份地位并不高，为西晋官府小吏形象。

东晋戴小冠的男侍俑（图5-9），江苏南京郭家山出土，再现南北朝时期流行的实用性小冠造型。西晋青瓷骑马俑（图5-10），湖南省博物馆藏，人俑头戴前低后高小冠，身着窄袖合体袍服，下装穿宽口袴，左手持简册，右手握长角，神态肃穆，为西晋吏卒形象。彩绘陶男立俑（图5-11），江苏徐州茅村镇内华村北朝墓出土，人俑头部佩戴小冠，身穿交领右衽短襦，下装为宽口袴。小冠体积较小，前低后高，前面呈半圆形平顶，后面升起呈斜坡行尖突，戴在头顶，罩住发髻，以笄固定，小冠外加以笼巾，即为笼冠。

大袖衫与胡服

魏晋南北朝时期男子服装主要类型为大袖衫，形制为交领右衽，宽大敞袖，有单层和夹层二式，材质多为纱、绢、罗等。《晋书·五行志》云："晋末皆冠小而衣裳博大，风流相仿，舆台成俗。"《宋书·周郎传》记："凡一袖之大，足断为两，一裾之长，可分为二。"魏晋时期服装日趋宽博，从王公贵族，到文人名士，均以宽衣大袖为风尚。

图5-7

图5-8

图5-9

图5-10

图5-11

图5-7　画像砖《出行图》
甘肃嘉峪关市新城6号墓出土

图5-8　青瓷对书俑
湖南长沙金盆岭9号墓出土

图5-9　戴小冠的男侍俑
江苏南京郭家山出土

图5-10　青瓷骑马俑
湖南省博物馆藏

图5-11　彩绘陶男立俑
江苏徐州茅村镇内华村北朝墓出土

东晋顾恺之《洛神赋图》(图5-12),故宫博物院藏,描绘头戴漆纱笼冠,穿大袖衫的贵族形象。龙门宾阳洞浮雕《北魏孝文帝礼佛图》(图5-13),美国纽约大都会博物馆藏,画面展示出魏晋官员头戴漆纱笼冠,身穿大袖宽衫的服饰形象。魏晋时期侍立俑(图5-14),河北博物院藏,均为头戴漆纱笼冠,身穿大袖宽衫的吏使形象。随着老庄道家与佛教思想的传播,文人士大夫阶层崇尚虚无,不拘礼法,追求仙风道骨的气韵风度。魏晋风度下,翩若惊鸿,矫若游龙的服饰风格成为魏晋南北朝服饰的主要艺术特色。

陶文吏俑(图5-15),狮子山北齐墓出土,徐州博物馆藏,人俑头戴小冠,双手按环首长刀于胸腹前,身穿交领长衫,衣袖宽博,衣身宽大,有南北朝男子褒衣博带的服饰特色。彩陶仪仗俑(图5-16),徐州狮子山北齐墓出土,头戴风帽,肩部有披风,身穿大袖长衫,下装为宽口袴,为北朝宫廷侍者形象。陶男立俑(图5-17),徐州三关庙出土,头部戴小冠,身穿大袖衫,为北朝侍者形象。

魏晋时期社会动荡、政权更替,文人名士意欲进贤,又怯于宦海沉浮,于是纵情山水,自我超脱,沉迷于饮酒、奏乐、吞丹、清谈,寻求宣泄。老庄道家思想的清静无为、玄远妙绝,成为文人士大夫人生观的主导,士人们多以傲世为荣,特立独行,不拘礼节,以蔑视朝廷、不入仕途为超脱之举。在魏晋风度的主导下,名士们率直任诞、清俊洒脱,褒衣博带的服饰状态成为流行风格。在衣着形象上,表现为宽衣大袖,袒胸露臂,披发跣足,以示不拘礼法。

《抱朴子·刺骄篇》称:"世人闻戴叔鸾,阮嗣宗傲俗自放……或乱项科头,或裸袒蹲夷,或濯脚于稠众。"《搜神记》有:"晋元康中,贵游子弟,相与为散发裸身之饮。"《世说新语·任诞》载:"刘伶尝着袒服而乘鹿车,纵酒放荡。"竹林七贤正是魏晋时期名士之风的代表。砖印壁画《竹林七贤与荣启期》(图5-18),南京西善桥宫山北麓六朝墓出土,

图5-12

图5-13

图5-14

图5-15

图5-16

图5-17

图5-12　《洛神赋图》局部
故宫博物院藏

图5-13　《北魏孝文帝礼佛图》局部
河南龙门石窟宾阳洞浮雕

图5-14　侍立俑
河北博物院藏

图5-15　陶文吏俑
江苏徐州狮子山北齐墓出土

图5-16　彩绘陶仪仗俑
江苏徐州狮子山北齐墓出土

图5-17　陶男立俑
徐州三关庙工地出土

图5-18 砖印壁画《竹林七贤与荣启期》
江苏南京西善桥六朝墓出土

充分再现了士族知识分子自由清高的理想人格。南北两侧墓壁上有对称画面，每侧砖雕四人，分别为嵇康、阮籍、山涛、王戎、向秀、刘伶、阮咸以及荣启期。壁画中的七位魏晋名士席地而坐，均穿着宽大外衣，衣袖宽博，袒胸露臂，披发跣足，展示出超然脱俗的服饰风度。

南北朝商山四皓画像砖（图5-19），河南邓州学庄村出土，表现南北朝人们推崇的隐士"商山四皓"人物形象。四位德高望重的老者东园公、甪里先生、绮里季和夏黄公，不为权势所惑，隐居商山，悠然自得。汉高祖敦聘，四皓不至，其孤高傲世的精神，传为佳话。

唐代画家孙位的《高逸图》（图5-20），上海博物馆藏，描绘魏晋时期竹林七贤的故事。学者提出画面人物为竹林七贤中的四位名士，即山涛、王戎、刘伶和阮籍。画面右侧人物为山涛，倚坐花垫，袒胸露腹，披襟抱膝，身旁侍童手捧古琴侍奉。画面中王戎跣足而坐，右手执如意，呈隐逸清谈的状态，南北朝文学家庾信《对酒歌》有"王戎舞如意"的形象描绘。王戎侧后侍童怀抱书卷，神情恭敬。画面中刘伶满颐髭须，双手端酒杯，嗜酒蹙眉，侧首欲吐，侍童持壶跪接。画面左侧阮籍侧身倚垫，盘膝而坐，手执麈尾，洒脱傲然。旁边侍童手托酒器，躬身听命。麈尾是魏晋文人名士拂秽清暑，显示风度的配件。古籍记载中有"飘如游云，矫若惊龙""濯濯如春月柳"等内容，形象描绘出魏晋文人头戴幅巾，宽衫披肩，清静高雅、超凡脱俗的气概。

北齐杨子华的《北齐校书图》局部（图5-21），美国波士顿博物馆藏，画面中南北朝文人头部戴巾，身披敞领衫，下装穿肩带素纱裳，衣料质地柔软轻薄，袒胸露怀，放浪不羁，追求仙风道骨，无拘无束的服饰面貌。《周书·长孙俭传》记："日晚，俭乃著裙襦纱帽，引客宴于别斋。"南北朝时期男子着裳，较为宽广，下长曳地，可穿内，也可穿于衫襦之外，腰以丝绸宽带系扎。

壁画《墓主人和乐伎图》局部（图5-22），山西太原王家峰北齐徐显秀墓出土，画面中墓主人夫妇像，展示出北齐贵族雍容华贵的服饰风格。男主人身披裘皮大氅，穿赭红色窄袖袍服，领口露出白色中衣领，腰间束带。裘皮材料的服饰，在中原地区历来都属于非常贵重的服装，尤以羊羔皮和狐狸皮为珍贵。《诗经》中郑风、唐风和桧风均有《羔裘》诗题，《桧风·羔裘》有："羔裘逍遥，狐裘以朝。"另《豳风·七月》有："取彼狐狸，为公子裘。"北齐徐显秀墓中墓主人身披大氅为银鼠裘衣，衣身由银鼠皮毛拼接制成，表面黑色鼠尾有序排列进行装饰，整体风格奢华大气。女主人身穿赭红色交领右衽宽袖衫，领口较低，露出白色圆领中衣衣领，下装为长裙，裙腰较高。壁画《墓主人和乐伎图》中还有一队乐伎与侍者画像（图5-23），其服饰相似，均为窄袖交领袍服，下装着袴，足蹬乌皮靴。

胡人俑（图5-24），北齐库狄迴洛墓出土，山西博物院藏，面部呈现少数民族特征，高鼻深目，络腮长须，双手上举，作舞蹈姿势。服装样式为头戴赭红色尖顶胡帽，身穿左衽敞袖紧身长衫，腰间束带，下装为宽口袴，足蹬笏头鞋。北方少数民族服饰通常紧窄合体，以窄袖左衽为主。北魏孝文帝推行汉化政策，执行服饰改革，使北方胡服吸收了中原汉族服饰元素，胡服中出现宽袖右衽的造型。

彩绘骑马武士俑（图5-25），北齐东安王娄叡墓出土，山西省博物院藏，人俑头戴厚卷边风帽，身穿窄袖圆领袍，外罩短袖甲衣，甲衣胸肩处有桃形饰物，下装穿窄口袴，足蹬平底靴，展现北齐武士的服饰形象。北魏绿釉骑马武士俑（图5-26），司马金龙墓出土，大同市博物馆藏，人俑头戴风帽，身穿窄袖袍衣，外罩甲衣，为北魏武士形象。

北魏杂技俑（图5-27），山西省博物院藏，由七件胡人俑组成，中间一人伫立仰首，额头处顶长杆，杆子上方两位儿童进行杂技表演。《魏书·乐志》有："诏太乐、总章、鼓吹增修杂伎，造五兵……缘橦、跳丸、五案以备百戏。"这种表演称为缘橦或寻橦，在魏晋南北朝时期广泛流行。人俑服饰呈现为北方游牧民族胡服样式，头部戴圆顶后裙式风帽，身穿圆领窄袖袍服，长至膝盖，腰间束带，下身穿

图5-19

图5-20

图5-21

图5-22

图5-23

图5-24

图5-25

图5-19 南北朝商山四皓画像砖
河南邓州学庄村出土

图5-20 《高逸图》局部
上海博物馆藏

图5-21 《北齐校书图》局部
美国波士顿博物馆藏

图5-22 《墓主人和乐伎图》局部
山西太原王家峰北齐徐显秀墓出土

图5-23 《墓主人和乐伎图》局部
山西太原王家峰北齐徐显秀墓出土

图5-24 胡人俑
山西寿阳县北齐库狄迴洛墓出土

图5-25 彩绘骑马武士俑
山西太原王郭村北齐东安王娄叡墓出土

袴，足蹬黑色高筒靴。

石榻人物彩绘（图5-28），陕西西安北周安迦墓出土，画面中男子服饰相似，均佩戴胡帽，身穿圆领窄袖短袍，长度至膝盖，腰间束带，下装着袴，足蹬靴，为南北朝时期胡服样式。南朝梁武帝时期萧绎绘制《职贡图》（图5-29），摹本现藏于中国国家博物馆，为我国绘画史中首部以外域职贡人物为题材的工笔人物卷轴画，描绘了各国使臣朝贡的形象。画面中有呵跋檀、胡密丹、白题与末国的使者，其服装大都为头戴帽，身穿翻领对襟窄袖长袍，腰间束带，足蹬高筒靴，具有浓厚的异域风格。

图5-26　图5-27

图5-28 　图5-29

图5-26　绿釉骑马武士俑
山西大同石家寨司马金龙墓出土

图5-27　杂技俑
山西大同曹夫楼村出土

图5-28　石榻人物彩绘局部
陕西西安炕底寨村北周安迦墓出土

图5-29　《职贡图》局部
中国国家博物馆藏

袿衣与襦裙

魏晋南北朝时期玄学、道教和佛教广泛流行，在追求仙风道骨、风度气韵的审美观念下，男女服装样式均较为宽松，女子服饰主要有袿衣和襦裙。袿衣为上下一体的服装，由深衣发展而来，裙摆为倒三角形，形似燕尾。襦裙为上下分体式服装，上衣为大袖襦服，下装搭配长裙。魏晋时期女子服饰通常长裙曳地，大袖翩翩，饰带层层叠叠，表现出优雅和飘逸的风格。

魏晋南北朝时期，女子裙装多用轻柔飘逸的丝绸面料，在裙装下摆加入重叠的三角形装饰布，腰部系围裳，从围裳下面再伸出许多长飘带，如燕飞舞，形成杂裾垂髾的造型效果。杂裾垂髾装饰特色主要表现在裙装下摆部位，加丝质饰物“襳髾”。襳是固定在衣服下摆部位的饰物，上宽下尖形如三角，层层相叠，髾是从围裳中伸出来的飘带。东晋顾恺之的《列女仁智图》局部（图5-30）、《洛神赋图》局部（5-31）及《女史箴图》局部（图5-32）中，均描绘有穿杂裾垂髾裙装的女子形象。漆木屏风（图5-33），山西大同北魏司马金龙墓出土，表面也绘有女子瑰丽典雅的裙装形象。杂裾垂髾装饰使裙装富有动感和韵律感，从而使魏晋女子充满灵动飘逸的气质风度。

女子裙装下摆裁为三角形饰带，这种装饰造型在汉代已出现，即为袿衣。魏晋时期，袿衣为女子礼服，燕尾形下摆装饰更加繁复，再加之以飘带装饰，层层覆盖，绮丽奢华。清代任大椿《深衣释例》曰："袿乃缕缕下垂如旌旗之有旒，即所谓杂裾也。"司马相如《子虚赋》载郑女曼姬，"蜚襳垂髾，扶舆猗靡，翕呷萃蔡，下靡兰蕙，上拂羽盖。"《汉书》卷五七上颜注："襳，桂衣之长带也；髾谓燕尾之属，皆衣上假饰。"《晋书》载："武帝泰始初，衣服上俭下丰，著衣者皆厌腰"。魏晋时期女子袿衣，腰部束带，尤其注重裙幅的装饰，呈现出上俭下丰的服饰造型效果。

魏晋南北朝时期，女子服装有襦裙和衫裙，上衣和下裳分开，上身的襦、衫长至腰部，襦有宽袖和窄袖两种样式，而衫为宽袖，袖子加宽加长，增加装饰性，下装配裙，组合为襦裙或衫裙。款式特点为上简下丰，衣身部分紧身合体，裙子宽松，从而达到挺拔俊俏的视觉效果。《说文》称："襦，短衣也。"段玉裁注云："《急就篇》曰：'短衣曰襦，自膝以上。'按：襦若今袄之短者，袍若今袄之长者。"可见，襦在汉代已有，属于短衣，长度至膝盖上下，搭配裙或袴穿用。古诗《陌上桑》有："湘绮为下裙，紫绮为上襦。"魏晋南北朝时期女子穿用襦裙或衫裙非常普遍。

龙门宾阳洞浮雕《文昭皇后礼佛图》（图5-34），美国堪萨斯城纳尔逊阿特金斯博物馆藏，描绘北魏孝文帝文昭皇后率领众宫妃礼佛的宏大场景。文昭皇后头戴莲冠，身穿对襟直领衫，肩披霞帔，宽袖束腰，裙长曳地，拈香而立。魏晋南北朝时期，女子着衫，一般为宽袖，有直领和交领的领型。直领衫为两襟

图5-30 《列女仁智图》局部
故宫博物院藏

图5-31 《洛神赋图》局部
故宫博物院藏

图5-32 《女史箴图》局部
英国博物馆藏

图5-33 漆木屏风局部
山西大同市石家寨司马金龙墓出土

图5-30

图5-31

图5-32

图5-33

在胸前垂直而下，左右对称，交领即为中原地区汉族传统的交领右衽领型。

河南新密市打虎亭墓道壁画女子画像（图5-35），四名女子身穿宽袖交领衫，下身着裙。女子出游画像砖（图5-36），河南邓州学庄村南朝墓出土，描绘四名女子形象，前两人身材高挑，其中一人手执团扇，两人均头顶挽结高髻，上身穿对襟大袖短襦，下身穿长裙，裙长曳地，披帛绕肩，腰部束腰，足部为笏头履，展示出南北朝贵妇形象。后二人身材微矮，头顶两侧梳双丫髻，其中一人怀抱茵席，为侍女形象。

彩绘女俑（图5-37），陕西西安草厂坡北魏墓出土，头部为十字形高髻，身穿窄袖短襦，下装穿长裙。魏晋南北朝时期女子发式以高大为时尚，女子为梳高髻，借用假髻，称为蔽髻。

陶女立俑（图5-38），狮子山北朝墓出土，徐州博物馆藏，身穿大袖衫裙。彩绘陶立俑（图5-39），徐州茅村镇内华村北朝墓出土，头部梳结双髻于两侧耳鬓，上身穿交领窄袖短襦，下装穿宽口袴，为南北朝时期北方民族女童形象。彩绘宽髻陶立俑（图5-40），头部为高大鬟髻，上衣为交领右衽短襦，下装为长裙，整体服装呈襦裙样式。侍女俑（图5-41），山西太原开化村北齐赵信墓出土，身穿交领右衽窄袖短襦，腰间束带，下身穿裙，为襦裙样式。

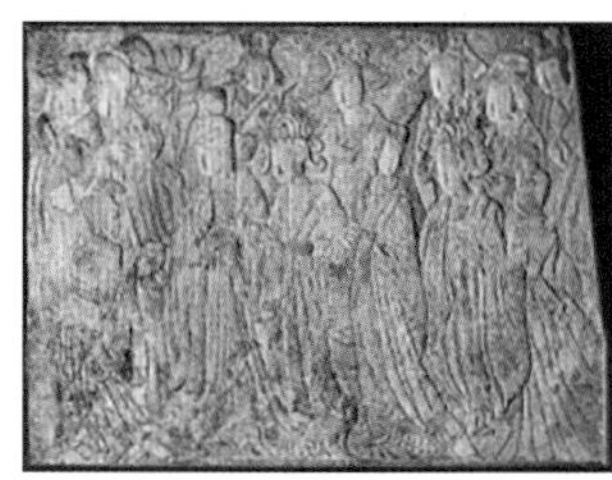

图5-34

图5-35

图5-36

图5-37

图5-38

图5-39

图5-40

图5-41

图5-34 《文昭皇后礼佛图》局部
河南龙门石窟宾阳中洞浮雕

图5-35 女子画像
河南新密市打虎亭墓道壁画

图5-36 女子出游画像砖
河南邓州学庄村南朝墓出土

图5-37 彩绘女俑
陕西西安草厂坡北魏墓出土

图5-38 陶女立俑
江苏徐州狮子山北朝墓出土

图5-39 彩绘双髻陶女立俑
江苏徐州茅村镇内华村北朝墓出土

图5-40 彩绘宽髻陶女立俑
江苏徐州茅村镇内华村北朝墓出土

图5-41 侍女俑
山西太原开化村北齐赵信墓出土

画像砖《采桑图》（图5-42），甘肃嘉峪关新城6号墓出土，画面中女子身着襦裙，赤足，提篮采集桑叶，桑树旁儿童身穿裲裆，宽口袴，赤足，呈射箭状。画像砖《宴居图》（图5-43），嘉峪关新城5号墓出土，画面中多位女子席地而坐，服装均为襦裙。画像砖《备宴图》（图5-44），嘉峪关新城6号墓出土，画面中女子，身穿窄袖交领短襦，搭配长裙，裙下为宽口袴，一手托羹盘，一手提食匣，徐步前往宴席献食。魏晋南北朝时期民间劳动妇女多着短襦长裙，裙为四幅素绢拼合，上窄下宽，呈梯状，不加纹饰和缘边，又称无缘裙。襦裙裙腰两端缝有绢条，以便系结，为平民妇女裙装的主要特点。

图5-42　画像砖《采桑图》
甘肃嘉峪关新城6号墓出土

图5-43　画像砖《宴居图》
甘肃嘉峪关新城5号墓出土

图5-44　画像砖《备宴图》
甘肃嘉峪关新城6号墓出土

袴褶与裲裆

袴褶是上衣下裤的组合服装，最初为北方游牧民族的传统服装，基本款式为上身穿褶衣，下身穿宽口袴。汉代袴褶在中原地区出现，因其便于骑乘，主要为军戎服装。魏晋南北朝时期，由于长期战乱，袴褶在民间广泛流行，材料有麻葛布料、锦缎或毛皮，男女均可穿用。《三国志·吕范传》有："范出，便释褠，著袴褶，执鞭，诣阁下启事，自称领都督。"北朝时袴褶成为官员常服。

袴褶在中原地区广为流行，为适应汉族传统服饰观念，局部造型也有所变化。褶衣的衣身和袖子逐渐宽大，有了宽袖和窄袖之分，腰间束腰，下装袴的裤腿也增加宽度。为了行动方便，中原地区人们用锦带将裤腿在膝盖位置缚住，发展成为缚裤，有了广袖褶衣、大口袴的称呼。

裲裆形制类似背心，由前后两片组成，肩部用皮革或织物联缀，男女均可内外穿用。《新唐书·车服志》载："裲裆之制：一当胸，一当背，短袖覆膊。"裲裆与袴褶合穿时，用腰带系扎，腰带常用皮革制成，镶金玉进行装饰。

北朝白釉陶男立俑（图5-45），三关庙出土，徐州博物馆藏，头戴风帽，上身穿窄袖翻领褶衣，腰间束带，下身穿袴。北魏漆木屏风（图5-46），山西省大同市石家寨司马金龙墓出土，画面中四名轿夫上身穿短襦，下装为缚袴。

武士画像砖（图5-47），河南邓州学庄村南朝墓出土，描绘四名疾步前行的武士，其中两名武士手执长盾，肩扛环首刀；另两名武士腰挎矢箙，肩扛长弓。四人头部戴幅巾，上身穿对襟短襦，下穿缚袴，膝部束带。供献画像砖（图5-48），河南邓州学庄村南朝墓出土，刻绘四人疾步前行状态，前两人头部戴小冠，双手托着博山炉，炉盖已掀开；后两人头顶为双丸髻，双手托盘，盘上置伞盖，伞带飘扬。四人均上身穿短襦，下装穿缚袴，足蹬履，为侍者形象。横吹画像砖（图5-49），河南邓州学庄村南朝墓出土，描绘四名乐手出行，前两人吹奏胡角，后两人击鼓，以角和鼓为主的乐队，称为横吹，以箫和鼓为主则称为鼓吹。四人均佩戴宽檐胡帽，身穿短襦与缚袴，展现南北朝乐手形象。《宋书·礼志》载："袴褶之制，未详所起，近代车马驾亲戎中外戒严之服志。"缚袴造型简练又便捷实用，为南北朝军队戎装的常用款式，普通百姓作为常服穿用。

南北朝时期随着冶铁技术的发展，军戎防护服装的材料与工艺，较汉代更为完备精良。根据考古出土资料，南北朝时期出现铁质铠甲，多为裲裆铠和明光铠两种样式。

裲裆铠在军事服装中使用广泛，材料采用坚硬的金属和皮革，甲片的形状有长方形、三角形和鱼鳞形等。裲裆甲长至膝盖，腰部以上是胸背甲，由前胸和后背两组甲片组成，胸背处甲片通常采用鱼鳞纹的小形甲片，以增强铠甲的防御性能。铠甲穿用时，使用背甲上缘的两根皮带，经胸甲上的带扣系束后披挂在肩上，通常甲片内要加入布帛衬，防止甲片擦伤肌肤。

南北朝时期北齐墓出土有穿着明光铠的武士俑。明光铠在前胸和后背处，各有两面圆形护心，以加强对胸部的保护。明光铠通常搭配兜鍪使用，兜鍪为保护头部的盔形护具，顶部

图5-45

图5-46

图5-47

图5-48

图5-49

图5-45　白釉陶男立俑
徐州三关庙工地出土

图5-46　漆木屏风局部
山西大同市石家寨司马金龙墓出土

图5-47　武士画像砖
河南邓州学庄村南朝墓出土

图5-48　供献画像砖
河南邓州学庄村南朝墓出土

图5-49　横吹画像砖
河南邓州学庄村南朝墓出土

是半球形的胄顶，兜体用小甲片或一块大甲片拼制而成，兜鍪两侧及脑后下垂部分明显加长，披至肩处，额头部位有伸出的三角形护甲。

甘肃敦煌莫高窟285窟壁画《五百强盗成佛图》局部（图5-50），画面中骑马武士头戴兜鍪，身穿裲裆铠。陶武士俑（图5-51），江苏徐州东甸子北齐1号墓出土，头戴兜鍪，肩部佩披膊，身穿明光铠，下身穿缚袴，足蹬靴。北齐彩绘武士俑（图5-52），山西太原市晋祠乡王郭村娄叡墓出土，服装组合为兜鍪、明光铠和缚袴。

北齐绘彩持盾武士俑（图5-53），河南安阳范粹墓出土，河南博物院藏，高53厘米，呈站立姿势，左手持虎首盾牌，右手下垂。人俑头部戴兜鍪，肩有披膊，身穿明光铠甲，甲服表面装饰有朱彩及黑彩鳞片，革带束腰，下装为缚袴，足蹬靴。北齐按盾武士俑（图5-54），河北博物院藏，高67厘米，呈站立姿势。人俑头部戴兜鍪，左手扶虎头盾牌，右手臂上曲，肩有披膊，身穿明光铠甲，腰部束带，足蹬靴。

织物与配饰

魏晋南北朝时期政权更迭频繁，由于长期的封建割据和连绵不断的战争，社会动荡不安，使这一时期的文化发展受到特别的影响，佛教日渐兴盛。这时期传统织物纹样受佛教文

图5-50

图5-51

图5-52

图5-53

图5-54

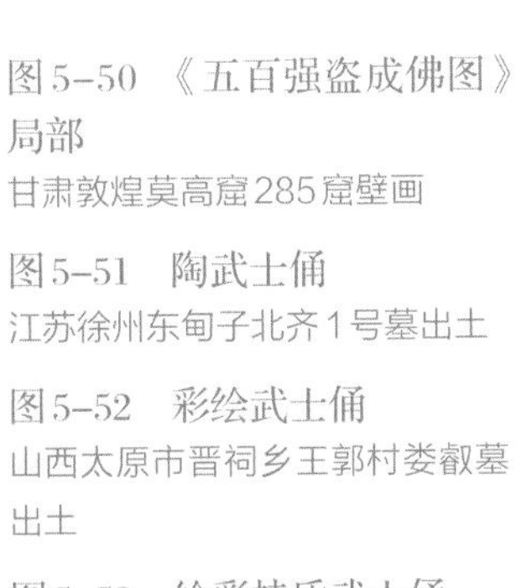

图5-50　《五百强盗成佛图》局部
甘肃敦煌莫高窟285窟壁画

图5-51　陶武士俑
江苏徐州东甸子北齐1号墓出土

图5-52　彩绘武士俑
山西太原市晋祠乡王郭村娄叡墓出土

图5-53　绘彩持盾武士俑
河南安阳洪河屯村范粹墓出土

图5-54　北齐按盾武士俑
河北省博物院藏

化的影响，形成独具特色的佛教吉祥纹样。

由于民族融合的发展与东西文化交流的频繁，织物装饰纹样具有塞外西域特色，出现葡萄纹、狮子图案、卷草纹、莲花纹和忍冬纹等纹样，流行异兽纹及各类植物花卉纹，纹样韵律感强烈，以规则有序的对称布置为主。

魏晋南北朝时期的丝织品以经锦为主，花纹以兽纹富有特色。新疆于田屋于来克古城址和吐鲁番阿斯塔那古墓群出土有夔纹锦（图5-55）、方格兽纹锦（图5-56）、胡王纹锦（图5-57）、树纹锦（图5-58、图5-59）以及“富且昌宜侯王天延命长”铭文织成履（图5-60）等。甘肃敦煌莫高窟出土有北魏刺绣佛像供养人像（图5-61）和南北朝刺绣边饰（图5-62）。毛棉织物有方格纹毛罽、紫红色毛罽、星点蓝色蜡缬毛织品以及桃纹蓝色蜡缬棉织品等缬染织物。

魏晋南北朝时期，随着南北民族融合，经济文化的交流发展，鞋履制作精良，样式也较为丰富。新疆尉犁县营盘墓地1号墓出土魏晋云纹麻布靴（图5-63）。流行的鞋履款式有平底笏头履、乌皮靴和木屐等，其中木屐尤为盛行，既可做便鞋，也可在泥地、雨雪天和行军时使用。中国丝绸博物馆藏有北朝褐绢锦缘帽（图5-64）。

木屐鞋底为木质，鞋面为帛或皮革制成，称为帛屐或革屐。汉刘熙《释名·释衣服》载：“帛屐，以帛作之，如屩者，不曰帛屩者，者不可践泥者也，此亦可以步泥而浣之，故谓之屐也。”《文献通考·四裔考》：“足履革屐，耳悬金珰。”南朝贵族流行穿用高齿屐，木质鞋底下面前后加高齿，便于雨天泥路行走。江西南昌东吴高荣夫妇墓出土有保存较为完整的高齿木屐（图5-65）。

高齿屐中，谢公屐闻名于世。南朝宋永嘉太守谢灵运，喜游山水，旅途中设计了屐齿可以活动的高齿屐。这种木屐利用榫头、插子和两只活动齿屐，可拆卸掉前后齿，使用方便，称谢公屐。李白《梦游天姥吟留别》：“脚着谢公屐，身登青云梯。”

木屐在汉代已经使用，工艺讲究的木屐，在屐上施以漆绘彩画，并以五彩丝绳为系。《风俗通义》有：“延熹中，京师长者皆着木屐。妇女始嫁至，作漆画屐，五彩为系。”漆木屐（图5-66），安徽马鞍山市郊东吴名将朱然与其妻妾合葬墓出土，屐身小巧精致，木质底面上凿有三个孔眼，木屐周身施以漆绘，屐底有两个木齿，工艺精制，再现了魏晋漆木屐的艺术特色。

步摇是中国古代妇女的重要发饰之一，多用金玉等材料制作，呈树枝形状，枝上饰以金玉质地的垂挂装饰，佩戴者在行走时，饰物随着步履而颤动摇曳。战国宋玉《讽赋》有：“主人之女，翳承日之华，披碧云之裘，更披白縠之单衫，垂珠步摇。”《释名·释首饰》载：“步摇，上有垂珠，步则动摇也”。金质鹿角形步摇为北方游牧民族女子的典型饰品。

鹿角形金步摇（图5-67，图5-68），内蒙古达尔罕茂明安联合旗出土，中国国家博物馆藏，精巧别致，摇曳多姿。两件鹿角形金步摇，基座分别为马头和牛头，头顶分出鹿角形枝杈，枝杈上镶嵌珠饰，每根枝杈梢头卷成小环，环上悬桃形金叶。牛头鹿角形金步摇（图5-69），内蒙古包头达茂旗西河子窖藏出土，内蒙古博物院藏，分为牛首和鹿角两部分，牛首表面刻画五官；鹿角由主根向上分支，枝梢

图5-55　夔纹锦
新疆吐鲁番阿斯塔那古墓群出土

图5-56　方格兽纹锦
新疆吐鲁番市阿斯塔那古墓群出土

图5-57　盘绦胡王纹锦
新疆吐鲁番阿斯塔那18号墓出土

图5-58　绿地对树纹锦
新疆吐鲁番阿斯塔那186号墓出土

图5-59　联珠双翼树纹锦
中国丝绸博物馆藏

图5-60　“富且昌宜侯王天延命长”织履
新疆吐鲁番阿斯塔那39号墓出土

图5-61　刺绣佛像供养人
甘肃敦煌莫高窟出土

图5-62　刺绣边饰
甘肃敦煌莫高窟出土

图5-63　魏晋云纹麻布靴
新疆尉犁县营盘墓地1号墓出土

图5-64　褐绢锦缘帽
中国丝绸博物馆藏

图5-65　双齿木屐
江西南昌东吴高荣夫妇墓出土

图5-66　漆木屐
安徽马鞍山市郊东吴朱然墓出土

图5-67　马头鹿角形金步摇
内蒙古达尔罕茂明安联合旗出土

图5-68　牛头鹿角形金步摇
内蒙古达尔罕茂明安联合旗出土

图5-69　牛头鹿角形金步摇
内蒙古包头达茂旗西河子窖藏出土

图5-55

图5-56

图5-57

图5-58

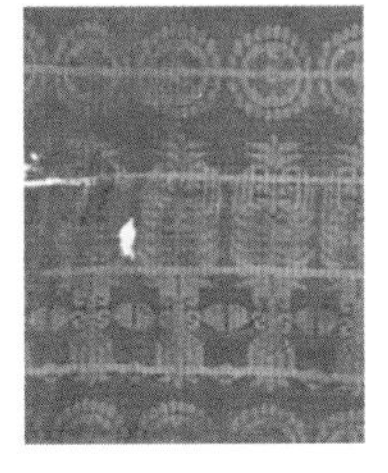
图5-59

图5-60

图5-61

图5-62

图5-63

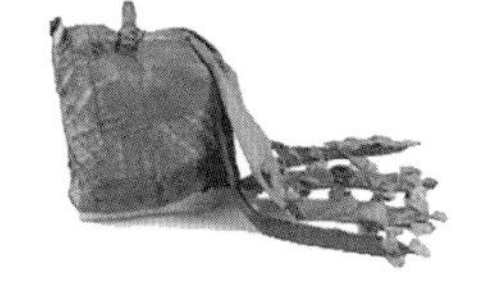
图5-64

图5-65

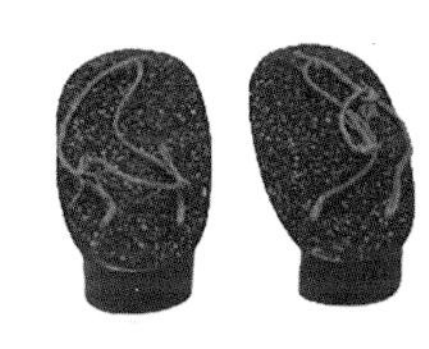
图5-66

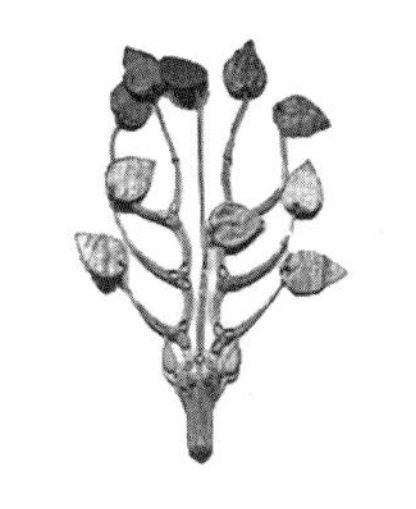
图5-67

图5-68

图5-69

悬挂金叶。金步摇（图5-70），辽宁北票喇嘛洞三燕文化墓地出土，为鲜卑族女子贵重发饰。

花树状金步摇（图5-71），辽宁北票徐四花营子乡房申屯墓地出土，由山题牌座、枝干、叶片等组成，山题镂空装饰，中间枝干为圆柱体，呈蛇形，分出若干细枝，枝上金环挂金叶，工艺精细，造型华美。

步摇金冠（图5-72），辽宁北票北燕冯素弗墓出土，在十字形的梁架穿缀活动金叶的顶花，运用镂钉、镶嵌、掐丝、金珠焊缀等多种工艺技法，制作十分精致，为鲜卑贵族冠饰。南北朝时期慕容鲜卑民族佩戴金步摇，男女通用，为鲜卑贵族阶层地位的象征。辽宁义县保安寺石墓出土的魏晋金耳坠（图5-73），制作工艺与款式风格与鲜卑族金饰较为类似。

辽宁北票喇嘛洞三燕文化墓地出土金耳饰（图5-74）和成套的铜鎏金镂空带具，带具为革带上的装饰物，主要有带扣和带饰（图5-75）。三燕文化墓地出土的金饰品，展示了魏晋时期北方鲜卑族具有游牧民族风格的金质饰物风貌。

东晋嵌金刚石金指环（图5-76），江苏南京象山王氏墓出土，素面金，呈扁圆形，指环上镶嵌有金刚石，是我国目前已发现时代最早的镶钻石金戒指。嵌蓝宝石金戒指（图5-77），山西太原王家峰北齐徐显秀墓出土，由黄金戒托、戒指环与蓝宝石戒面组合而成，戒指环靠近戒托的两端铸有兽首纹饰。黄金戒托为环形连珠纹，中间嵌有蓝宝石戒面，戒面内为人物图案，头戴形似狮头的兽首形头盔，深目高鼻，上身穿紧身圆领半袖衫，下身着紧身袴，足蹬靴，双手握法杖。人物服饰与装饰的连珠纹、兽首纹，不同于中原样式，均源于亚洲西部地区。

金戒指（图5-78），李贤夫妇合葬墓出土，宁夏固原博物馆藏，呈环状，指环正中镶

图5-70

图5-71

图5-72

图5-73

图5-74

图5-75

图5-76

图5-77

图5-78

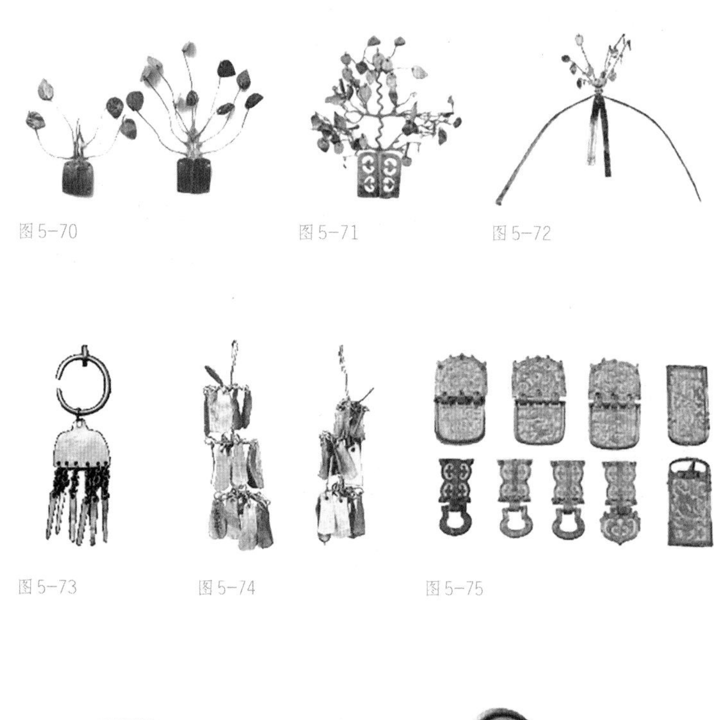

图5-70　金步摇
辽宁北票喇嘛洞三燕文化墓地出土

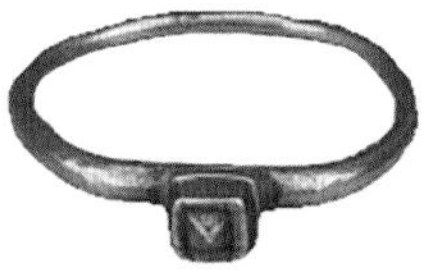

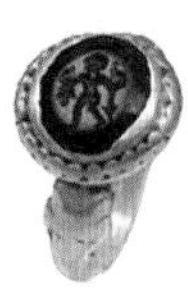

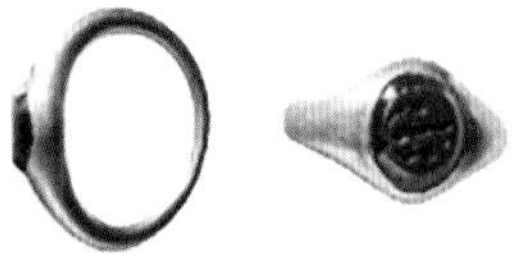

图5-71　花树状金步摇
辽宁北票徐四花营子乡房申屯墓地出土

图5-72　步摇金冠
辽宁北票西官营镇馒头沟村将军山冯素弗墓出土

图5-73　魏晋金耳坠
辽宁义县保安寺石墓出土

图5-74　金耳饰
辽宁北票喇嘛洞三燕文化墓地出土

图5-75　金带扣和金带饰
辽宁北票喇嘛洞三燕文化墓地出土

图5-76　嵌金刚石金指环
江苏南京象山王氏墓出土

图5-77　嵌蓝宝石金戒指
山西太原王家峰北齐徐显秀墓出土

图5-78　嵌青金石金戒指
宁夏固原南郊乡深沟村李贤夫妇合葬墓出土

嵌蓝色青金石，青金石面上雕刻一人，双手持弧形花环，纹饰具有异域风格。镶松石金耳环（图5-79），固原博物馆藏，呈椭圆形，金叶锤揲而成，耳环镶嵌桃形红绿松石，相错排列，接口两端细尖，各有小孔，整体做工精细。金项饰（图5-80），宁夏固原县李岔村北魏墓出土，以金箔卷制而成，形制简练。

魏晋南北朝时期社会动荡不安，考古出土的玉饰数量较少。北方战乱阻断丝路贸易通道，致使玉料难得，同时曹魏提倡尚简风气，促使魏晋南北朝时期玉饰工艺简略，风格朴素。江苏省南京市博物馆藏南京邓府山3号墓出土魏晋南北朝龙凤纹玉佩（图5-81），呈青白色，玉佩为蟠龙纹和栖凤纹装饰，龙钩首曲颈蜷身，凤栖于龙尾上，凤首与龙首相背，造型简练。东晋双螭纹玉韘佩（图5-82），南京中央门外郭家山墓出土，南京博物馆藏，呈青玉色，有椭圆形孔，装饰有双螭纹样，中间点缀云纹，双螭对角相望，为魏晋时期韘形佩的代表。

图5-79

图5-80

图5-81

图5-82

图5-79　镶松石金耳环
宁夏固原县寨科乡李岔村北魏墓出土

图5-80　金项饰
宁夏固原县寨科乡李岔村北魏墓出土

图5-81　龙凤纹玉佩
江苏南京邓府山3号墓出土

图5-82　双螭纹玉韘佩
江苏南京中央门外郭家山墓出土

陆 瑰丽缤纷的隋唐服饰

隋唐时期是我国封建社会的大一统时期，多民族的融合与发展，促进了社会经济文化的繁荣。公元618年唐朝建立，我国封建社会经济文化高度发展，唐朝兼容并蓄与海纳百川的气度，增强了华夏民族的凝聚力和向心力。在唐代近三百年历史中，尤其是初唐至盛唐的一百多年间，有贞观之治和开元盛世两个封建文明高度发展的阶段，社会政治、经济和文化蓬勃发展，呈现出一派欣欣向荣的景象。隋唐时期统一的多民族国家建立，社会物质文明和文化的繁荣昌盛，增强了中华民族对周边各民族的向心力和辐射力。隋唐时期呈现出的朝气蓬勃、兼容并蓄、刚健有为、自信大度的时代特质，创造出经济繁荣、政治开明、文化贯通中外的盛世文明。

隋朝统一王朝的建立，结束了南北朝时期分裂战争的政治局面。唐代是我国封建文明高度发展的时代，唐都长安作为政治、经济和文化中心，已经成为国际大都会，也是东西文明和中外文化交流的枢纽。隋唐时期是我国古代服饰文化辉煌灿烂的篇章。隋朝服饰样貌基本承袭南北朝时期特点，为承前启后的阶段。隋朝官服服制按颜色区分等级，男子常服多为圆领袍。隋朝受西北地区少数民族胡服影响，男子多着窄袖袍、宽裤，女子多着小袖高腰长裙，发式上平而较阔，贵族女子着大袖衫，外披帔子。

由隋入唐，中国古代服饰逐渐发展到全盛时期。唐朝国力强盛，对外交流频繁，国内安定统一，服饰的款式、色彩、图案等都呈现出崭新局面。公元624年，唐朝颁布新律令《武德令》，自此唐朝服饰有了严格的款式等级制度。按规定，帝王之服有大裘冕、衮冕等十四种，皇后之服有袆衣、鞠衣及钿钗衣三种；文武百官之服有衮冕、绣冕等十种，命妇之服有翟衣、钿钗礼衣等六种。这套冠服制度制定以后，为后世沿袭，虽然此后历代各朝做过修订，但总体上变化不大。唐代男子服装的主要形式是圆领袍，其中腰带是官阶区分的重要标志。唐代女子日常服装，上衣为襦、袄、衫，下束长裙。初唐时盛行窄袖襦裙，盛唐时则流行袒胸的大袖衫裙，女子面部装饰和发髻样式华丽纷繁。唐代广泛吸收外来民族文化，还出现了胡服和女着男装的现象。唐代绚烂多姿的服饰文化，其冠服丰美华丽，为我国古代社会服装中精彩的篇章。唐代丝绸生产繁荣鼎盛，唐都长安有少府监织染署、掖庭局、贵妃院及内作使等机构，下设官营丝绸作坊。全国的丝绸生产规模空前扩大，品种丰富，在织造技术和图案纹样上都有新的发展，为当时奢华的服饰提供了类型多样的面料。

唐代幞头

隋唐时期是我国古代封建社会发展的高峰期，国力强盛，社会经济发达，服装也呈现出多元发展的蓬勃景象。男装在继承汉晋服装样式的基础上，有祭服、朝服和公服，同时男装也吸收了北方游牧民族的服饰元素，形成幞头、圆领袍和乌皮靴的组合常服样式，表现出独具一格的鲜明特色。

唐代男子首服，幞头的穿用最为广泛。《中华古今注》载："幞头，本名上巾，亦名折上巾，但以三尺皂罗后裹发，盖庶人之常服，沿之后周武帝裁为四脚，名曰幞头，以至唐侍中马周更与罗代绢，又令中繁前后以象二仪，两边各为三撮，取法三才，百官及士庶为常服。"《唐会要》载："折上巾，军旅所服，即今幞头是也。"幞头又称"折上巾"，最早起源于东汉，北周时期正式得名为幞头。隋朝时期，幞头成为社会各阶层男子广泛使用的冠帽，上至王公贵胄，下至黎民百姓，皆以幞头作为日常便服。

幞头是在东汉首服幅巾的基础上演变而成的，幅巾是包裹发髻的布帛。魏晋南北朝北周武帝宇文邕执政时期，将黑色头巾四边加上四条布带，以便包裹捆扎头发时能够更加结实，四根布带就称为幞头的四脚。陕西省潼关税村隋代壁画墓中有佩戴四脚幞头的男子形象（图6-1）。《隋书》载："故事，用全幅皂而向后襆发，俗人谓之襆头。自周武帝裁为四脚，今通于贵贱矣。"幞头的佩戴方式，北宋沈括《梦溪笔谈》中有记载："幞头一谓之'四脚'，乃四带也……又庶人所戴头巾，唐人亦谓之'四脚'，盖两脚系脑后，两脚系颔下，取其服劳不脱也，无事则反系于顶上。今人不复系颔下，两带遂为虚设。"

随着时代发展，隋唐时期幞头的造型经历了从巾子到冠帽的发展变迁。《中华古今注》载："隋大业十年，礼官上疏裹头者，宜裹巾子。与桐木为之，内外皆漆，在外及庶人常服。"隋代人们在幞头内加入桐木，同时将巾子内外髹漆，使得幞头成为定型的便帽。后来人们逐渐用竹篾、藤皮及芒草等材料代替桐木，编制巾子，内外髹漆，使其坚固不易腐坏。巾子（图6-2），阿斯塔那古墓群出土，新疆维吾尔自治区博物馆藏，由丝葛植物编制后再浸漆制成，显示了隋末年间巾子的造型。唐代彩绘幞头男俑头（图6-3），甘肃省庆城县博物馆藏，仅存的彩绘陶质唐代男俑头部遗存，展示出唐代男子佩戴幞头的造型。

《旧唐书·舆服志》载："武德以来，始有巾子，文官名流，上平头小样者。则天朝，贵臣内赐高头巾子，呼为武家诸王样。中宗景龙

图6-1　陕西潼关税村隋代墓壁画局部

图6-2　巾子
新疆吐鲁番阿斯塔那古墓群出土

图6-3　彩绘幞头男俑头
甘肃庆城镇封家洞土穴墓出土

图6-1

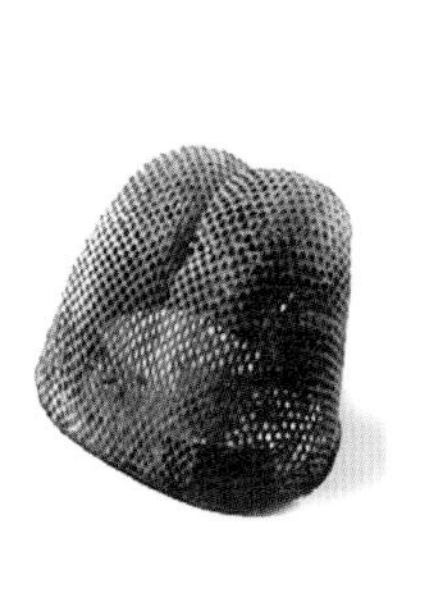

图6-2

图6-3

四年三月，因内宴赐宰臣以下内样巾子。开元以来，文官士伍多以紫皂官絁为头巾、平头巾子，相效为雅制。玄宗开元十九年十月，赐供奉官及诸司长官罗头巾及官样巾子，迄今服之也。”由此可见，唐代幞头的造型发展经历了四个阶段，唐初为平头巾子，武则天时期为武家诸王样，唐中宗时期为内样巾子，唐玄宗时期为官样巾子。

唐初男子佩戴的幞头造型沿袭隋朝的样式，形制简单，顶部呈扁平形状，幞头后部有两支软脚垂于后颈，称为“平头巾子”。唐代阎立本的《步辇图》局部（图6-4），故宫博物院藏，画面中唐太宗与觐见的男子佩戴的即为平头巾子造型的幞头。

唐代武则天当政时期，在武氏诸王中流行佩戴一种幞头，其造型为顶部较高，中间凹陷，分为左右两部分，这种形制的幞头就称作武家诸王样。陕西乾县章怀太子墓出土的壁画中，有戴幞头的男子形象（图6-5）。《唐会要》载：“天授二年，则天内宴，赐群臣高头巾子，呼为‘武家诸王样’。”武则天将“武家诸王样”的幞头，赏赐于臣子，借以表达皇家对臣子的恩宠。这种幞头已经被赋予浓厚的政治色彩。

唐代内样巾子，最初出现在皇宫大内，被称作内样。《通典》卷五十七载：“景龙四年三月，中宗内宴，赐宰臣以下内样巾子。”唐中宗景龙四年三月，中宗皇帝内宴时，赐给王公大臣内样巾子。《新唐书·车服志》载：“至中宗又赐百官英王踣样巾，其制高而踣，帝在藩时冠也。”中宗皇帝在当英王时期平时佩戴的内样巾子，其造型为顶部高大，并向前倾斜，有前倾摔倒的趋势，也称作英王踣样。陕西乾县懿德太子墓第三过洞西壁壁画中，有佩戴内样巾子的男子形象（图6-6）。内样巾子在中宗、睿宗和玄宗初期都比较流行，到开元十九年（731年）以后，官样巾子出现，取代内样巾子。

官样巾子是盛唐以后佩戴较为普遍的幞头样式，也称“官样圆头巾子”。这种幞头，顶部高大，左右分瓣成两球状。巾子造型向上延伸，呈现出上小下大的塔形，显得端庄和挺拔。唐代张萱的《虢国夫人游春图》局部（图6-7），辽宁省博物馆藏，有佩戴官样巾子的服饰形象。《唐会要》载：“开元十九年十月，赐供奉及诸司长官罗头巾，及官样圆头巾子。”官样巾子作为帝王的赏赐品，赐给臣子佩戴，显示皇家恩宠。唐代玄宗开元时期，官样巾子成为比较固定的幞头形式。

唐代幞头后部的两脚，有软脚和硬脚之分。《封氏闻见记》载：“至尊、皇太子、诸王及仗内供奉以罗为之，其脚稍长。士庶多以絁缦而脚稍短。”唐代初期到中期，幞头以软脚为主，贵族佩戴的幞头脚长过肩，称为长脚罗幞头。唐代中晚期，随着幞头的发展，人们在幞头脚中加入铁丝、铜丝或者竹丝等物体，用布帛蒙罩，使幞头脚展现出平伸和上翘的形态，称为硬脚幞头。《云麓漫钞》载：“唐末丧乱，自乾符后，宫娥宦官皆用木围头，以纸绢为衬，用铜铁为骨，就其上制成而戴之，取其缓急之便，不暇如平时对镜系裹也。僖宗爱之，遂制成而进御。”晚唐时期唐僖宗年间，宫女宦官直接用布帛围在铜丝或铁丝上面做成硬脚幞头，方便佩戴。五代《法华经普门品变相图》中有供养人佩戴硬脚幞头的人物形象（图6-8）。这种硬脚幞头的两脚可以平伸或者

图6-4 《步辇图》局部
故宫博物院藏

图6-5 《仪卫图》局部
陕西乾县唐章怀太子墓墓道东壁壁画

图6-6 《内侍图》局部
陕西乾县懿德太子墓第三过洞西壁壁画

图6-7 《虢国夫人游春图》局部
辽宁省博物馆藏

图6-8 《法华经普门品变相图》局部
英国博物馆藏

图6-4

图6-5

图6-6

图6-7

图6-8

翘起，也被称作翘脚幞头。从唐、五代至宋明时代，硬脚幞头成为男子首服的主要形式。

男装袍服与胡人俑

隋唐时期，在祭祀礼仪等正式场合中，男子通常穿用冕服作为祭服，冕服沿用周代确立的上衣下裳的形式。敦煌莫高窟220窟唐贞观时期壁画《维摩诘说法图》局部（图6-9），其中有身穿冕服的唐代帝王和群臣形象。冕服上装为交领右衽大袖长衣，下装为围裳，是我国中原农耕服饰文明的服饰表征。

隋唐时期，官员在朝堂之上和举行礼仪大典时，通常穿用朝服。朝服沿用汉晋以来的服装样式，以交领右衽和褒衣广袖为主要特征。这一时期建立“品色服”制度，服装的颜色是区分官员品阶高低的主要标志。《隋书·礼仪志》载，隋炀帝大业六年规定：“五品以上，通著紫袍；六品以下，兼用绯绿。胥吏以青，庶人以白，屠贾以皂，士卒以黄。”《旧唐书·高宗纪》载，唐高宗上元元年规定，“敕文武官三品以上服紫，金玉带；四品深绯，五品浅绯，并金带；六品深绿，七品浅绿，并银带；八品深青，九品浅青”。服色成为区分身份贵贱、官位高低等序的主要依据。

唐代彩绘文官俑（图6-10），陕西西安东郊豁口磨金乡县主墓出土，人俑头部佩戴进贤冠，身穿交领右衽大袖上衣。唐代进贤冠的冠耳逐渐扩大，呈现为圆弧形，展筩则逐渐降低缩小，由卷棚形演变成球形冠顶。唐代三彩文官俑（图6-11），河南洛阳刘庭训墓出土，英国博物馆藏，人俑头戴进贤冠，身穿交领右衽大袖朝服。

唐代三彩文官俑（图6-12），西安博物院藏，人俑面部眉毛、眼睛、胡须皆为墨绘，双手交握于胸前，中有长方形孔，推测为插笏板之用。头部佩戴进贤冠，身穿交领朝服，大袖袖口处有宽纹饰，最外层着裲裆，裲裆胸前有纹饰，腰间系带束腰，下装为大口袴，外观似围裳，足蹬如意头云履。唐代三彩武官俑（图6-13），西安博物院藏，人俑神情庄重，头部戴圆顶帽，身穿大袖朝服，披挂裲裆，下装为缚袴，脚蹬皮履，三彩釉色以褐、绿、白为主，色泽鲜艳流畅。

唐代男子服装中，窄袖袍服穿用最为广泛，主要分为圆领袍和翻领袍两种。圆领袍和翻领袍均吸收了游牧民族胡服的特点，在民族融合与文化交流的背景下，使我国传统服饰呈现出新的面貌。圆领袍也称团领袍，为隋唐时期士庶与官宦各阶层男子普遍穿用的常服。紫禁城南薰殿《唐太宗立像》（图6-14），台北故宫博物院藏，画面中唐太宗穿着圆领团龙纹饰窄袖袍服，腰间系带，足蹬靴。唐代画彩陶立俑（图6-15），河南洛阳戴令言墓出土，故宫博物院藏，男俑头戴幞头，身穿圆领右衽窄袖袍，腰间束带，足蹬靴。佩剑武官俑（图6-16），甘肃庆城县赵子沟村穆泰墓出土，庆城县博物馆藏，人俑大部分由模具制成，神

图6-9

图6-10

图6-11

图6-12

图6-13

图6-14

图6-15

图6-16

图6-9　《维摩诘说法图》局部

图6-10　彩绘文官俑
陕西西安市豁口磨金乡县主墓出土

图6-11　文官俑
河南洛阳刘庭训墓出土

图6-12　文官俑
陕西西安博物院藏

图6-13　武官俑
陕西西安博物院藏

图6-14　《唐太宗立像》
台北故宫博物院藏

图6-15　陶立俑
河南洛阳戴令言墓出土

图6-16　佩剑武官俑
甘肃庆城县赵子沟村穆泰墓出土

态与服饰相似，只是颜色各有不同。武官俑头部佩戴幞头，身穿圆领袍服，腰间系带，腰侧佩剑，足蹬靴，整体造型厚重，肃穆庄重。

袍服是唐代最具代表性的男子常服，通常为有内里的夹衣，冬可絮棉，领口和前襟各有一枚扣襻系合，长度一般在小腿至脚面之间。唐颜师古注《急就篇》载："长衣曰袍，下至足跗。"唐代袍衣在膝部用一整幅布接成一圈横襕，又可称为襕袍。《隋书·礼仪志》称："宇文护始命袍加下襕"，《新唐书·车服志》称："太尉长孙无忌又议，服袍者下加襕。"袍下加襕制为襕袍，有附会华夏传统服制上衣下裳之意。唐代蓝色菱纹圆领罗袍（图6-17），中国丝绸博物馆藏，为襕袍款式。敦煌莫高窟103窟盛唐壁画（图6-18），也绘有佩戴幞头，身穿襕袍的唐代男子形象。男侍图壁画（图6-19），阿史那忠墓出土，昭陵博物馆藏，男侍图壁画（图6-20），唐代安元寿墓出土，两幅壁画中侍者均头戴幞头，身穿圆领窄袖袍，腰间束带，足蹬高筒黑色靴，可见袍服在唐代男子中穿用广泛。

隋唐时期袍服中的缺胯袍流行广泛。缺胯袍于后身开衩，或者袍服下摆两侧开衩，为唐代军戎服饰常用。因穿用便捷，普通百姓也在穿用缺胯袍，一度因戎庶无别而被禁止，《唐会要·军杂录》载："坊市百姓甚多着绯皁开后袄子，假托军司。自今以后，宜令禁断。"缺胯袍由军戎服装流行至民间，成为庶人常服。

《新唐书·车服》载："开骻者名曰缺骻衫，庶人服之。"缺胯袍的造型特点，既保持了服装外形端庄，同时兼具实用功能，为唐代军士和庶人所常用。盛唐时期绿绫缺胯袍（图6-21），日本正仓院藏，袍衣长141厘米，袍服两侧开衩高55厘米。唐代花绫圆领缺胯袍（图6-22），中国丝绸博物馆藏，袍服身后正中开衩高近50厘米。敦煌莫高窟42窟盛唐壁画（图6-23），绘有佩戴幞头，身穿缺胯袍的唐代男子形象。

隋唐时期，国力强盛，文化繁荣，随着

图6-17

图6-18

图6-19

图6-20

图6-21

图6-17　菱纹圆领罗袍
中国丝绸博物馆藏

图6-18　盛唐壁画
敦煌莫高窟103窟

图6-19　男侍图壁画
陕西礼泉县西周村唐代阿史那忠墓出土

图6-20　男侍图壁画
陕西礼泉县烟霞乡马寨村唐代安元寿墓出土

图6-21　绿绫缺胯袍
日本正仓院藏

图6-22

图6-23

图6-22 花绫圆领缺胯袍
中国丝绸博物馆藏

图6-23 盛唐壁画
敦煌莫高窟42窟

兼容并蓄的外交政策推行以及丝绸之路的发展，长安城已成为国际性大都市。各国使节、学者、僧侣与商人入华，促进了东西方之间经济文化的交流，也推动了各民族间思想文明的互鉴。《唐会要》载："开元二年十二月，岭南市舶司右威卫中郎将周庆立，与波斯僧等广造奇器异巧以进。"唐代开始在广州设市舶司，主管海路邦交外贸，承担外交事务，并设立馆驿接待外国使节，市舶司于明代终止。随着海外贸易的日益繁盛，大量外国商人和使节沿海上商路来访，有来自大食（中古时期阿拉伯帝国）、波斯（今伊朗）、天竺（今印度）、狮子国（今斯里兰卡）、真腊（今柬埔寨境内）等各国商人来往贸易。以丝绸之路为载体的商贸和文化广泛交流，来自西域和东南亚各国的人们开始定居中原，长安城内设有鸿胪寺、典客署、礼宾院等机构，专门管理接待外国宾客和少数民族使节。胡服、胡舞等异域文化在社会广泛传播，为隋唐艺术注入新的元素，对一体多元的华夏文化和多族共荣的社会结构产生了深远的影响。

盛唐时期，长安作为丝绸之路的起点，各国宾客云集。2001年，甘肃庆城县博物馆在开元十八年穆泰墓中清理出90多件造型生动，款式别致的彩绘陶俑（图6-24），有胡人牵驼俑、胡人牵马俑，胡人坦腹俑等多种类型，再现了盛唐胡风的艺术特色。唐代胡人俑通常高鼻深目，胡须浓密，为典型的胡人相貌；服装为头戴胡帽，身穿缺胯袍服，圆领或翻领，窄袖，腰间系带，下装为宽口袴，足蹬靴。胡服紧窄合体，衣襟垂直开合，左右对称，边缘处有色彩艳丽的宽缘装饰带。白居易《西凉伎》有："紫髯沈目两胡儿，鼓舞跳梁前致辞。"胡人俑展现出浓郁的异国风情，为唐代服饰增添了独特的艺术形象。

盛唐时期，长安城居民身份类型多样，除中原汉族外，有大量外来少数民族、外国使团、商贾、僧侣、留学生等寄居长安，从事政治、商贸、宗教及文化活动。考古发现的多例唐代胡人俑，在题材和种类上丰富多样，主要有武官胡俑、文官胡俑、胡侍女俑、骑马胡俑、胡商俑、胡人乐舞俑、牵驼牵马胡俑等，展示出胡人在唐朝社会的不同身份以及多彩生活，也显示了长安城内民族杂居、千门万户、百业兴旺的繁荣景象。

唐代胡人大多来自中亚和西域等地的游牧民族，善于骑射、体格强悍，性格豪爽。很多胡人加入唐朝军队，英勇善战的胡人还可以担任朝廷武职官位。三彩釉武官胡人俑（图6-25），西安唐墓出土，西安博物院藏，人俑面部留有络腮胡须、高颧骨、深眼窝，头戴武弁大冠，冠主体为包叶状，正面饰有鹖鸟形纹饰，上装为交领右衽大袖上衣，下装为大口袴，展示出唐代胡人武官朝服形象。武冠源于战国时期的鹖冠，也称大冠，最早以鹖羽为饰的武士之冠，取其勇猛之意。汉代的五官中郎将、羽林左右坚等武将均戴此冠，魏晋沿袭，直至唐代。唐代鹖冠形制有所改变，武冠正面饰有写实的雄健欲斗、展翅欲飞的鹖鸟形象。

彩绘胡人武士陶俑（图6-26），唐代王君愕墓出土，昭陵博物馆藏，人俑面部留络腮胡须，高鼻深目，头部佩戴螺顶兜鍪，身穿明光铠，肩臂处有披膊，腰间系带，下着缚袴，左臂屈肘，左手扶盾，为唐代典型的胡人武士形象。彩绘陶胡人文吏俑（图6-27），唐代穆泰墓出土，庆城县博物馆藏，人俑面部留连鬓络腮胡，胡须浓密卷翘，浓眉深目，高鼻大耳，为胡人相貌。头部佩戴小方冠，身穿对襟大袖朝服，腰系黑带，足蹬如意履。胡人俑双肩高耸，脖子微缩，神色狡黠，双手捧于鼓腹之上，生动地展现出唐代担任文官的胡人形象。

图6-24

图6-24　胡人俑
甘肃庆城县唐代穆泰墓出土

图6-25　三彩釉武官胡人俑
陕西西安南郊唐墓出土

图6-26　胡人武士俑
陕西礼泉县王君愕墓出土

图6-27　彩绘陶胡人文吏俑
甘肃庆城县穆泰墓出土

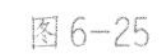

图6-25

图6-26

图6-27

唐三彩釉陶胡女俑（图6-28），永泰公主墓出土，陕西省历史博物院藏，女俑头部顶发中分，梳双垂髻，修眉深目，高鼻丰颐，身穿袒领窄袖衫，外层披蓝色帔帛，下穿赭色曳地长裙，双手环握于腹前，从相貌和姿态上看有可能为西域进贡的胡人侍女形象。牵马胡女俑（图6-29），唐代穆泰墓出土，庆城县博物馆藏，胡女头部梳双垂髻，圆脸杏眼，小口厚唇，唇部涂有红彩，身着圆领窄袖胡服，衣领翻折，衣袍长度及膝，下裾上撩并扎进腰带，足蹬靴，为牵马胡女侍者形象。

唐三彩腾空骑马胡人俑（图6-30），西安西郊制药厂出土，西安博物院藏，马呈腾空奔驰姿势，胡女骑于马背，做手持缰绳状。胡女面庞丰满，面带笑容，顶发中分，头梳双髻，英姿勃发；身着圆领深蓝色袍服，腰间系带，左侧挂圆形袋囊，足蹬尖头靴。奔马体形彪悍，做腾空跃起式，颈上鬃毛直立，马背上胡人风尘仆仆，生动反映了西域胡人骏马疾驰的形象。

唐代三彩骑马胡人俑（图6-31），洛阳博物馆藏，人俑面部留络腮胡须，高鼻深目，为胡人相貌。头部佩戴黑色幞头，身穿窄袖合体袍服，服装表面施绿釉彩，翻折领，腰间系带，足蹬靴，展示出骑马挽缰的胡人形象。《新唐书》载，“马者，国之武备”，唐代胡人大多来自西域游牧民族，善于养马，精于骑射，唐代社会生活中常见威武的胡人和矫健的胡马。

唐彩绘骑马胡人斗豹俑（图6-32），永泰公主墓出土，陕西历史博物馆藏，胡人浓眉虬髯，头戴幞头，身穿窄袖翻折领袍服，下装着袴，足蹬靴。马尾臀部上方卧有猎豹，胡人左手擒豹头，右手高举，回首怒目断喝，生动地刻画出骑马胡人的斗豹片段。唐代贵族男子通常驯养猎狗、猎豹和猞猁等动物，以辅助狩猎活动，骑马胡人斗豹俑再现了唐代精彩的鞍马生活。彩绘骑马胡人俑（图6-33），永泰公主墓出土，陕西历史博物馆藏，人俑浓眉深目，阔嘴高鼻，满腮浓髯，头戴幞头，袍服拢于腰间打结，上身赤裸，双臂曲举，肌肉发达，下身着袴，足蹬靴；坐骑耳如削竹、长颈丰臀、比例匀称、膘肥体壮，展示出威猛健硕的胡人骑马形象。

唐三彩胡人牵马俑（图6-34），陕西西安西郊中堡村唐墓出土，面部高颧骨，顶发中分，有两条发辫由耳上交盘于脑后。上身穿浅黄色绿翻领窄袖开衩袍，腰间束蹀躞带，腰带上挂梳刮等工具，左侧衣摆在腰间打结，衣襟左穿右袒，右臂卷袖，套蓝色半臂，足蹬高筒靴，人俑双臂屈置胸前，手握拳做执缰牵马状。

彩绘牵驼木俑（图6-35），吐鲁番阿斯塔那唐代206号墓出土，新疆维吾尔自治区博物馆藏，木俑头部、躯干、四肢分段雕刻，然后胶合，再施以彩绘而成，为牵驼胡人男子像。面部浓眉深目、鼻且短胡，头戴白毡尖顶帽，帽檐外翻，露出暗红色帽里，毡帽两侧高绘红色四出菱纹图案，身穿齐膝绿色缺胯袍，衣襟左侧衣角外翻，露出红色衬里，上绘深红色树草和蜜蜂图案，腰系黑带，脚穿黑色长靴。人俑两臂弯曲向前并紧握双拳，做牵引驼马状，为典型的西域胡人形象。

唐三彩牵马胡人俑（图6-36），唐代安菩夫妇墓出土，洛阳博物馆藏。根据安菩墓志铭，安菩为中亚安国粟特人。安国在今乌兹别克斯坦布哈拉一带，属于昭武九姓国之一，安菩为安国首领之后，因其骁勇善战，保卫唐朝

图6-28 釉陶胡女俑
陕西乾县永泰公主墓出土

图6-29 牵马胡女俑
甘肃庆城县穆泰墓出土

图6-30 腾空骑马胡女俑
陕西西安西郊制药厂唐墓出土

图6-31 骑马胡人俑
洛阳博物馆藏

图6-32 骑马胡人斗豹俑
陕西乾县永泰公主墓出土

图6-33 彩绘骑马胡人俑
陕西乾县永泰公主墓出土

图6-34 胡人牵马俑
陕西西安西郊中堡村唐墓出土

图6-35 彩绘牵驼木俑
新疆吐鲁番阿斯塔那206号墓出土

图6-36 牵马胡人俑
河南洛阳南郊龙门山安菩夫妇墓出土

图6-28 图6-29 图6-30
图6-31 图6-32 图6-33
图6-34 图6-35 图6-36

边疆，被封为五品京官和定远将军。安菩墓中出土的三彩胡人俑，体形高大，头部或佩戴尖顶帽，或佩戴宽发带，身着绿色翻领黄色袍衣，内穿短裙，腰上系有束带和布囊，脚穿黑色长筒尖头鞋，人俑手部均做出一上一下的握拳状，生动表达出牵缰绳的动作状态，再现了唐代粟特人的服饰形象。

唐代有大量往来于丝绸之路沿线的胡商，从事商品交易，促进了东西方的经济繁荣和贸易交流。唐代彩绘陶胡商俑（图6-37），洛阳博物馆藏，人俑面部留络腮胡须，深目高鼻，头戴尖顶折檐帽，身穿翻领右衽短袍，腰间系带，足蹬长筒靴。胡商俑腰部弯曲，肩背丝卷，左手提单把波斯式壶，为唐代西亚商人的形象。唐代牵驼胡商画像砖（图6-38），山丹艾黎捐赠文物陈列馆藏，砖面上模印彩绘牵驼胡商，面部深目高鼻，头戴白色尖顶毡帽，身穿窄袖紧身胡服，腰系黑带，腰带挂黑色烟荷包，足蹬长筒黑靴，鞋尖上翘，揽缰牵驼。画像砖彩绘人物，线条勾勒流畅，色彩明快，形象逼真，生动地描述出唐代往来于丝路，进行贸易的西域胡人形象。

唐代彩绘黑人百戏俑（图6-39），吐鲁番阿斯塔那M336号墓出土，新疆维吾尔自治区博物馆藏，头部黑发卷曲，上身赤裸，下身穿短裤，为表演杂耍的黑人形象。昆仑奴陶俑（图6-40），中国国家博物馆藏，人俑头发卷曲，戴项圈臂钏，上身斜披巾带，下身穿短裤，赤足，右手高举，左手握拳，呈表演姿势。

唐三彩陶袒腹胡人俑（图6-41），永泰公主墓出土，陕西历史博物院藏，顶发中分，头发拢于脑后梳辫，深目高鼻，双眉浓重，两眼圆睁，身穿绿色及膝翻毛皮袍，袒胸露腹，下穿绿色窄腿裤，脚蹬赭色尖头靴，为正在做手彩类魔术表演的西域胡人形象。

唐代鎏金铜胡腾舞俑（图6-42），山丹县艾黎捐赠文物陈列馆藏，人俑深目高鼻，头戴卷檐尖顶帽，身穿窄袖束腰胡袍，身后背葫芦酒壶，双臂伸展，长袖翻飞，裙角轻扬，左腿屈扬，右腿立于半球形六瓣莲花座托上，生动地塑造出优美动人的胡腾舞姿。胡腾舞源于中亚昭武九国之一的石国（今乌兹别克斯坦塔什干地区），经丝绸之路传入长安，舞者多为男子，舞蹈以跳跃和急促多变的腾踏舞步为主，矫捷劲健、洒脱明朗、快速有力的西域舞蹈形式在唐代属于有名的“健舞”，胡腾舞已成为当时唐代贵族家乐表演的重要组成部分。

图6-37

图6-38

图6-39

图6-40

图6-41

图6-42

图6-37 陶胡商俑
河南洛阳出土

图6-38 牵驼胡商画像砖
甘肃山丹县卫武骑尉韩胤胄墓出土

图6-39 陶黑人百戏俑
新疆吐鲁番阿斯塔那M336号墓出土

图6-40 昆仑奴陶俑
中国国家博物馆藏

图6-41 陶袒腹胡人俑
陕西乾县永泰公主墓出土

图6-42 鎏金铜胡腾舞俑
山丹县艾黎捐赠文物陈列馆藏

襦裙与衫裙

隋唐时期随着东西方文化的交融，社会人文风貌呈现出开放进取的积极姿态，在保留中华传统文化的基础上，融汇了西域不同民族的文化元素。唐代社会开放，环境宽松，女子服饰瑰丽多彩，风格大胆开放，这是社会发展以及各民族间经济文化的交流与融合在服装上的体现。初唐时期女子服饰，上穿窄袖短襦，下着紧身长裙，裙腰束至腋下，腰间系扎丝帛。盛唐以后女子服饰中出现一种“绮罗纤缕见肌肤”的服装，上身以裙腰上提遮住胸部，外层披挂轻薄纱衣，这种装扮在中晚唐贵族妇女中特别流行，并一直延续到五代时期。唐朝国风开放，女子的社会地位和活动空间有了极大提高，着装风气也较为开放。周濆《逢邻女》诗云：“日高邻女笑相逢，慢束罗裙半露胸。莫向秋池照绿水，参差羞杀白芙蓉。”描述了唐代女子着坦领裙装的形象。当时女性以身材丰腴为佳，坦领裙装更能体现女子体态丰满的富贵之态。唐代女装中，帔子使用广泛，帔子也称披帛，是古代女性披在肩背上的服装配件。唐代张鷟《游仙窟》诗云：“迎风帔子郁金香，照日裙裾石榴色。”帔一般用纱、罗等轻薄织物做成，披于肩背，形成造型婉转流畅、富有韵律动感的服饰形态。

唐代长安以政治和经济文化中心的核心地位汇聚了天下宾客，来自异域民族的服饰、习俗和乐舞等文化融入唐代社会，这为女子服饰的发展带来了新面貌，使其呈现出多姿多彩的新局面。女性服饰中胡服、浑脱帽、女着男装等新风尚广泛传播，女子服饰从“小头鞋履窄衣裳”到“时世宽装束”，以着男装与胡服为时尚，呈现出一派花团锦簇、丰美华丽的盛世气象。

彩绘侍女俑（图6-43），河南巩义北窑湾唐墓出土，呈站立状，头部梳盘桓髻，上身穿窄袖短襦，下着长裙，裙腰高至腋下，胸前束带，裙长至脚面，为初唐时期侍女的常见服饰形象。《新唐书·车服志》载：“半袖裙襦者，东宫女史常供奉之服也。”唐朝宫廷女子的典型穿着便是“半袖裙襦”，半袖即为半臂，襦为上衣，下衣为裙。考古出土的唐代女俑以及壁画和人物绘画作品中，女子多穿襦裙、半臂的服装样式。

唐代彩绘陶高髻仕女俑（图6-44），西安博物院藏，头部梳高球髻，面部饰有红妆，身穿窄袖对襟襦，下装为长裙，裙腰覆于胸部，腋下系带，裙长曳地，足蹬翘头履。

唐代彩绘堕马髻女立俑（图6-45），故宫博物院藏，女俑双鬓抱面，梳堕马髻，发髻于头顶偏向一侧，也称抛家髻。面涂红粉，蚕眉细目，口唇施朱，身着窄袖襦，双手拢袖于胸前，齐胸长裙，裙长曳地，足蹬翘头履。女俑体态丰腴，体现了唐代中期的审美时尚。

唐三彩捧盒仕女俑（图6-46），西安博物院藏，头部梳倭堕髻，身穿窄袖襦，外披披帛，双手捧盒于胸前，裙长曳地。侍女俑体态丰腴，神情安详，展示出恬静的唐代仕女形象。

唐代彩绘陶高髻仕女俑（图6-47），西安博物院藏，头部微倾向左侧，面庞圆润，施以粉彩，以细墨描眉，朱红点唇，头梳抛家髻。抛家髻是唐代后期较为流行的发式，以两鬓抱

图6-43

图6-44

图6-45

图6-43 彩绘侍女俑
河南巩义北窑湾唐墓出土

图6-44 彩绘陶高髻仕女俑
西安博物院藏

图6-45 彩绘堕马髻女立俑
故宫博物院藏

面，状如椎髻。身穿袒领白底彩花窄袖襦，双手拱于胸前；身披橙色披帛，有花卉纹饰，披帛由前腹搭向双肩，垂于后背；下着淡绿色及地长裙，裙腰系红色裙带。

唐代三彩女立俑（图6-48），陕西历史博物馆藏，女俑拱手站立，头部梳倭堕髻，小髻垂于额前，鬓发浓密，面庞丰润，身穿交领窄袖襦，下穿落地长裙，长裙下露出翘头丝履。从隋代至唐初，女子服饰流行紧窄袖上襦，紧身长裙，盛唐以后，衣衫加宽，衣袖加大，这与女子丰腴的体态相得益彰。《新唐书》记载，文宗时曾规定女子衣袖不得超过一尺三寸，可见中晚唐时期人们趋于喜好宽袖、袒领样式，将胸部肌肤袒露于外，也于盛唐以后开始流行。

唐代绢衣彩绘木俑（图6-49），吐鲁番阿斯塔那206号墓出土，新疆维吾尔自治区博物馆藏，女俑头部为木塑彩绘，身躯以木柱支撑，胳膊用纸捻制成，呈侍立恭候状。头部梳反绾丫髻，面部妆容厚重，眉间饰花钿。上身穿窄袖绿绫襦衣，外套联珠团花纹半臂，肩披黄底白花绢制披帛，下身穿红黄相间的竖条纹间色裙。间色裙是用两种或者两种以上颜色的材料相互间隔排列而做成的裙子，每一间隔称为一破，唐代有六破、七破和十二破的间色裙，并且有红绿、红黄、黄白等不同色彩。

唐代红陶女俑（图6-50），河南洛阳出土，河南博物院藏。女俑整体丰满雅致，体现出大唐盛世的繁荣风尚。女俑昂首站立，面部两颊丰润，头梳高髻，有盘桓髻、反绾丫髻、半翻刀髻、倭堕髻等唐式流行发髻，身着窄袖襦裙，长裙曳地，外部有披帛或半臂，足部穿翘首履。女俑姿态各不相同，有的袖手于腹前，有的双手交握于胸前，仪态端庄，展示出丰腴雍容的唐代女子气质，再现了李白《清平调》中描绘"云想衣裳花想容，春风拂槛露华浓"的大唐盛世之美。

永泰公主李仙蕙墓前室东壁南侧壁画《宫女图》（图6-51），陕西历史博物馆藏，画面上两组宫女头梳高髻，身穿襦裙，外披披帛，结队缓行。宫女表情庄重矜持，脸型清俊娟秀，体态丰盈，婀娜多姿，生动反映出初唐宫廷女子的服饰形象。

唐代周昉的《簪花仕女图》局部（图6-52），辽宁省博物馆藏，为绢本设色图，画中描绘衣着艳丽的贵族仕女赏花游园的情景。画面中贵族女子发髻高大，髻上簪花，体态丰盈，雍容华贵。女子面部均有厚重妆容，

图6-46　捧盒仕女俑
西安博物院藏

图6-47　彩绘陶高髻仕女俑
西安博物院藏

图6-48　女立俑
陕西历史博物馆藏

图6-49　绢衣彩绘木俑
新疆吐鲁番阿斯塔那206号墓出土

图6-50　红陶女俑
河南博物院藏

图6-51　壁画《宫女图》
陕西咸阳乾县永泰公主墓出土

图6-52　《簪花仕女图》局部
辽宁省博物馆藏

图6-46

图6-47

图6-48

图6-49

图6-50

图6-51

图6-52

涂脂敷粉，画广眉、贴花钿。女子上身穿轻薄大袖纱衣，肩臂处肌肤隐约可见，外披长披帛，下穿高腰齐胸长裙，裙衫有红、黄、紫、白多种颜色，裙上绘有田字菱纹、团花、白鹤、云凤等多种纹样，长裙曳地，婀娜多姿，脚穿翘头重台履，展示出一派国色天香的绚丽、典雅、华美的唐代宫廷女子形象。

绢画《弈棋仕女图》(图6-53)，吐鲁番阿斯塔那187号墓出土，新疆维吾尔自治区博物馆藏，画面中贵族女子发束高髻，饰簪花，面色红润，面颊丰腴，眉间饰花钿；身着襦裙，外披轻纱披帛，手戴玉镯，呈举棋未定而沉思状。画面线条流畅，赋彩凝重，形象地描绘出唐代浓丽华贵的仕女形象。《彩绘舞伎图》(图6-54)，阿斯塔那230号墓出土，图中仕女发髻高耸，面部施红妆，眉间饰花钿，身穿窄袖襦，外罩小团花纹半臂，佩披帛，下身穿红色曳地长裙，色彩浓艳，展示出身材窈窕，

图6-53

图6-54

图6-53 《弈棋仕女图》局部
新疆吐鲁番阿斯塔那187号墓中出土

图6-54 《彩绘舞伎图》
新疆吐鲁番阿斯塔那230号墓出土

贤淑端庄的唐代仕女形象。

敦煌莫高窟130窟盛唐壁画《都督夫人礼佛图》（图6-55），画面中有十二人像，是唐代供养人画像中规模最大的一幅。人物依据长幼尊卑，依次画出都督夫人以及她的两个女儿和九名身着男装的婢女。画面钗光鬓影，绮丽纷呈，是莫高窟保存至今最为宏伟的一幅绮罗人物像。图中共有十二个人像，第一身像最大，为天宝十二载（公元753年前后）出任晋昌郡都督的乐庭瓌夫人太原王氏；第二身像较小，为王氏的女儿十一娘；第三身像更小，为王氏的女儿十三娘。这三人是礼佛图的主人，后面九人为身着男装的婢女。画面人物造型真实，富于生活气息，塑造出形象生动、性格鲜明、生气蓬勃的唐代贵族家眷礼佛场景。

唐三彩仕女俑（图6-56），龙门山安菩墓出土，洛阳博物馆藏，呈站立状，头部梳单刀高髻，面颊圆润，粉面朱唇，饰有面靥，身穿窄袖交领襦，外层有披帛，长裙曳地，足蹬翘头履，为唐代典型的仕女形象。唐代女子披帛也称帔子，为绕于肩上起装饰作用的丝质帛巾，在唐代广为流行，无论是贵族女子还是平民女子，都以披戴披帛为美。披帛通常以轻薄的纱罗裁成，上面印有图纹，其长度都在两米以上，用时盘绕于两臂之间。在肩臂处或宽或窄的帔帛装饰下，女子裙装更显妩媚多姿，别有神韵。

唐三彩女立俑（图6-57），陕西历史博物馆藏，头部梳倭堕髻，身穿交领窄袖襦，外配半臂，右肩臂处披挂披帛，下着长裙，裙长曳地，脚蹬翘头履。女俑造型比例匀称，形神兼备，在人物塑造上表现出“丰肌秀骨”的艺术风格，充分体现出唐代女性的柔美、端庄和风雅的气质。

唐三彩梳妆女坐俑（图6-58），陕西历史博物馆藏，头部梳半翻单刀高髻，身穿窄袖襦，外罩绣花半臂，裙褶处遍绣柿蒂花，裙长曳地，足蹬翘头履。女俑左手半握举于胸前，持镜照面，镜已失；右手伸指似要妆点额头，表现了衣着华丽的唐代女子执镜梳妆的形象。

唐三彩骑马披帛女俑（图6-59），河南洛阳出土，河南博物院藏，为白陶胎模塑施釉而成。马躯体施褐红釉，昂首竖耳，强劲挺拔，立于托板上，富有动感。马背上置绿褐色障泥鞍鞯，鞍鞯上骑坐女俑，头部梳高耸圆髻，身着翻领窄袖襦，肩披浅褐色披帛，足蹬软靴，

图6-55　《都督夫人礼佛图》壁画局部
敦煌莫高窟130窟

图6-56　仕女俑
河南洛阳南郊龙门山安菩墓出土

图6-57　女立俑
陕西西安中堡村出土

图6-58　梳妆女坐俑
陕西西安王家坟90号唐墓出土

图6-59　骑马披帛女俑
河南博物院藏

图6-55

图6-56

图6-57

图6-58

图6-59

双手勒缰，神态怡然。

侍女图壁画（图6-60），安元寿墓出土，昭陵博物馆藏，壁画中侍女一人执扇，一人双手抱包裹于胸前。侍女均面部施薄粉彩，身穿绿色窄袖坦领襦，外配黄色披帛，下装为红色间色长裙，脚穿翘头履。由两色布帛相拼的间色裙在唐代尤其流行。《旧唐书·高宗本记》载："其异色绫锦，并花间裙衣等，糜费既广，俱害女工。天后，我之匹敌，常着七破间裙。"裙中七破，即指裙上被剖成七片，以不同色彩相间，拼缝而成，此外还可达十二破之多。

《捣练图》（图6-61），美国波士顿美术馆藏，描绘唐代女子在捣练、络线、熨平、缝制劳动的情景。女子形象均丰颊硕体，服饰艳丽，头部梳高髻，身穿窄袖对襟襦，外配披帛，下身着齐胸长裙。服饰纹饰精致，色彩柔和，艳而不俗，朱红、绯红、橙黄、草绿等色彩交相辉映，显示出唐代崇尚端丽丰腴的审美特色。

隋代彩绘陶伎乐俑（图6-62），安阳张盛墓出土，河南博物院藏，为当时乐队中的坐部伎，八位跽坐女乐手分持不同乐器演奏，头部梳盘桓髻，身着交领窄袖短襦，下穿红彩条纹的间色裙，裙腰上提至腋下，长裙系于胸前，裙摆铺地，构成殿堂上宴飨乐舞演出的场面。

彩绘陶乐舞俑（图6-63），河南洛阳孟津岑氏夫人墓出土，一组十件，由乐俑和舞俑组成，均为彩绘女俑。女俑面部丰满圆润，粉面朱唇，眉心间饰有紫色花钿。乐俑六件，呈跽坐状，表情专注，做吹奏或弹奏乐器状。头部均为反绾双髻，身穿窄袖襦，外层为半臂，腰间系带，长裙铺地。舞俑四件，其中两件舞俑头部为双环望仙髻，身穿窄长袖舞衣，外层为

图6-60

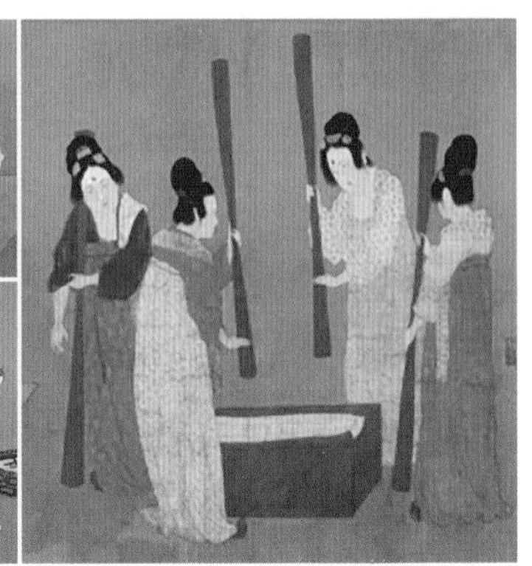

图6-61

图6-62

图6-63

图6-60 侍女图壁画
陕西礼泉县烟霞乡马寨村安元寿墓出土

图6-61 《捣练图》局部
美国波士顿美术馆藏

图6-62 彩绘陶伎乐俑
河南安阳隋代张盛墓出土

图6-63 彩绘陶乐舞俑
河南洛阳孟津唐代岑氏夫人墓出土

翻领敞袖对襟衫，下穿长裙。彩绘陶乐舞俑（图6-64），河南巩义北窑湾唐墓出土，河南省博物院藏。六件乐俑分两组跽坐于托板上，乐俑身着长裙，高束至胸部，肩披帔帛，作吹奏或弹奏状。中间一位舞俑，头梳双髻，发扎锦带垂至两边耳际，头歪向左侧，长裙曳地，呈舞蹈姿势。乐舞俑神情温婉，造型优美，折射出唐代的审美观念，再现了唐代女子乐舞表演的盛景。

唐代舞乐制度趋向成熟，乐舞俑即为隋唐时期官宦贵族家庭宴享娱乐的缩影。隋唐时期官宦人家流行家蓄女乐舞伎，彩绘釉陶乐俑（图6-65），唐代贾敦赜墓出土，洛阳博物馆藏。彩绘釉陶舞俑（图6-66），唐代安菩墓出土，《旧唐书·李林甫传》记载玄宗赏赐李林甫"女乐二部，天下珍玩，前后赐予，不可胜记。"乐伎是备受贵族阶层的喜爱和推崇，受赠女乐在当时属于规格很高的皇家礼遇。

唐代彩绘持腰鼓女乐俑（图6-67），故宫博物院藏，头梳盘桓髻，身穿窄袖襦，外层搭配对襟半臂，下装为长裙。女俑跽坐，双手持腰鼓，呈表演状。唐代腰鼓属于西域乐器，主要用于西凉、龟兹、疏勒、高丽、高昌等地的胡乐舞表演，挂在腰间，击打鼓面进行演奏，乐声节奏清晰婉转，表现出胡乐舞在唐代社会流行的情景。

唐代彩绘双环望仙髻女舞俑（图6-68），陕西历史博物馆藏，女舞俑身材颀长，削肩蜂腰，高鼻朱唇，柳眉凤目，颈戴项链，臂饰钏镯。女俑头部梳双环望仙髻，身穿宽袖襦，外罩拱领翘肩半臂，腰间束带，前腰佩绣花蔽膝，下着曳地长裙。整体舞服，造型奢华，线条流畅，衣褶立体，展示出华贵飘逸、气韵生动的乐舞伎服饰形象。

陕西三原县唐淮安郡王李寿墓壁画《奏乐图》（图6-69），画面中有五名跽坐的女伎分别持竖箜篌、筝、四弦琵琶、五弦琵琶、笙等乐器演奏。女乐后站立三名侍女，分别捧杯、持竹杖、持弓，一侍女拱手侍立。画中乐伎均上身穿窄袖襦，下装为间色长裙。唐代女性最典型的下装，为宽幅多褶的曳地长裙。这种多幅长裙，有用单色裙料制作的，称为单色长裙；有用两种或两种以上的裙料制作，称为间色长裙。唐代女子的高腰长裙，衬托出女性身材修长和俏丽，在唐代广为流行。

图6-64　图6-65　图6-66　图6-67　图6-68　图6-69

图6-64　彩绘陶乐舞俑
河南巩义北窑湾唐墓出土

图6-65　彩绘釉陶乐俑
河南洛阳唐代贾敦赜墓出土

图6-66　彩绘釉陶舞俑
河南洛阳南郊龙门山安菩墓出土

图6-67　彩绘持腰鼓女乐俑
故宫博物院藏

图6-68　彩绘双环望仙髻女舞俑
陕西长武县枣元乡郭村张臣合墓出土

图6-69　壁画《奏乐图》
陕西三原县唐淮安郡王李寿墓出土

女装袍服与胡服

唐代国力强盛、文化繁荣，在开明开放的社会风气下，唐代女子具有尚美、率性自由的个性。从目前所见文献和考古资料来看，唐代女子骑马已经非常普遍，通常有骑马出游、打马球、狩猎等各项活动，这反映了当时女性的生活状态和社会地位。北宋赵佶摹唐张萱绘《虢国夫人游春图》（图6-70），辽宁省博物馆藏，描绘虢国夫人及其眷从春日骑马盛装出游的情景。画面中尊贵的虢国夫人姊妹、年幼女童、年轻侍女和年迈侍姆均骑坐在膘肥体壮的骏马上前行，充分反映出当时贵族女子骑行外出的服饰状态和社会风尚。

唐代是我国封建社会中充满活力的朝代，此时期的女性受开明开放风气以及民族大融合的影响，生活较为开放自由，精神面貌也比较开朗、奔放、活泼、勇敢。《中华古今注》记："至天宝年中，士人之妻，著丈夫靴衫鞭，内外一体也。"唐代女性衣着开放，有时候敞胸露臂，尽显女子的柔美风情；有时候穿男装，骑马郊游、逐猎、打马球等，策马扬鞭，尽显巾帼不让须眉的飒爽英姿。唐刘肃《大唐新语》载："天宝中，士流之妻，或衣丈夫服，靴衫，鞭帽，内外一贯矣。"唐代女子流行穿着男装，圆领衫与高筒靴的男装组合，为女子乘马所服。

《新唐书·五行志》记载："高宗尝内宴，太平公主紫衫、玉带、皂罗折上巾，具纷砺七事，歌舞与帝前。帝与后笑曰'女子不可为武官，何为此装束？'"记录了太平公主女扮男装，歌舞于唐高宗帝前的宫廷事迹。

壁画《观鸟捕蝉图》（图6-71），于陕西咸阳乾县章怀太子墓前墓室西壁，生动地描绘了宫女在庭园捕蝉的情景。画面中前后两位宫女均身着襦裙，外披披帛；中间宫女则身着圆领缺胯男装袍服，腰间束带，下穿宽口袴，足蹬平底履。画中人物体态自然，线条流畅洒脱，富有表现力和韵律感，展示出唐代宫廷侍女的不同服饰形象。

《彩绘双人仕女图》（图6-72），阿斯塔那187号唐墓出土，新疆维吾尔自治区博物馆藏，画面中两位仕女均敷粉涂脂，眉间贴花钿；左侧仕女梳双髻，垂于双颊，右侧仕女梳高髻，髻插花饰；二人均身着圆领窄袖缺胯男袍。

壁画《侍女图》（图6-73），段简璧墓出土，昭陵博物馆藏，壁画中左侧两侍女穿女装，上身为窄袖襦，搭配披帛，下装为高腰间色长裙。右侧侍女着男装，头部佩戴幞头，身穿白色窄袖圆领长袍，束腰，下装为间色宽口

图6-70 《虢国夫人游春图》局部
辽宁省博物馆藏

图6-71 壁画《观鸟捕蝉图》
陕西咸阳乾县章怀太子墓出土

图6-72 《彩绘双人仕女图》
新疆吐鲁番阿斯塔那187号唐墓出土

图6-73 壁画《侍女图》
陕西礼泉县烟霞镇张家山村段简壁墓出土

图6-71

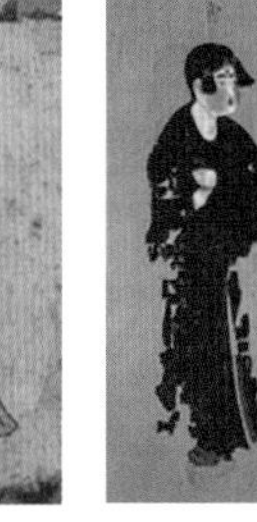

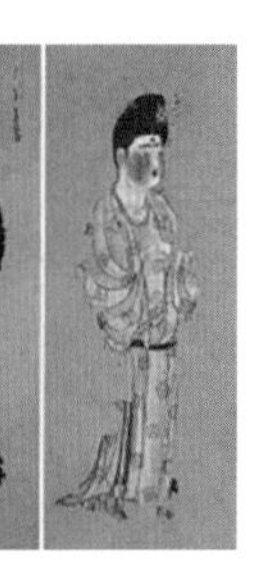

图6-72

图6-73

袴，脚部穿黑色筒靴。仕女图壁画反映出唐代宫廷侍女的服饰形象。

壁画《捧果盘男装侍女图》(图6-74)，唐代阿史那忠墓出土，昭陵博物馆藏，图中女侍着男装，头戴黑色幞头，身穿圆领窄袖长袍，下穿红白相间条纹波斯裤，足穿软底鞋，双手捧盘侍奉；袍服腰间束黑色革带，革带上佩挂鞶囊。鞶囊为圆形，小巧精致，做工讲究，表面以丝带装饰，丝带上端系于革带，下端下垂形成流苏，以丝带为对称轴，两侧绣图案花饰，除囊口外四周围饰波浪形花边。鞶囊多用锦帛缝制而成，形制多为圆形、柱形或椭圆形，囊口以丝带系住，通常佩于腰间用作佩饰，也可用来盛放细小物件。

鞶囊最早出现于周代，男女均可佩戴。《仪礼·士昏礼》载："夙夜无愆，视诸衿鞶。"郑玄注："鞶、鞶囊也。男鞶革，女鞶丝，所以盛帨巾之属。"汉书《东观汉记》载："邓遵破诸羌，诏赐遵金刚鲜卑緄带一具，虎头鞶囊一。"南朝梁国萧子显《日出东南隅行》中记载："鞶囊虎头绶，左珥凫卢貂。"唐代李白《留别曹南群官之江南》中有"身佩豁落图，腰垂虎鞶囊"的描述。可见，鞶囊为常用配饰，男用鞶革，女用缯帛，并且有虎头纹饰鞶囊。

三彩女立俑(图6-75)，安元寿墓出土，昭陵博物馆藏，女俑头梳乌蛮髻，身着圆领窄袖男袍，腰束革带，袍服为深蓝色，遍洒百团花，花团中略点淡棕色。女俑双手抱于腹前，双脚并拢，体态丰腴，神情端庄优雅，为唐代达官富豪之家的贵妇人形象。

三彩男装女俑(图6-76)，陕西历史博物馆藏，女俑面部略施粉黛，柳眉细眼，头部佩戴幞头，身穿圆领窄袖袍，袍服表面饰有团花纹，腰间束带，塑造出唐代女子身着男装的俏丽秀美、俊朗洒脱的服饰形象。

由于丝路的畅通，唐代与西域各国交往频繁，外族胡人常杂居于内地，胡乐与胡服在唐代社会广泛流行，女子穿着窄袖胡服成为时尚。《新唐书·五行志》载："天宝初，贵族及士民好为胡服帽，妇人则簪步摇钗，衿袖窄小。"胡服搭配胡帽，窄袖紧身袍，翻领对襟，着靴。元稹诗曰："自从胡骑起烟尘，毛毳腥膻满咸洛，女为胡妇学胡妆，伎进胡音务胡乐。"胡服在女性中间流行，充分反映了唐代社会风尚日益开化的趋势，这种风尚到盛唐时达到顶峰。

《新唐书·车服志》载："中宗后，宫人从驾皆胡帽乘马，海内效之，至露髻驰骋，而帷帽亦废，有衣男子衣而靴，如奚、契丹之服。"唐代社会环境开放，女性摆脱传统礼教

图6-74

图6-75

图6-76

图6-74　壁画《捧果盘男装侍女图》
陕西礼泉县烟霞镇阿史那忠墓出土

图6-75　三彩女立俑
陕西礼泉县唐右威卫将军安元寿墓出土

图6-76　三彩男装女俑
陕西历史博物馆藏

的束缚，在审美上追求标新立异。唐代女子跃马扬鞭，身着胡服，与传统的女性服饰款式形成鲜明对比。唐代女子着胡服的形象也出现在唐代墓葬出土的陶俑和壁画中。

彩绘灰陶仕女俑（图6-77），唐代穆泰墓出土，甘肃庆城县博物馆藏，女俑面施粉黛，唇部施红彩，头部梳倭堕髻，上身穿红色窄袖交领襦，下身着绿色长裙，裙长曳地，外披翻领对襟胡服，胡服领口处有贴金装饰，展示出唐代华贵的女子风尚。

蹀躞带胡服女立俑（图6-78），唐代金乡县主墓出土，西安博物院藏，女俑梳双髻垂于双鬓两侧，面庞圆润，头微右倾，朱唇轻抿，面含微笑。内穿窄袖襦，外罩浅绿色圆领对襟半臂长袍，上面散缀着圆形白色团花。半臂由西域传入，为袖长到肘部的上衣，多用织锦制成，唐代宫廷女性普遍穿用半臂。

彩绘胡服女立俑（图6-79），陕西咸阳杨谏臣墓出土，女俑头戴圆顶胡帽，身穿翻领窄袖胡服，腰间系带，脚蹬革靴。唐代胡服中的胡帽又称蕃帽，特点是顶部尖而中宽。源于西域的胡帽，在唐代社会尤为盛行，有珠帽、绣帽、搭耳帽、浑脱帽、卷檐虚帽等多种样式。张枯《现场援拓妓》诗称：“促叠蛮鼍引拓枝，卷檐虚帽带交垂。紫罗衫宛蹲身处，红锦靴柔踏节时。”诗中的“卷檐虚帽”就是一种男女通用的胡帽，用锦、毡、皮等材料拼接缝合而成，顶部高耸，帽檐部分向上翻卷，有浓厚的西域风格。

唐代画彩女射俑（图6-80），故宫博物院藏，女俑梳反绾丫髻，头偏向左，双手作持弓射猎状，身穿翻领窄袖对襟胡服，腰间系带，足蹬高筒靴。唐朝社会风气开放，女子流行穿胡服，参与骑行、射猎和打马球等各种活动。杜甫《哀江头》曰：“辇前才人带弓箭，白马嚼啮黄金勒。翻身向天仰射云，一箭正坠双飞翼。”王建《宫词》有：“射生宫女宿红妆，把得新弓各自张。临上马时齐赐酒，男儿跪拜谢君王。”生动描述出唐代女子开朗自由、热情奔放的精神气质。

壁画《托盘提壶胡服侍女》（图6-81），房陵大长公主墓出土，陕西历史博物馆藏，壁画中侍女头部梳反绾丫髻，身穿窄袖翻领长袍，长度至膝盖以下，下装为条纹波斯裤，脚穿透空软棉鞋，为唐代宫廷胡服侍女形象。

彩绘陶骑马击腰鼓胡服女俑（图6-82），

西安博物院藏，女俑头戴孔雀冠，面庞圆润，体态丰腴秀美，身穿粉白色圆领窄袖长袍，为典型的胡服，其所持的腰鼓也是魏晋时从龟兹传入中原的胡人乐器。

三彩胡服骑马女俑（图6-83），陕西乾县永泰公主墓出土，女俑头梳反绾丫髻，身穿深绿色大红翻领窄袖胡服，下穿绿裤，腰束带，足蹬尖头软靴，骑一匹体壮膘肥的枣红色骏马，显得十分英武。唐代宫廷侍女称为宫人，有品级之分。《旧唐书·职官志》载：“尚仪二人，正五品……司宾二人，正六品……尚仪之职，掌礼仪起居，总司籍、司乐、司宾、司赞四司之官属。”唐官制六品服深绿，该骑马女俑身份应为宫中女官，负责掌管仪仗，参与皇帝、皇后、太子、公主的出行活动，并充当仪卫。

唐代彩绘打马球胡服女俑（图6-84），法

图6-77 图6-78 图6-79 图6-80 图6-81 图6-82 图6-83 图6-84

图6-77 彩绘灰陶仕女俑
甘肃庆城县唐代穆泰墓出土

图6-78 蹀躞带胡服女立俑
陕西西安东郊金乡县主墓出土

图6-79 彩绘胡服女立俑
陕西咸阳杨谏臣墓出土

图6-80 女射俑
故宫博物院藏

图6-81 壁画《托盘提壶胡服侍女》
陕西富平县房陵大长公主墓出土

图6-82 彩绘陶骑马击腰鼓胡服女俑
陕西西安东郊金乡县主墓出土

图6-83 三彩胡服骑马女俑
陕西乾县永泰公主墓出土

图6-84 彩绘打马球胡服女俑
法国吉美国立亚洲艺术博物馆藏

国吉美国立亚洲艺术博物馆藏，生动形象地再现唐代女子打马球的形象。打马球运动源自波斯，经西域地区传入我国后盛行于军中。唐人称打马球活动为击球，又称击鞠，因其竞争激烈、场面紧张，而得到宫廷贵族的喜爱，长安城内的达官显贵和宫中仕女击球成风。女子穿着便于运动的翻领胡服，骑在马上，英姿勃发，挥杖击球，驰骋球场，表现了唐代女性追求自由和时尚的风气。花蕊夫人《宫词》诗中"自教宫娥学打球，玉鞍初跨柳腰柔。"生动描绘出女子击球的矫健身姿。

唐代女子骑马出行时，通常会佩戴各式帽笠。《旧唐书·舆服志》载：唐初，武德、贞观之时"宫人骑马者，依齐、隋旧制，多著幂篱"；永徽之后"皆用帷帽，拖裙到颈，渐为浅露"；则天之后"帷帽大行，幂篱之制渐息"；开元初期"从驾宫人骑马者，皆用胡帽，靓妆露面，无复障蔽。士庶之家，又相仿效，帷帽之制，绝不行用，俄又露髻驰骋，或有著丈夫衣服靴衫，而尊卑内外，斯一贯一矣。"唐代不同时期，女子骑马出行佩戴的帽式，经历了羃篱、帏帽、胡帽不同的流行阶段。唐早期女子出行大都头戴羃篱；高宗永徽之后，头戴帏帽；武则天时期，羃篱逐渐消失，帏帽广泛流行；玄宗开元年间，胡帽流行，女子不再遮盖面容，甚至着男装，露髻骑行。

羃篱最早源于古代阿拉伯地区，经西域传入我国，主要流行于北朝与隋唐时期。羃篱形制类似斗篷，帽檐四周垂坠长纱，可遮蔽面容和身体。佩戴幂篱，使女性显得端庄贤淑，神秘飘逸，楚楚动人。《隋书·文四子传·秦孝王俊》载："俊有巧思……为妃作七宝幂篱。"顾起元《说略》载："羃篱，按实录曰：本羌人之首服，以羊毛为之，谓之毡帽。至秦汉，中华竞服之。后以故席为骨而鞔之，谓之席帽。"羃篱多用藤席或毡笠做成帽子骨架，糊裱缯帛，用皂纱全幅缀于帽檐上，使之下垂以障蔽面部或全身。太宗燕妃墓后甬道南口西侧手捧羃篱的女侍壁画（图6-85），昭陵博物馆藏，展示出羃篱样式为竹质斗笠，下缀透明的长纱，具有掩面、防风沙和遮阳等实用性功能。

戴帏帽骑马女俑（图6-86），吐鲁番阿斯塔那187号墓出土，新疆维吾尔自治区博物馆藏，展示出唐代女子佩戴帏帽骑马出行的形象。彩绘釉陶戴笠帽骑马女俑（图6-87），礼泉县唐郑仁泰墓出土，陕西历史博物馆藏，阔眉朱唇，头部佩戴笠帽，勒缰前视，神情悠然，高贵文雅。女俑身穿窄袖乳白色襦，外套黄色半臂，肩臂处有缘边纹饰，下着淡黄色长裙，足穿黑履。红斑纹黄马，身材匀称、四蹄劲健，映衬出骑马女子的时尚与秀美。骑马女俑佩戴的这种胡帽，用布帛做成无檐软帽，帽巾下坠至颈，颈周用帽巾蔽护，软帽之上加戴笠帽。笠帽从西域地区流传至中原，以竹篾为骨架，外蒙布帛，再抹以桐油，时称油帽，又称苏幕遮或苏摩遮。唐钱起《咏白油帽送客》诗："薄质惭加首，愁阴幸庇身。卷舒无定日，行止必依人。"宋王延德《高昌行纪》载："高昌即西州也……俗好骑射，妇人戴油帽，谓之苏幕遮。"男女出行时皆可戴笠帽，用于遮挡雨雪。

图6-85　壁画《捧羃篱女侍》
陕西礼泉县烟霞乡东坪村燕妃墓

图6-86　戴帏帽骑马女俑
新疆吐鲁番阿斯塔那187号墓出土

图6-87　彩绘釉陶戴笠帽骑马女俑
陕西礼泉县郑仁泰墓出土

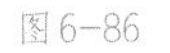

图6-87

配饰与织物

唐代服饰款式多样、色彩绚丽、纹饰丰富，服饰风格自由开放，体现了唐代世风开放的社会风尚和人们追求个性、崇尚华美、意兴飞扬的时代精神。这一时期搭配衣装的配饰有冠饰、发饰、颈饰、耳饰、臂饰、带饰、腰饰等，其中发饰以簪、钗、梳为主，种类繁多、造型精美、奢华绮丽。

冠饰（图6-88），陕西西安东郊唐代李倕墓出土，制作精美，工艺复杂，由金、银、铜、铁、玛瑙、珍珠、琥珀、玻璃、螺钿等不同材质约508个零部件组成。冠饰在顶部和中部各插有一只金质凤凰，冠底边框饰有层层花叶，饰件都以金质打造，上面嵌有绿松石、琥珀、珍珠、螺钿、红宝石、玛瑙、金粟等，这种工艺为金筐宝钿。头冠金碧辉煌，有浓郁的西域风格，是目前世界上唯一得以修复的唐公主头冠。

冠饰（图6-89），隋代李静训墓出土，由金银、宝石和珍珠所构成冠上花饰，制作工艺精美繁复。白玉发钗（图6-90），李静训墓出土，玉色洁白，三件玉钗形制相同，均为双股钗。钗内侧为直角方形，外沿上端顶部呈弧形，钗前端呈尖锥形。玉钗通体抛光，做工精细，玉质温润，风格秀美端庄。

唐代女子发髻样式丰富，有高髻、倭堕髻、堕马髻、闹扫妆髻、反绾髻、乌蛮髻、抛家髻、回鹘髻等。女子梳高髻并流行插梳装饰，装饰用的插梳制作考究，材料贵重，一般用金、银、玉、牙等珍贵材料制成，梳背錾刻精致纹饰。晚唐女子盛装时，在髻前及两侧共插三组梳饰。王建《宫词》有："玉蝉金雀三层插，翠髻高丛绿鬓虚。舞处春风吹落地，归来别赐一头梳。"形象地描绘出唐代女子发髻造型优美，饰有簪钗和发梳的情景。

唐代义髻（图6-91），新疆吐鲁番阿斯塔那墓地184号墓出土，长14.5厘米，高8厘米，为唐代女子佩戴在头部的假发髻。唐代女子以发髻高大浓密为美，因而常使用假发髻。鸿雁纹玉梳背（图6-92），陕西历史博物馆藏，梳齿缺失，仅存梳背，为片状梯形。梳背周边饰粗弦纹边框，两面纹饰相同，均雕琢有两只鸿雁展翅飞翔于祥云之上，鸿雁昂首展翅，形象生动，自然传神。唐代金筐宝钿卷草纹金梳背（图6-93），陕西历史博物馆藏，长7.2厘米，为半月形，底部中空，内可以插梳齿。梳背脊部用两股金丝编结成卷云式的纹样，梳背两面用细如发丝的金线焊接掐制成卷草纹和梅花纹，中间镶嵌小金珠。金梳背工艺精湛，造型精巧，为唐代女子发饰的经典作品。

唐代伎乐飞天金栉（图6-94），扬州博物馆藏，金栉为头饰，用薄金片镂空錾刻而成。栉面上部装饰伎乐飞天纹饰，中心主纹以卷云式蔓草为地，上饰对称的奏乐飞天，飞天下方饰如意云纹，下部剪制成梳齿状。

鸳鸯海棠纹玉簪首（图6-95），陕西西安唐兴庆宫遗址出土，青白色玉，玉花簪头上雕刻一束繁茂的枝叶，并雕出海棠花卉，在前端雕琢有一对鸳鸯，形象生动，生活气息浓郁，极具审美价值。唐代鎏金菊花纹银钗（图6-96），西安惠家村出土，陕西历史博物馆藏，为银质花钗，通体鎏金。钗头似两扇蝶翅，上镂空呈菊花形图案花纹，钗头下连粗银丝两根，并列下伸，成为钗尾。

唐代鎏金摩羯纹银钗（图6-97），陕西历

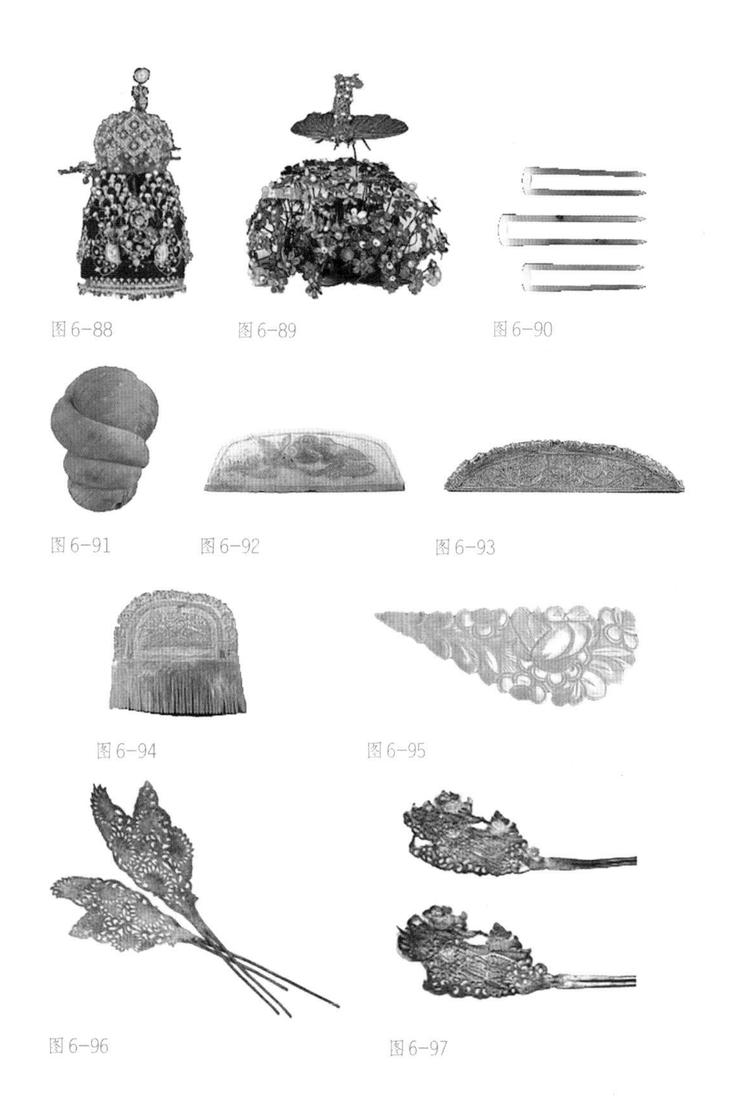

图6-88　冠饰
陕西西安东郊唐代李倕墓出土

图6-89　冠饰
陕西西安梁家庄隋代李静训墓出土

图6-90　白玉发钗
陕西西安梁家庄隋代李静训墓出土

图6-91　义髻
新疆吐鲁番阿斯塔那184号墓出土

图6-92　鸿雁纹玉梳背
陕西历史博物馆藏

图6-93　金筐宝钿卷草纹金梳背
陕西西安南郊何家村窖藏出土

图6-94　伎乐飞天金栉
江苏扬州区三元路工地出土

图6-95　鸳鸯海棠纹玉簪首
陕西西安唐兴庆宫遗址出土

图6-96　鎏金菊花纹银钗
陕西西安南郊惠家村出土

图6-97　鎏金摩羯纹银钗
陕西历史博物馆藏

史博物馆藏，唐代银钗（图6-98），徐州博物馆藏。唐代女子云鬟高髻，讲究发髻造型，发饰精美华丽，其中发簪、发钗使用频繁。单股的为簪，两股为钗，簪、钗都是约发用具。簪用以固发，源于先秦时期的笄，质地有竹、角、金、银、牙、玉等多种，也称为搔头。簪为单股，如果顶端太重容易从发上脱落，因而簪的形式比较简洁，多有扇形簪。钗的形式多样，花饰繁缛，大多以钗首造型为钗命名，有花钗、凤钗、燕钗等，钗头还常悬挂垂饰。钗一般为多件配套使用，通常左右对称地插戴在发髻两旁。发钗中有花样装饰的花钗较为华贵，唐代后妃、命妇头簪“花树”，即为钗头饰有花鸟图案的较大花钗。唐代花钗的使用有着严格的等级规定。《新唐书·车服志》记载，命妇之服，一品花钗九树，二品花钗八树，三品花钗七树，四品花钗六树，五品花钗五树。发髻上使用花钗的数量，为唐代女子身份高低的重要标志。

水晶项链（图6-99），陕西西安南郊唐代辅君夫人米氏墓出土，考古发现时珠子散落在墓主人头部一侧，水晶项链此前应佩戴在墓主颈部。穿缀水晶项链的丝线已腐朽，导致水晶珠散落。经过整理共有92颗水晶珠、3颗蓝色料珠、4枚金扣、2颗紫水晶吊坠和2颗绿松石吊坠。吊坠为水滴形，水晶珠大小不一，均呈扁球形，由两端向中间对钻成孔，工艺精湛，晶莹剔透，风格华贵。

隋代李静训墓出土璎珞（图6-100），中国国家博物馆藏，长43厘米，纯金制作，由28颗镶嵌小珍珠的球形金链珠串联而成，左右两边各有14颗，呈对称式结构，以金线穿起。项链搭扣中间镶嵌着凹雕鹿纹的青金石，下端居中的圆形金饰上镶嵌鸡血石，四周围绕镶嵌24颗珍珠，下方垂挂一颗镶有金边的水滴形宝石。璎珞层次丰富，工艺精美，璀璨夺目，为隋代具有浓郁波斯风格的宫廷饰品。

唐代嵌宝石莲瓣纹金耳坠（图6-101），

图6-98　图6-99　图6-100　图6-101

图6-98　银钗
徐州博物馆藏

图6-99　水晶项链
陕西西安南郊唐代辅君夫人米氏墓出土

图6-100　璎珞
陕西西安梁家庄隋代李静训墓出土

图6-101　嵌宝石莲瓣纹金耳坠
江苏扬州三元路工地出土

扬州博物馆藏，耳坠制作精细，由挂环、镂空金球和坠饰三部分组成。镂空金球用花丝编成七瓣莲瓣式花纹，下部有7根相同的坠饰，每根坠饰均穿有花丝金圈、珍珠和琉璃珠，下坠一颗红宝石。耳坠装饰华丽，是唐代黄金首饰中的珍品。

唐代鎏金三钴杵纹银臂钏（图6-102），法门寺博物馆藏，共4件，形制工艺相同，内壁平直，铸造成型，其中两件带戳面。钏身饰三钴金刚杵6组，也称羯摩金刚杵，底衬蔓草、鱼子纹，纹饰鎏金。鎏金三钴杵纹臂钏制作精良，工艺精湛，为佛教密宗法器，具有浓烈的佛教色彩。

镶金白玉臂钏（图6-103），何家村窖藏出土，陕西历史博物馆藏，以金合页连接三段弧形玉，白玉弧壁平整光滑，玉两端均包以金质兽首形合页，并以两枚金钉铆接，可以自由活动。虎头饰用金片錾刻，锤击制作而成。玉臂钏构思巧妙，制作精细，以黄金、白玉、珠宝不同材料的质地、色彩、光泽，互相衬托，交相辉映，显得华贵富丽。唐代玉臂钏称玉臂环，这种可以开合的玉臂钏也称玉臂钗或玉臂支，为贵族女子所佩戴。

镶珠金手镯（图6-104），隋代李静训墓出土，为纯金椭圆形手镯。手镯分4节组合而成，各节以方形嵌青绿色玻璃珠的小节相连，节两端嵌半球形珠。开口为钮饰，一端为花瓣形扣环，上嵌小珠，另一端为钩扣，钩及环两端均为活轴，开合自由，工艺精巧。

唐代柳叶形金手镯（图6-105），扬州博物馆藏。唐代扬州地区是金银器原料的集散地和加工中心，《新唐书·地理志》载："扬州广陵郡士贡金、银、铜器"，扬州金银器制品造型精美，工艺精湛，成为地方向中央进贡的贵重物品。

唐代鎏金西方神祇人物连珠饰银腰带（图6-106），青海省博物馆藏，呈长条形，通长95厘米，用银丝编织而成，上饰七块圆形牌饰，牌饰上铸压出西方神祇人物图案，为唐代具有波斯风格的男装腰带。

玉梁金筐真珠蹀躞带（图6-107），唐窦皦墓出土，复原后长150厘米，材质为青白玉，玉质温润莹秀。玉带采用金银错技术，将黄金镶嵌在白玉内，内嵌珍珠及红、绿、蓝三色宝石，下衬金板，豪华富丽，工艺精湛，为唐代金筐宝钿工艺的代表性作品。金筐是用细金丝盘绕成的纹饰外轮廓，宝钿则是用珠宝镶嵌，金筐宝钿是把宝石雕琢成小片花饰，镶嵌到金丝围成的轮廓之内，为唐代制作珠宝首饰的常用手法。

唐代狩猎纹金碟躞带（图6-108），内蒙古博物院藏，长167厘米，黄金装饰，带饰由13件金銙、刀鞘、佩刀等组成，带扣及铊尾金饰纹样为猎人骑马拉弓与狮子相搏的生动场面，带銙上多饰有卷草纹、狩猎纹以及鱼子底纹。蹀躞带是我国古代北方游牧民族生活的必需之物，腰带上系佩刀子、砺石、火石袋等常用工具，后来为中原地区借鉴使用。

十三环蹀躞金玉带（图6-109），江苏扬州曹庄隋唐墓葬出土，为目前考古出土的保存最完整的金玉蹀躞带。隋唐时期玉带被定制为官服专用，最高等级玉带底色为紫色，整条玉带銙由十三块组成。《唐实录》载："高祖始定腰带之制，自天子以至诸侯、王、公、卿、相，三品以上需用玉带。"十三环金镶玉蹀躞带，是我国古代带具系统中等级规格最高的出

图6-102　鎏金三钴杵纹银臂钏
陕西扶风县法门寺地宫出土

图6-103　镶金白玉臂钏
陕西西安何家村窖藏出土

图6-104　镶珠金手镯
陕西西安梁家庄隋代李静训墓出土

图6-105　柳叶形金手镯
扬州博物馆藏

图6-106　鎏金西方神祇人物连珠饰银腰带
青海省博物馆藏

图6-107　玉梁金筐真珠蹀躞带
陕西长安县南里王村唐窦曒墓出土

图6-108　狩猎纹金蹀躞带
内蒙古锡林郭勒盟苏尼特右旗出土

图6-109　十三环蹀躞金玉带
江苏扬州西湖镇曹庄隋唐墓葬出土

图6-102　图6-103　图6-104　图6-105　图6-106　图6-107　图6-108　图6-109

土实物。

玉带是由数块扁平玉板镶缀装饰的腰带，为古代官阶品级的标志，其中以金玉带最为珍贵。在腰带下方，挂载物品，称为蹀躞带。宋代沈括《梦溪笔谈》载："中国衣冠，自北齐以来，乃全用胡服。窄袖绯绿，短衣长勒靴，有带，胡服也……所垂蹀躞盖欲佩带弓剑、帉帨、算囊、刀砺之类。"蹀躞带主要由带扣、带鞓、带銙、铊尾、下垂小带以及佩挂的小饰件构成，悬挂物品，通常有算袋、刀子、砺石、契苾真、哕厥、针筒、火石袋七件物品，俗称蹀躞七事。

唐代蹀躞带具有实用和装饰功能，蹀躞带上装饰物有玉、犀、金、银、铜、铁等多种，其质料和数目的多少，在官服体系中代表不同的等级。《新唐书・车服志》记载唐代蹀躞带等级：一至二品用金銙；三至六品用犀角銙；七至九品用银銙。以后又规定一至三品用金玉带銙，共十三枚；四品用金带銙，十一枚；五品用金带銙，十枚；六至七品用银带銙，九枚；八至九品用鍮石銙，八枚；流外官及庶民用铜铁銙，不得超过七枚。

我国使用香的历史悠久，宋代丁谓《天香传》有："香之为用从上古矣。"唐代贵族生活中普遍使用香囊。鎏金双蜂团花纹银香囊（图6-110），陕西宝鸡市法门寺地宫出土，直径12.8厘米，为迄今出土的唐代金属香囊中最大的一枚。葡萄花鸟纹银香囊（图6-111），西安何家村唐代窖藏出土，陕西历史博物馆藏，直径4.5厘米，外壁为银制，呈圆球形，通体镂空，以中部水平线为界，形成两个半球形，以钩链勾合，活轴套合。下部球体内设有两层银质同心圆机环，机环内安放半圆形金香盂，外壁、机环、金盂之间，用银质铆钉铆接。整体香囊设计精巧，无论外壁球体怎样转动，中间香盂始终重心向下，保持香料不撒。香囊通常为随身佩带，具有装饰、熏香和取暖等多重功效。

隋唐时期是我国封建社会发展的高峰，国家强盛、经济发达、商业繁荣、文化开放，显示了这一时代雍容大度、兼蓄并包的风格。在此基础上，丝织业也呈现出高速发展的状态。丝绸之路是古代世界东西方之间经济贸易和文化交流的主要通道，随着中外经济文化交流的不断加深，西方艺术元素注入我国丝织物的生产中，使得我国传统丝织物出现西方的图案题材和造型形式，丝织业生产呈现出生机勃勃的发展风貌。

唐代丝织业快速发展，桑蚕养殖范围扩大，丝织品主要产地有河北、河南、江南、剑南四道，知名丝织品有扬州锦和蜀锦。丝织种类更加丰富，锦、绫、绮、罗、纱、绢、缟、纨等品种均已出现。中原的丝绸织锦、西北的毛织物、西南的麻棉织物等各类产品交相辉映，互通有无，同时织绣工艺也普遍提高。唐代益州大行台窦师纶设计生产出大量新颖的蜀锦纹样，时人谓之"陵阳公样"。唐代纹样主要有连珠、团窠、卷草纹等动植物纹样，织物由经线交替显花向纬线交替显花转变，织机从多综片织机过渡到束综式提花织机。

唐代红绫地宝相花刺绣靴袜（图6-112），青海都兰县热水墓群出土，分袜筒、袜背和袜底三部分。袜筒蓝地黄花，花纹为小型宝相花和十样花纹交错排列。袜背以红色方格纹绫为底，底上用黄、蓝等丝线以锁绣针法绣出小型宝花纹样，宝相花作六瓣，花蕾外有六片叶穿插。袜底以几何纹绫为底，其上以跑针绣出矩形格子纹。锦袜三部分间的接缝处使用了黄线绕环锁绣，刺绣精美。

唐代的履有高头履、平头履、云头履、花形履等多种样式，通常以锦、麻、丝、绫等布帛织成，也有用蒲草类植物纤维编织成的草履。唐代草履的编织技术精湛，有蒲草、芒草等一些耐磨耐水的草编鞋，是劳动者必备的生活用具。胡人的毡履、乌皮靴等在唐代社会也开始流行。

宝相花纹云头锦履（图6-113），阿斯塔那古墓出土，新疆吐鲁番博物馆藏，履面为浅棕色斜纹锦，表面饰变体宝相花，鞋头高高翘起并向内翻卷，形似卷云。锦履纹饰精美，色彩绚丽，展示出唐代织锦、配色、显花三者结合的精湛工艺。

翘头绮鞋（图6-114），吐鲁番阿斯塔那188号墓出土，为木胎麻里，紫绮鞋面，鞋头高翘翻转如卷云，是唐代女子穿用的典型履式。蒲草鞋（图6-115），吐鲁番阿斯塔那29号墓出土，利用柔韧蒲草为主要原料编织而成，编织结实、款式考究。蒲草鞋长24.5厘米，鞋尖头稍稍翘起，编织着两颗圆珠。高翘的鞋头可钩住服装下摆，便于行走。

麻编凉鞋（图6-116），吐鲁番阿斯塔那106号墓出土，以粗麻绳编织成厚底和鞋带，细麻绳编织成鞋面与鞋帮。鞋长28.5厘米，鞋口为八字形，船形鞋帮。麻编凉鞋编织紧密结实，轻便耐用，为唐代人们普遍穿用。《旧唐书·舆服志》载："武德来，妇人著履，规制亦重，又有线靴。开元来，妇人例著线鞋，取轻妙便于事。"麻编线鞋是唐代女子经常穿用的轻便鞋履。唐代蓝色如意鞋（图6-117），吐鲁番阿斯塔那104号墓出土，也是唐代常见的便鞋样式。

隋唐时期丝绸生产规模扩大，丝织品的品种也更加丰富。丝绸之路的畅通，使丝绸对外贸易得到快速发展，丝绸的生产和贸易促进了社会繁荣。据《隋书》记载："禄率一分以帛。一分以粟。一分以钱。"当时官员俸禄以丝绸、粟米和钱等三种形式发放，其中丝绸占据首位。唐代国力强大，西夷宾服，丝绸之路

图6-110

图6-111

图6-112

图6-113

图6-114

图6-115

图6-116

图6-117

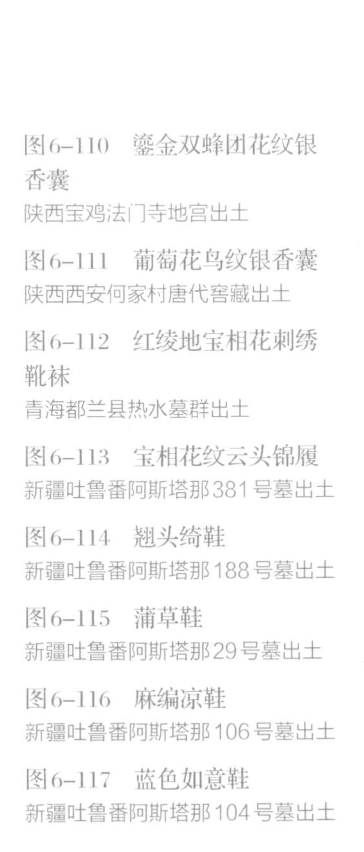

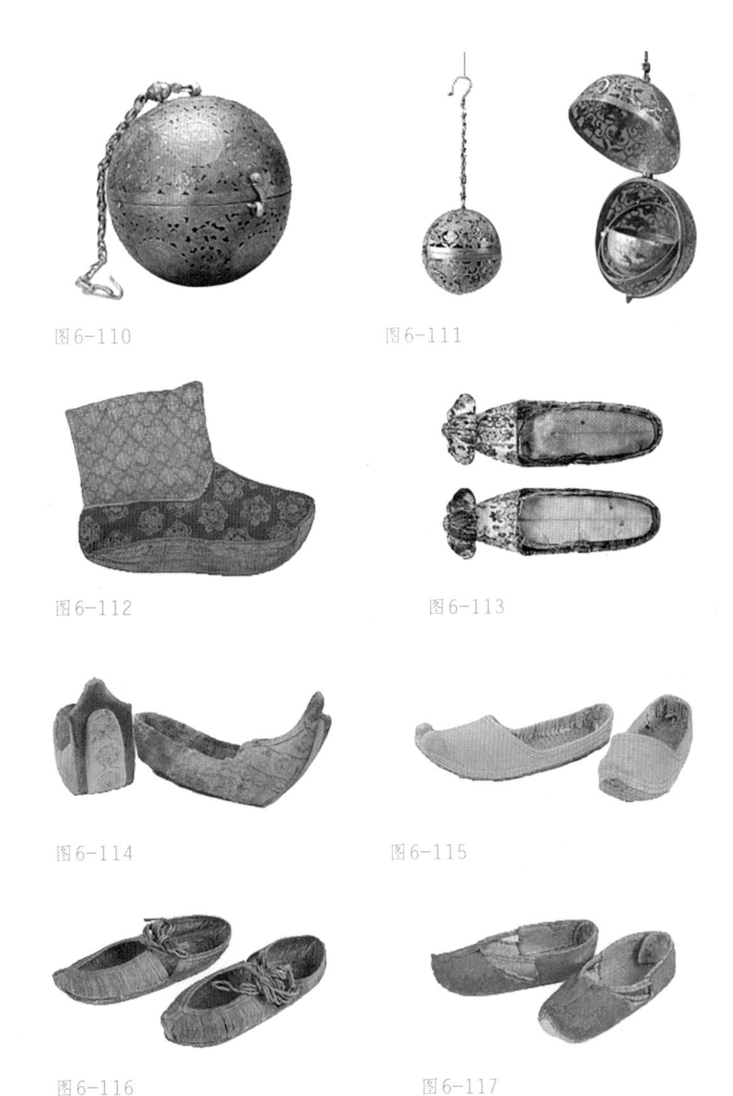

图6-110　鎏金双蜂团花纹银香囊
陕西宝鸡法门寺地宫出土

图6-111　葡萄花鸟纹银香囊
陕西西安何家村唐代窖藏出土

图6-112　红绫地宝相花刺绣靴袜
青海都兰县热水墓群出土

图6-113　宝相花纹云头锦履
新疆吐鲁番阿斯塔那381号墓出土

图6-114　翘头绮鞋
新疆吐鲁番阿斯塔那188号墓出土

图6-115　蒲草鞋
新疆吐鲁番阿斯塔那29号墓出土

图6-116　麻编凉鞋
新疆吐鲁番阿斯塔那106号墓出土

图6-117　蓝色如意鞋
新疆吐鲁番阿斯塔那104号墓出土

沿线各国纷纷认可丝绸的货币功能，丝绸的货币特征越加明显，丝绸贸易蓬勃繁荣。

唐代蹙金绣衣物（图6-118），陕西法门寺地宫出土，蹙金绣是用捻金丝加工，将金丝盘结成花朵纹式，固定到丝绸表面，工艺复杂。杜甫《丽人行》中有："绮罗衣裳照暮春，蹙金孔雀金麒麟"，表现簇金纹饰的华贵。蹙金绣衣物共五件，分别是绛红罗地蹙金绣袈裟、拜垫、襕、半臂、案裙，是为捧真身菩萨特制的微形衣物。刺绣针法精细纤巧，制作工艺精湛，质料考究，为唐代宫廷加金绣品中的珍品。

唐代联珠对鸟纹锦童衣（图6-119），都兰古墓出土，美国克利夫兰博物馆藏，款式为窄袖对襟短袍，织锦面料，饰有联珠纹样，联珠内填两两相对的含绶鸟纹，色泽鲜艳，构图生动。红地中窠含绶鸟锦，含绶鸟象征着王权神授以及再生不死的观念，同时也有吉祥昌盛等含义。织锦具有萨珊波斯纹样的特色，联珠纹团窠对鸟纹是唐代织锦中素负盛名的样式。

唐代烟色地狩猎纹印花绢（图6-120），吐鲁番阿斯塔那191号墓出土，新疆维吾尔自治区博物馆藏，属夹板印花绢，经密纬疏，烟色地，显微黄色骑马射猎纹样。骑马者右手持弓，左手搭剑拉弦，回首作欲射状。马四蹄平伸，作奔驰状。马前肩有火印，为当时官马的标记。后方狮子后肢单立，前肢双举，张牙舞爪作扑状。另有兔、鸟、花草等散见于狩猎纹间，整体画面布局紧凑，内容生动活泼。

唐代鸾鸟纹锦（图6-121），吐鲁番阿斯塔那191号墓出土，为经绵，经二重夹纬平纹组织。织锦为黄色地，显白、蓝、粉绿等色花纹。织锦图案为二方连续的大型联珠鸾鸟纹。鸾鸟作立状，颈部有绶带，口衔串珠形物。这种纹样具有波斯萨珊式风格，在克孜尔石窟壁画以及波斯萨珊银器上都出现类似的鸾鸟纹图

图6-118

图6-119

图6-120

图6-121

图6-118　蹙金绣衣物
陕西西安法门寺地宫出土

图6-119　联珠对鸟纹锦童衣
青海都兰古墓出土

图6-120　烟色地狩猎纹印花绢
新疆吐鲁番阿斯塔那191号墓出土

图6-121　鸾鸟纹锦
新疆吐鲁番阿斯塔那332号墓出土

案。唐代织锦纹样融合西域元素，极大丰富了图案题材。

唐代联珠鹿纹锦（图6-122），吐鲁番阿斯塔那18号墓出土，新疆维吾尔自治区博物馆藏，装饰以大联珠纹，联珠纹圈内织有鹿纹，鹿体稍有变形夸张，身体肥硕而四肢较短，昂首挺胸，呈行走状。鹿颈系有飘拂绶带，鹿角高大，鹿身装饰三个绿色大圆点。织锦纹中，鹿纹象征高官厚禄，为典型的吉祥图案。

隋代盘绦胡王锦（图6-123），吐鲁番阿斯塔那18号墓出土，新疆维吾尔自治区博物馆藏，为经绵，经二重夹纬平纹组织。织锦质地厚重，色泽浓艳，为黄色地，显红、绿等色花纹。主花为宽带联珠纹，圈内填正反相对的两组执鞭牵驼图，人驼之间有“胡王”两字。牵驼者穿紧袖束腰袍，驼的双峰间铺以花毯，织出往来于丝绸之路上的商胡驮队情景。

唐代红地中窠对马纹锦（图6-124），都兰县热水墓群出土，海西蒙古族藏族自治州民族博物馆藏，织锦图案为两个完整的连珠纹椭圆形团窠，团窠内为对马图案。马站立于莲瓣状花台之上，马鬃与翼翅呈条带状，马颈后有两条结状飘带，翼翅如卷草。团窠间以八瓣团花为中心，形成四方连续的团窠图案，团窠外有对称的十字花，四向伸出花蕾。整体纹饰精美，体现出唐代具有西域风格的织锦艺术。

缠枝花卉纹绣鞍鞯（图6-125），青海海西州都兰县热水墓群出土，为垫在马鞍下之鞍鞯的残片，以黄绢为地，其上用白、棕、蓝、绿等色，采用锁绣针法绣出艳丽的唐草宝花，花瓣呈桃形，相互联结，显得极为华丽。《说文》载：“鞯，马鞴具也。”乐府《木兰诗》中有，“东市买骏马，西市买鞍鞯。”鞍鞯通常搭配使用，鞯有一定的厚度，垫于鞍下，以防鞍伤马背。

图6-122

图6-123

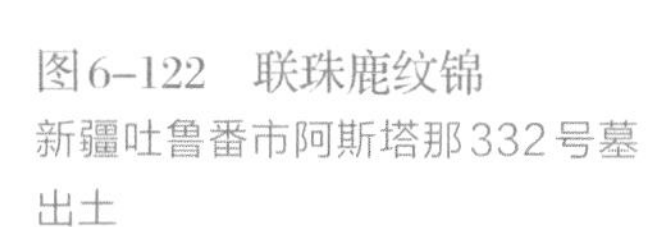

图6-122　联珠鹿纹锦
新疆吐鲁番市阿斯塔那332号墓出土

图6-123　盘绦胡王锦
新疆吐鲁番阿斯塔那18号墓出土

图6-124

图6-125

图6-124　红地中窠对马纹锦
青海都兰县热水墓群出土

图6-125　缠枝花卉纹绣鞍鞯
青海都兰县热水墓群出土

黄地对马饮水纹锦（图6-126），都兰县热水墓群出土，海西蒙古族藏族自治州民族博物馆藏，织锦图案为两匹左右对称的翼马在低头饮水，呈三足站立、前足弯曲的造型，马佩绶带，马鬃剪花，马翼卷曲，马身的脖、腹、臀有黑色斑纹，马膝与尾部有系结，为典型的唐代饮水马纹锦。

紫地婆罗钵文字锦残片（图6-127），青海省都兰县热水墓群1号墓出土，织锦为紫红地，饰黄字，从右向左饰有一段文字，学者鉴定为波斯萨珊朝所使用的婆罗钵文字，意为“伟大的，光荣的，王中之王。”这是世界上唯一一件有婆罗钵文字的丝绸。

图6-126

图6-127

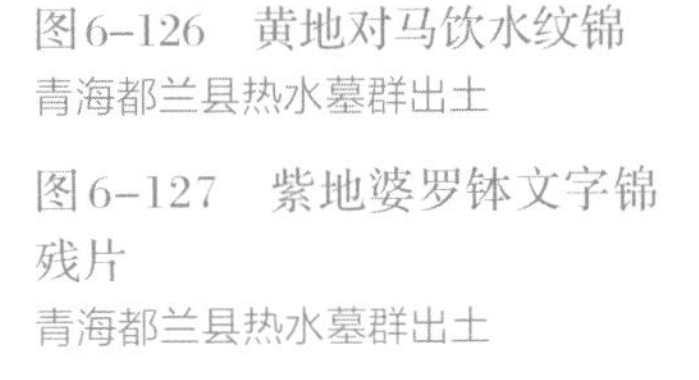

图6-126　黄地对马饮水纹锦
青海都兰县热水墓群出土

图6-127　紫地婆罗钵文字锦残片
青海都兰县热水墓群出土

柒

严谨含蓄的宋代服饰

公元960年，赵匡胤称帝，建立宋朝。宋王朝的建立，结束了社会分裂，动乱不安的政治局面。我国古代社会经济进一步发展，文化艺术日益繁荣，都市商业经济也渐趋发达。手工业兴盛，出现了繁荣的商品经济和世俗文化。印染以及缂丝工艺也有所进步，丝织业和棉纺织业达到了前所未有的水平。

宋王朝在经历了初期短暂的繁荣过后，便陷入与北方少数民族政权对峙的局面。公元10世纪前后，我国北方地区先后建立辽、西夏、金、元等少数民族政权，契丹族建立辽，党项族建立西夏，女真族建立金，蒙古族建立元。这些少数民族建立政权后，一方面借鉴中原汉族服饰，不断完善本民族服饰体制；另一方面依仗武力，在统治地区强制推行民族服饰。各民族间服饰文化的交流融合，使服装功能性更加完备，北方民族服饰体现出便捷实用的特点。

在内忧外患的政治局面中，宋朝政府为维护统治，依然制定服舆制度，调整服饰礼制。宋代推崇程朱理学，宣传封建伦理纲常，强调力戒浮华侈靡，人们的审美意识有了较大转变。宋代衣冠服饰崇尚简朴，宋宁宗嘉泰年间，朝廷将宫中女子的金翠首饰当街堆放焚烧，以示崇简决心。在理学思想的影响和法令禁律的规范下，宋代服饰重视沿袭传统，款式简洁，风格拘谨保守，朴素和理性成为宋朝服饰的主要特征，呈现出淡然素雅、质朴自然的社会风尚。

宋代开始，女性审美崇尚以脚小为美，社会流行女子缠足。缠足女子所穿的鞋履以纤小为尚，鞋头较尖，形似莲花之瓣，称为三寸金莲，由此缠足之风在我国延续了上千年。

幞头与襕衫

宋代帝王服饰主要有大裘冕、衮服、通天冠、绛纱袍、履袍、衫袍、窄袍、御阅服等。祭祀天地时的礼服为大裘冕，由黑色羔羊皮制成，制作十分考究。祭祀宗庙，朝太清宫等时，穿用衮服，衮服上衣为玄色，绣有日、月、星辰、山、龙、雉等纹饰；下裳为红色，绣有藻、火、粉米、黼、黻等纹饰，图案精美，色泽华丽。宋代帝王阅兵时穿御阅服，平时理政时穿窄袍，在不同场合制定不同的服饰形制，体现服饰的礼仪性需求。

宋代百官服饰分为礼服、朝服和常服等。礼服制作考究，为祭祀典礼等隆重场合穿用。朝堂之上则穿用朝服，朝服通过颜色区分官员品阶高低，北宋初年规定三品以上的官服为紫色，五品以上为朱色，七品以上为绿色，而九品以上为青色。

两宋时期，纺织业高度发达，服装款式较为丰富。男子日常服装中，上身以穿圆领袍衫为主，此外还有凉衫、紫衫、毛衫、葛衫、襕衫以及鹤氅等，其中凉衫较有时代特色。宋王朝崇尚简朴，凉衫为白色的素布制成的短上衣。这种短衣最初为军队戎服，后来因穿着方便而广泛流传。鹤氅是用鸟类羽毛编织而成的外套，保暖性极好，因其材料难得，成为富户豪门的象征。

《宋宣祖坐像轴》(图7-1)，台北故宫博物院藏，画面中宋宣祖身穿宋制通天冠服。《宋史·舆服志》载："通天冠二十四梁，加金博山，附蝉十二，高广各一尺。青表朱里，首施珠翠，黑介帻，组缨翠緌，玉犀簪导。绛纱袍，以织成云龙红金条纱为之，红里，皂褾、襈、裾，绛纱裙，蔽膝如袍饰，并皂褾、襈。白纱中单，朱领、褾、襈、裾。白罗方心曲领。白袜，黑舄，佩绶如衮。"宋代通天冠服包括通天冠、云龙纹深红色纱袍、白纱中单、方心曲领、深红色纱裙、金玉带、蔽膝、佩绶、白袜黑鞋等。通天冠服为宋代帝王礼服，在朝会、祭祀等场合穿用，其外衣为赤红色系，即绛纱袍。方心曲领为一种上圆下方、套在项部的锁形装饰，用来防止衣领壅起，起压贴的作用，同时有天圆地方的寓意。

《宋太祖坐像轴》(图7-2)，台北故宫博物院藏，画面中宋太祖头戴直脚幞头，身穿淡黄色大袖襕袍衫，系红束带，足蹬黑靴。《宋仁宗坐像轴》(图7-3)，台北故宫博物院藏，画面中宋仁宗身穿红色大袖襕衫袍。

《宋史·舆服志》载宋代帝王朝服为："赭黄、淡黄袍衫，玉装红束带，皂文鞸，大宴则服之。赭黄、淡黄襈袍，红衫袍，常朝则服之。窄袍，便坐视事则服之。皆皂纱折上巾、通犀金玉环带。窄袍或御乌纱帽。中兴仍之。"宋代皇帝常服有大袖襕袍衫、襈袍、窄袍，色彩为赭黄、淡黄、红色等，分别适用于大宴、常朝、便坐视事三种不同场合。襕袍衫为圆领大袖袍服，左右不开衩，下摆接一圈横襕，较为正式和隆重。襈袍也为圆领大袖袍，但在下摆左右开衩，也称缺胯袍，为帝王常服。窄袍即为圆领窄袖袍，是平时出入与处理政务的常服。《宋会要辑稿》载："国家受禅于周，周木德，木生火，合以火德王，其色尚赤。"赵宋皇家认为，宋王朝承袭火运之德，因而宋代帝王画像中，常见穿着红色襕衫袍的帝王形象。

宋代萧照的《中兴瑞应图》(图7-4)，天津博物馆藏，画面中端王赵构头戴直脚幞头，身穿紫色圆领大袖襕衫，腰间束带。其左右两侧官员身穿红色大袖襕衫，周围侍从服装相似，均头戴折上巾，身穿圆领窄袖缺胯袍，腰

图7-1 《宋宣祖坐像轴》
台北故宫博物院藏

图7-2 《宋太祖坐像轴》
台北故宫博物院藏

图7-3 《宋仁宗坐像轴》
台北故宫博物院藏

图7-1

图7-2

图7-3

间系带，下装为宽口袴，脚蹬便履。文官石刻像（图7-5），贵州遵义杨粲墓出土，展示出宋代文吏的服饰形象，头戴直脚幞头，身穿圆领右衽大袖长袍，腰间扎带，双手捧朝笏于胸前，面貌谦恭，神情端庄肃穆。

隋唐时期幞头广泛流行，幞头脚有直脚、交脚、曲脚、翘脚、朝天脚等各种造型，这奠定了宋代幞头造型多样的基础。沈括《梦溪笔谈》载："本朝幞头有直脚、局脚、交脚、朝天、顺风，凡五等，唯直脚贵贱通服之。"宋代幞头内衬木骨、外罩漆纱，平整美观。幞头脚的形式以直脚居多，即两脚平直向外伸展，也有交脚幞头和朝天脚幞头，交脚是两脚翘起于帽后相互交叉，朝天脚是两脚在帽后两旁直接翘起而相交。宋代幞头已成为男子的主要首服，从贵族到平民百姓都可佩戴幞头。

宋代官员通常佩戴直脚幞头，顶为方形，前低后高，材质较硬，是用铁丝和藤草编织而成，内衬木骨，然后糊上绢罗，涂上黑漆，两侧的幞头脚向外平直延伸。《宋史·舆服志》载："国朝之制，君臣通服平脚，乘舆或服折上焉。其初以藤织草巾子为里，纱为表，而涂以漆。后唯以漆为坚，去其藤里。前为一折。平施两脚，以铁为之。"方顶直脚幞头为宋代君臣通用，帝王和官员普遍佩戴，成为官员身份的象征。

宋代着色绢本画《景德四图·太清观书》（图7-6），台北故宫博物院藏，画面中太青楼内观书的宋代官员头戴直脚幞头，身穿红色圆领大袖襕衫，腰间系带。殿外执银骨朵侍立的侍卫，为北宋禁军的御龙骨朵子直，佩戴幞头，身穿窄袖缺胯袍。《中兴四将图》（图7-7），中国国家博物馆藏，展示出宋代武将头戴幞头，身穿圆领窄袖袍。宋代官员袍服

图7-4

图7-5

图7-6

图7-7

图7-4 《中兴瑞应图》局部
天津博物馆藏

图7-5 文官石刻像
贵州遵义杨粲墓出土

图7-6 《景德四图·太清观书》局部
台北故宫博物院藏

图7-7 《中兴四将图》局部
中国国家博物馆藏

是以服装颜色来区分官员品阶高低。《宋史·舆服志五》记载：“凡朝服谓之具服，公服从省，今谓之常服。宋因唐制，三品以上服紫，五品以上服朱，七品以上服绿，九品以上服青。其制，曲领大袖，下施横襕，束以革带，幞头，乌皮靴。自王公至一命之士，通服之。中兴，仍元丰之制，四品以上紫，六品以上绯，九品以上绿。服绯、紫者必佩鱼，谓之章服。”

宋代画作《睢阳五老图》（图7-8），画面中毕世长、朱贯二人服饰相似，均头部佩戴东坡巾，身穿交领右衽衫，下着围裳，外披直领对襟大氅，胸前系带。宋徽宗传世画作《听琴图》（图7-9），故宫博物院藏，松下抚琴人的服饰也是交领衫、围裳、对襟大氅的组合装束。《古今图书集成·礼仪典》引明王圻《三才图会》载：“东坡巾有四墙，墙外有重墙，比内墙少杀，前后左右各以角相向，著之则有角介在两眉间，以老坡所服，故名。”东坡巾又称乌角巾，相传为宋苏东坡所戴。巾为四方形，有四墙，墙外有重墙，比内墙窄小低矮；前后左右各以角相向，戴之则有角，佩戴时介在两眉间，为宋代士人燕居常服。

南宋画师周季常、林庭珪宗教画《五百罗汉图》局部（图7-10），日本奈良大德寺藏，画面中两位男子头戴幅巾，身穿大袖圆领襕衫。襕衫下摆处缀加一圈横襕，领、袖与衣缘处镶有镶黑色或其他深色布缘。宋代无衣缘的纯色襕衫长袍为职官公服，加皂色衣缘的白底、蓝色或其他浅色襕衫多为生员士子穿用。《宋史·舆服五》记载：“襕衫。以白细布为之，圆领大袖，下施横襕为裳，腰间有辟积。进士及国子生、州县生服之。”圆领襕衫膝下缀加横襕，是对上衣下裳服制古意的恪守附会，表现出宋代服饰有追古复古的文人气息。

壁画（图7-11），河北宣化辽墓出土，画面中乐师头戴幞头，身穿窄袖圆领缺胯袍衫，腰间系带，宽口袴，足蹬黑靴。宋代刘松年的《撵茶图》（图7-12），故宫博物院藏，撵

图7-8

图7-9

图7-10

图7-11

图7-12

图7-8　《睢阳五老图》局部
左《毕世长像》藏于纽约大都会博物馆
右《朱贯像》藏于耶鲁大学博物馆

图7-9　《听琴图》局部
故宫博物院藏

图7-10　《五百罗汉图》局部
日本奈良大德寺藏

图7-11　壁画
河北张家口市宣化下八里村辽墓出土

图7-12　《撵茶图》局部
故宫博物院藏

茶和执壶注茶的两位侍者头戴乌巾，身穿圆领窄袖缺胯袍，下装为宽口袴，脚穿布履。石俑（图7-13）方城县金汤寨北宋范氏家族墓出土，河南省博物院藏，两人俑服装均为窄袖缺胯袍。缺胯袍为修身窄袖服，在腰下衣摆左右两侧开衩，活动自如，行动方便，何种场合都可穿用，在宋代广泛流行。宋人文献中经常提到的凉衫、帽衫、紫衫就是窄袖圆领袍衫。

图7-13 石俑
河南方城县金汤寨北宋范氏家族墓出土

袆衣与褙子

宋代桑蚕耕织迅速发展，染织生产的规模、产量和工艺都有飞跃性的提高。绫、罗、绸、缎、纱、缎、绢等织物品种琳琅满目，纹样繁多，这促进了宋代女装的繁荣。在程朱理学的影响下，人们崇尚自然，审美观趋于平和淡雅，女装也以质朴的造型取胜，给人以素雅、洁净、自然之感。宋代女性服饰色彩方面较为清淡雅致，造型显得含蓄、内敛，多以修长、纤细为美。服装纹饰构图简化，趋于精巧，显得较为素雅恬静。

宋代女子服饰大体沿袭唐五代以来的样式，以上着襦、袄、衫、褙子，下着长裙为基本组合。程朱理学的逐渐发展和深入，人们的美学观念也不断发生变化，与前代相比，宋代女装样式简单质朴，色彩清新淡雅。通常女子夏季着衫，冬季着袄，袄衫的颜色多为淡绿、粉紫、银灰、葱白等淡雅的色彩，女子下裳长裙多为青、碧、绿、蓝、杏黄等艳丽的色彩，形成上淡下艳的服饰风格。宋代纺织业的发展，刺绣工艺也有所提高，纹样以花鸟为主。女子服饰中的花鸟刺绣纹样是主要的装饰方法，长裙也多制成细密褶叠的褶裙，裙腰外层通常会加围腰装饰，由于围腰的颜色多为鹅黄色，因此称为“腰上黄”。宋代由于契丹、女真和蒙古等游牧民族的南侵与破坏，以及宋中期靖康之变，我国北方大量人口南移，蚕桑养殖和纺织技术也随之南移，加速了长江中下游地区丝织业的发展。

《宋宣祖后坐像》（图7-14），台北故宫博物院藏，宣祖后头部佩戴珠翠冠，冠前饰衔珠正凤一枚及插梳，冠左右两侧饰垂珠牡丹飞凤珠饰，冠后饰铺翠牡丹步摇簪，冠通体铺翠，缀白珠为饰，精致华贵。宣祖后颈间佩四挂珠缨，上二为红珠，下二为白珠；身穿窄袖襦，襦外加诃子，曳地长裙，胸前系红白相间绶带，襦裙外披大袖对襟黄罗大氅，于胸下结系；肩部披挂蓝底五彩云凤纹霞帔，缘饰白珠，底有一枚帔坠。

《宋仁宗皇后像》（图7-15），台北故宫博物院藏，画面中曹皇后端坐正中，头戴凤冠，三博鬓，身穿交领大袖深青袆衣，衣上绣山雉图案，织金云龙纹领，服饰华贵，展示出皇后端庄恭肃的威仪。左右侍女，头戴簪花幞头，身穿圆领窄袖袍衫，腰间束带，为宫廷礼仪女官形象。

《周礼·天官·内司服》载：“掌王后之六服：袆衣、揄狄、阙狄、鞠衣、襢衣、褖衣。”周代确立王后从王祭先王之时服袆衣，袆衣成为后世皇后最高形制的礼服、祭服、朝服和册封、婚礼的吉服。《宋史·舆服志》载：“袆之衣，深青织成，翟文赤质，五色十二等。青纱中单，黼领，罗縠褾襈，蔽膝随裳色，以緅为领缘，用翟为章，三等。大带随衣色，朱里，纰其外，上以朱锦，下以绿锦，纽约用青组，革带以青衣之，白玉双佩，黑组，双大绶，小绶三，间施玉环三，青韈、舄，舄加金饰。受册、朝谒景灵宫服之。”

皇后于受册、谒庙、朝会等重大场合穿用袆衣，袆衣为交领右衽大袖袍制，以深青罗织成，上有翟纹十二等。“翟”原指长尾雉鸡，纹饰表现为数对红腹锦鸡雄鸟，以小轮花间隔，衣缘处有红罗织成云龙。袆衣领口露出白色中衣领缘，下着裳裙；袆衣腰系以青罗革带，上施桃形金饰；身侧配白玉双佩，足蹬如意头舄，珍珠装缀。皇后穿用袆衣时，佩戴九龙四凤冠，冠上有十二花钗，后侧左右各有两扇博鬓。袆衣凤冠成为宋代皇后最为隆重的服饰。

宋代大袖袍衫为皇帝嫔妃常服，《宋史·舆服志》载：“其常服，后妃大袖……大袖生色领，长裙，霞帔，玉坠子，背子，生色领，皆用绛色，盖与臣下无异。”大袖袍衫传到民间，成为贵族女子的礼服。《朱子家礼》称：“大袖，如今妇女短衫而宽大，其长至膝，袖长一尺二寸。”另注：“众妾则以背子代大袖。”可见地位稍低的女子不能穿大袖衫，只能以褙子代替。大袖袍衫的样式为对襟宽袖，衣长曳地，衣襟有缘边。

南宋萧照的《中兴瑞应图》（图7-16），天津博物馆藏，画面中女子上衣均为褙子，下装为长裙。南宋刘宗古的《瑶台步月图》（图7-17），故宫博物院藏，图中贵族女子头戴花冠，身穿直领对襟窄袖褙子，搭配长裙。南宋佚名画作《荷亭儿戏图》（图7-18），波士顿美术馆藏，画中妇人身穿窄袖对襟褙子。宋代无名氏的《杂剧人物图》（图7-19），故宫博物院藏，画面中市井瓦舍伶人，其服装也是褙子。南宋佚名画家的《歌乐图卷》（图7-20），上海博物馆藏，描绘了宋朝宫廷乐伎正在彩排乐器演奏的情景。画中乐伎身材

图7-14 《宋宣祖后坐像》
台北故宫博物院藏

图7-15 《宋仁宗皇后像》
台北故宫博物院藏

图7-16 《中兴瑞应图》局部
天津博物馆藏

图7-14

图7-15

图7-16

图7-17

图7-18

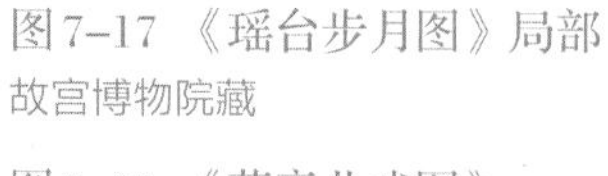
图7-17 《瑶台步月图》局部
故宫博物院藏

图7-18 《荷亭儿戏图》
美国波士顿美术馆藏

图7-19 《杂剧人物图》局部
故宫博物院藏

图7-20 《歌乐图卷》局部
上海博物馆藏

图7-19

图7-20

修长，头部佩戴白角花冠，为犀牛角制成发饰，身穿淡雅的抹胸，外套红色褙子。宋代绘画作品及史料，均表现出宋代仕女、宫女、乐伎、市井伶人等不同身份地位的女子，服装都以褙子为主要装束，可见褙子在宋代的普及。

宋代女装通常为上身穿窄袖短衣，下穿长裙，上衣外面搭配对襟褙子。褙子是宋代女装中最流行的款式，造型为对襟、窄袖，领、袖口、衣襟下摆都镶有缘饰，前后衣裾不缝合，两侧衣衩开缝直至腋下。衣襟部分敞开，胸口处两边各有一个条子，可将衣服两侧系在一起，也可直接敞开领口穿，露出中衣。宋代的褙子是长袖、长衣身，衣服前后片在腋下不缝合的服装样式，男女都可以穿用。

宋代女子经常于腰腹部加围腰，也称腹围。腹围是一种围腰、围腹的帛巾，其装饰繁简不一，颜色以黄为贵，时称“腰上黄”。宋岳珂《桯史》载：“宣和之季，京师士庶竞以鹅黄为腹围，谓之腰上黄；妇人便服不施衿纽，束身短制，谓之不制衿。始自宫掖，未几而通国皆服之。”这里提到的“不制衿”即为褙子。

彩绘石女俑（图7-21），方城县金汤寨北宋范氏家族墓出土，河南省博物院藏，为石灰岩质。女俑呈站立状，一女俑双手拢于腹前，身穿窄袖对襟褙子；一女俑双手抱印，身穿窄袖襦，下装为长裙，为襦裙装。

山西太原晋祠圣母殿彩绘泥塑侍女立像（图7-22），侍女头戴花冠，上身穿交领右衽窄袖襦，下装为长裙，肩臂有披帛。仇英临宋人画册《妃子浴儿图》（图7-23），上海博物馆藏，画中女子穿襦裙，披有披帛。襦裙装在宋代女子中穿用普遍，其为上襦下裙的组合服装，腰间系丝带，也可在裙子中间的飘带上挂玉环绶，用来压住裙幅，以便在行走过程中保持优雅的仪态。宋代的裙子有六幅、八幅、十二幅的形式，其特征为褶裥很多。裙子纹饰丰富多彩，可彩绘、染缬、刺绣或加缀珠玉装饰。

伎乐女木俑（图7-24），安徽南陵铁拐宋墓出土，由十位女乐伎组成乐队，服饰统一，头部戴高冠，身穿襦裙，外披窄袖对襟短褙子，手执拍板、笛子、排箫、琵琶等各式乐器，展现出宋代乐伎列队表演的情景。

图7-21 彩绘石女俑
河南方城县金汤寨北宋范氏家族墓出土

图7-22 山西太原晋祠圣母殿彩绘泥塑侍女立像

图7-23 《妃子浴儿图》
上海博物馆藏

图7-24 伎乐女木俑
安徽省南陵县铁拐宋墓出土

图7-21

图7-22

图7-23

图7-24

服装实物

浙江台州黄岩赵伯澐墓出土多件南宋丝绸服饰，服饰款式丰富，纹饰题材多样，织物品种齐备，具有很高的历史文化价值，展示出南宋服饰发展的状况。对襟双蝶串枝菊花纹绫衫（图7-25），台州市黄岩区博物馆藏，呈浅黄色，面料饰有双蝶串枝菊花图案，领、襟、袖、下摆等处的沿口都镶有深褐色的衬边，对襟沿口接近下摆之处备有两条系带。绫衫色彩亮丽，图案精美，为宋代贵族男子的常服。缠枝葡萄纹绫开裆夹裤（图7-26），为男子内衣，穿在袍衫之内。交领莲花纹亮地纱袍（图7-27），交领右衽窄袖，领口与袖口有缘边，工艺精细，为宋代男子常服。矩纹纱交领袍（图7-28），江苏金坛县周瑀墓出土，为交领右衽窄袖袍，在右腋下有两纽襻对系，穿用时搭配围裳，为宋代男子常服。

宽袖褙子（图7-29）和窄袖褙子（图7-30），安徽南陵县铁拐宋墓出土，形制相似，均为双层丝质面料，直领对襟，短衣身，腋下左右两侧开衩，袖形一宽一窄，为宋

图 7-25

图 7-26

图 7-27

图 7-28

图 7-29

图 7-30

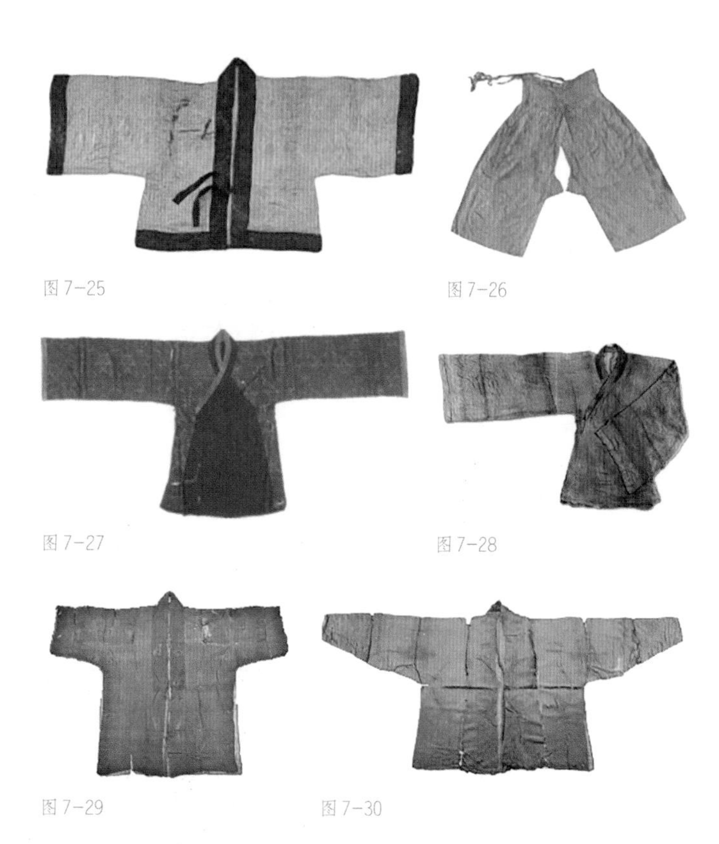

图 7-25　对襟双蝶串枝菊花纹绫衫
浙江台州黄岩赵伯澐墓出土

图 7-26　缠枝葡萄纹绫开裆夹裤
浙江台州黄岩赵伯澐墓出土

图 7-27　交领莲花纹亮地纱袍
浙江台州黄岩赵伯澐墓出土

图 7-28　矩纹纱交领袍
江苏金坛县周瑀墓出土

图 7-29　宽袖褙子
安徽南陵县铁拐宋墓出土

图 7-30　窄袖褙子
安徽南陵县铁拐宋墓出土

代男女均可穿用的短外衣。

素纱直襟窄袖衫（图7-31），高淳县花山宋墓出土，南京博物馆藏，为纱质单衣，质料轻薄，窄袖直领对襟，衣摆两侧开衩。印花柿蒂菱纹绢抹胸（图7-32），为绢质，质地轻薄坚韧，组织稀疏，光泽细洁柔和。抹胸呈长方形，两边系带，上部中间处打有折褶。绢面上印有菱形纹，内填柿蒂小花，相错排列，以朵花纹印花绢贴边。抹胸为覆于胸前的贴身小衣。

福建福州南宋黄昇墓出土大量精美的丝绸织物，有绫、罗、绸、纱、绢、绮等丝织面料，也有袍、衫、褙子、裤、裙等丝绸面料服装，种类丰富，制作工艺精湛，泥金、印金、贴金、彩绘、刺绣等装饰技法在服装缀饰上广泛运用。黄色缠枝花卉纹纱直领对襟衫（图7-33），面料质感细腻，款式简洁大方。褐黄色罗镶花边印金大袖衫（图7-34），为直领对襟大袖礼服，花边纹饰不仅有彩绘的白菊，还有印金的芙蓉花和菊花，精致奢华。织物纹样装饰中使用印金技法和填彩工艺相结合，印金的叶片纹中敷以色彩，使得纹饰鲜艳夺目，富丽堂皇。

浅褐色绉纱镶花边直领对襟褙子（图7-35），福建福州南宋黄昇墓出土，在袖口、领口以及衣襟缘边处织绣花卉纹饰，衣料纹路清晰，图案精美，清丽素雅，为女子外穿的常服。褐色绉纱镶花边对襟衫（图7-36），襟上无纽襻或系带，两侧开衩，两襟镶有花边，造型精致秀丽。烟色牡丹花罗背心（图7-37），仅重16.7克，面料轻盈若羽，剔透似烟，精美绝伦，表现出宋代缫丝、纺织技术的高超。黄褐色牡丹纹罗左右中缝开裆裤（图7-38）与素绢抹胸（图7-39），均为女子

图7-31　素纱直襟窄袖衫
江苏南京高淳县花山宋墓出土

图7-32　印花柿蒂菱纹绢抹胸
江苏南京高淳县花山宋墓出土

图7-33　黄色缠枝花卉纹纱直领对襟衫
福建福州南宋黄昇墓出土

图7-34　褐黄色罗镶花边印金大袖衫
福建福州南宋黄昇墓出土

图7-35　浅褐色绉纱镶花边直领对襟褙子
福建福州南宋黄昇墓出土

图7-36　褐色绉纱镶花边对襟衫
福建福州南宋黄昇墓出土

图7-37　烟色牡丹花罗背心
福建福州南宋黄昇墓出土

图7-38　黄褐色牡丹纹罗左右中缝开裆裤
福建福州南宋黄昇墓出土

图7-39　素绢抹胸
福建福州南宋黄昇墓出土

图7-31　图7-32　图7-33　图7-34　图7-35　图7-36　图7-37　图7-38　图7-39

内衣。开裆裤是穿在长裙里面的，形成裆裤和掩裙搭配组合衣饰，便于劳动，以下层劳动妇女穿用居多。素绢抹胸共两层，内衬少量丝绵，上端及腰间各缀绢带两条，以便系带。褐色罗印花褶裥裙（图7-40），形如扇，上窄下宽，质料为透明的细罗，面料上有金色团花装饰。

宋代的鞋式沿袭前代制度，男子在朝会时穿靴，后改成履。随着城市商业的发展，宋代社会上开始出现专售鞋履的铺子。宋代贵族妇女开始流行缠脚习俗，宋明的缠足是把脚裹得纤直，并不弓弯，女子穿软底锦鞋，鞋面有纹样装饰，鞋子前面有凤头、高头、尖头、翘头等多种样式（图7-41）。男子的鞋多以厚实为主，有各种质料和样式，如草鞋、布鞋、丝履等（图7-42）。北方通常多穿菱纹履或靴，江南则多穿编织类的棕麻鞋，少数民族男女多以皮质靴为主。

福建福州南宋黄昇墓出土的各类丝织

品，以及浙江台州黄岩赵伯澐墓出土的宋代鞋袜（图7-42、图7-43）展示出宋代社会栽桑、养蚕、缫丝、织绸生产技术的全面提高。织物提花织造，以花卉写实题材为主，新鲜活泼，富有生活气息。织物的织造技法高超，采用粗细纬轮流投梭的织造法，以细纬衬地，粗纬起花，充分表现出花纹的丰满和立体感。织物刺绣针法多样，富有特色，辫绣、贴绣、钉金绣、打子绣等刺绣技法高超，刺绣图案组织匀称，构图巧妙，线条流畅。

图7-40

图7-41

图7-42

图7-43

图7-40　褐色罗印花褶裥裙
福建福州南宋黄昇墓出土

图7-41　翘头绣花女鞋
福建福州南宋黄昇墓出土

图7-42　编织男鞋
浙江台州黄岩赵伯澐墓出土

图7-43　绢袜
浙江台州黄岩赵伯澐墓出土

配饰

宋代在程朱理学思想的影响下，人们的服饰表现为清新淡雅的含蓄之美，服装配饰也从唐代的艳丽繁华之风，转变为质朴典雅的风格。配饰纹样多为植物花卉图案，尤以梅松竹菊等象征文人气质的图案居多，风格内敛拘谨、简洁质朴。受到少数民族喜好金银饰品的影响，宋元时期出现大量金银材料的冠梳、钗簪、钏镯、耳坠、戒指、帔坠等首饰，金银首饰加工运用了锤揲、錾刻、镂空等技法。首饰制作工艺进一步提高，种类繁多，式样新颖，出现弹簧式等首饰新结构形式，造型趋向于轻巧婉约的姿态，更具中国传统装饰韵味。首饰的纹样构成有传统的龙凤和螭虎，也有清新俊丽的写实物象，如牡丹、莲花、蝴蝶、鸳鸯等自然形象，运用灵活自然，表现丰盈和谐的情致。

宋代女子发饰绚丽多彩，通常在发髻的上下左右插上簪钗。考古发现宋代女子发簪式样丰富，主要变化多集中在簪首，表现为各种各样的簪首形状，常见的簪首纹饰题材有花卉、鸟禽、鸳鸯、龙凤等，材质有玉、金、银、琉璃等。发髻上还装饰有冠梳，冠梳种类繁多，其中白角冠配合白角梳使用的冠梳较为常见。发饰中最为华丽的是佩戴花冠，冠是用漆纱、金银和珠玉等制成，冠的形状高大，冠上有金银珠翠、彩色花饰、玳瑁梳子等，装饰丰富。花冠类型有白角冠、珠冠、团冠、花冠、垂肩冠等，最初在宫廷流行，之后普及民间并成为女子的礼冠。

宋代女子流行高髻，常在发髻中安装假髻，然后以绿翠、彩缯、玉钗、梳篦或丝网等固定。发髻中插梳成为最常见的装饰方法，梳齿插入头发，梳背便成装饰的重点，宋元的梳背有半月形和虹桥形，梳背装饰华丽精美。为增加梳齿入发的稳固性，宋代冠梳的梳齿部位加上一根长长的簪脚，这样可以让梳子像簪钗一样牢牢地固定在发髻上。

宋代贵族女子礼服中佩戴霞帔，也称霞披、霞帛，为使霞帔平整地下垂，其底部通常系以帔坠。考古发掘的宋元遗存中，霞帔为丝织品，多不易保存，以金、银、玉为质的帔坠却得以保存下来。考古出土的宋元帔坠，主要有金、银、银鎏金、玉等多种质地，以金银为多，帔坠的形制基本为鸡心形和圆形，帔坠的纹饰以对禽和花卉纹为主。霞帔纹样通常有幸福美好、祥瑞富贵、仕途显达和夫妻好合的吉祥寓意。宋代帔坠还没有形成严格的服用制度，其纹饰式样纷繁，民间女子使用广泛。

各地出土的宋代配饰如图7-44至图7-66所示。

图7-44

图7-45

图7-46

图7-47

图7-48

图7-49

图7-50

图7-51

图7-52

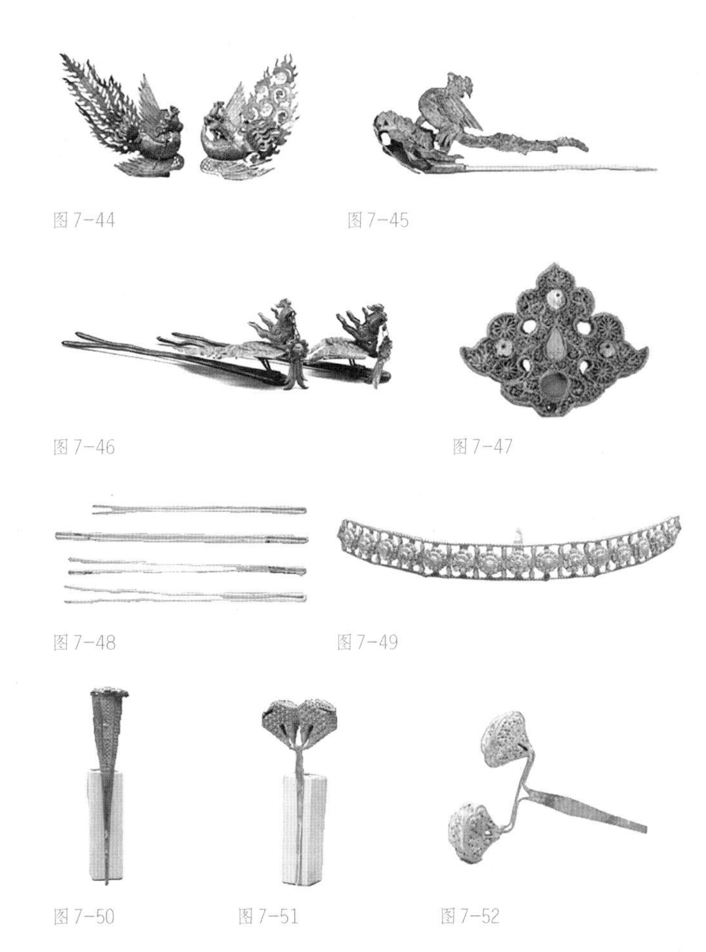

图7-44　银鎏金凤凰纹花头金簪
浙江浦江白马镇高爿窖藏出土

图7-45　金凤簪
江苏徐州博物馆藏

图7-46　银脚金凤钗
浙江桐庐县百江镇罗山乐明村墓出土

图7-47　金丝编头饰
河南洛阳邙山宋墓出土

图7-48　重叠圆环纹金钗
四川彭州西大街宋代窖藏出土

图7-49　银鎏金花钿银簪
浙江永嘉县下嵊乡山下村出土

图7-50　六面喇叭形鎏金银簪
浙江永嘉县四川区下嵊公社宋代窖藏出土

图7-51　鎏金银簪
浙江永嘉县四川区下嵊公社宋代窖藏出土

图7-52　如意云纹鎏金银钗
浙江永嘉县四川区下嵊公社宋代窖藏出土

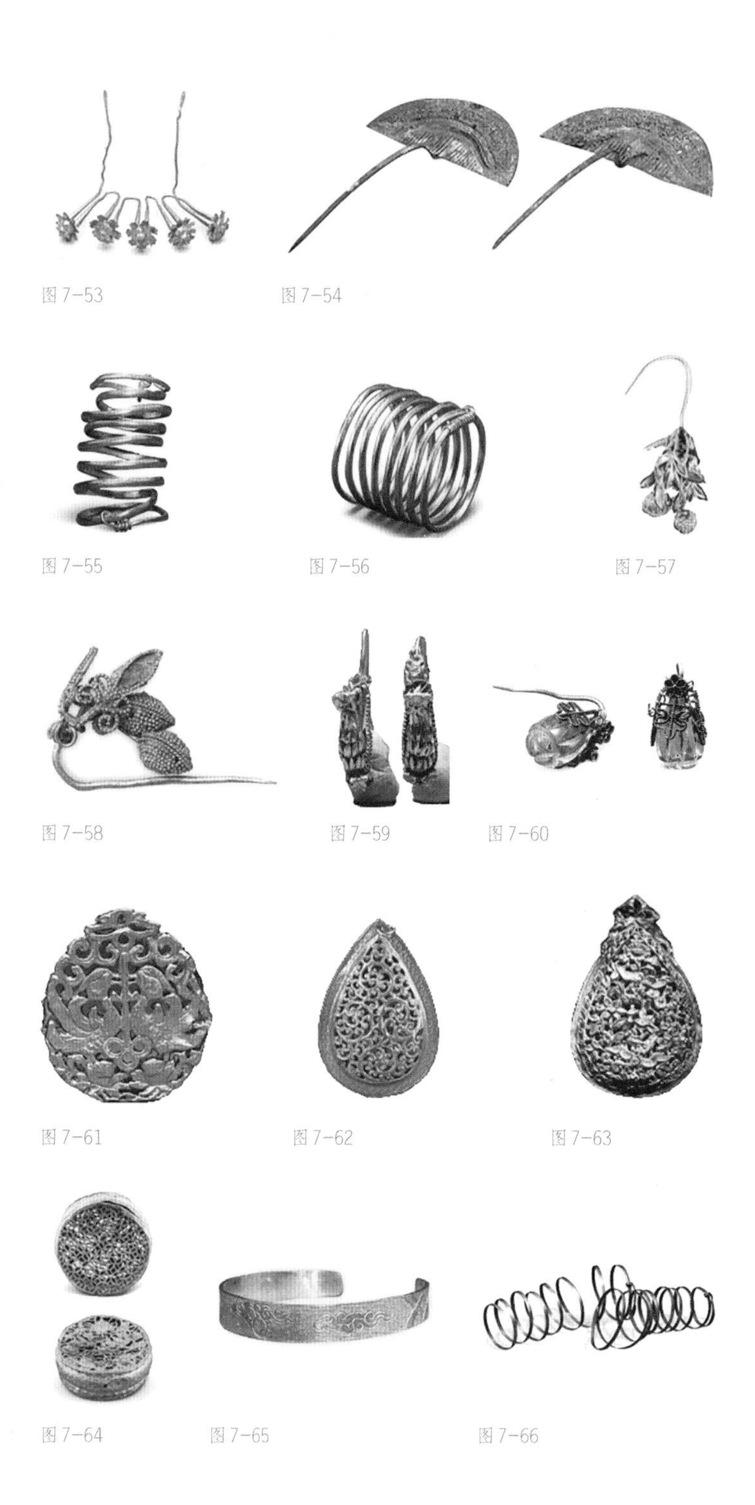

图7-53 银丝五折状鎏金银钗
浙江永嘉县四川区下嵊公社宋代窖藏出土

图7-54 银梳
安徽南陵铁拐1号宋墓出土

图7-55 金缠指
绍兴博物馆藏

图7-56 金缠指
金华市博物馆藏

图7-57 金荔枝耳坠
湖北蕲春县漕河镇罗州城遗址南宋金器窖藏出土

图7-58 荔枝形金耳饰
杭州博物馆藏

图7-59 金莲花仙人金耳坠
浙江龙游县高仙塘南宋墓出土

图7-60 金叶水晶瓜耳饰
湖州博物馆藏

图7-61 鸳鸯纹金帔坠
浙江东阳市湖溪镇罗青甲出土

图7-62 卷草纹金帔坠
浙江湖州龙溪三天门南宋墓出土

图7-63 凤穿牡丹纹金帔坠
江苏南京幕府山北宋墓出土

图7-64 满池娇纹圆形金帔坠
江西安义南宋李硕人墓出土

图7-65 云纹金镯
绍兴博物馆藏

图7-66 银缠臂钏
浙江杭州临安博物馆藏杨岭宋墓出土

捌

辽夏金元的民族服饰

契丹族早期世居辽河流域，以游牧狩猎为业，服饰以兽皮裹身。契丹建立辽国以后，从氏族社会转变到封建社会，开始种植桑麻，纺织布帛，仿照中原服饰进行服装改革。公元916年，辽太祖耶律阿保机建立辽国，公元938年辽国颁布服制，在借鉴中原服制的基础上创立衣冠服制。辽国以辽制治契丹，以汉制待汉人，皇帝、汉官俱穿汉服，太后及契丹臣僚则穿辽服，采取两种不同的服装体制。

党项族为羌族中的一支，是居于析支地区的游牧民族。北周后期党项族势力逐渐扩大，隋唐时归附于中原王朝，向唐王朝称臣。公元1038年，元昊立国称帝，建国号大夏。党项族以武功立国，西夏政权建立后，积极学习中原汉族文化，崇尚儒学，建立了融合中原汉族与党项族特色的服饰制度。

女真族长期生活在黑龙江、松花江流域和长白山地区，以渔猎为生，过着原始的氏族部落生活。公元1115年，女真族首领完颜阿骨打称帝，国号大金，统一女真族各部落。公元1140年，金人参照宋朝服制而略加变易，制定冠服制度，确立皇帝冕服、朝服，皇后冠服，臣僚朝服、常服等服装形制。大定年间，补充了百官公服及庶民之服，至此金代服制基本完备。

蒙古族为长期生活在黑龙江额尔古纳河岸地区的游牧民族，后迁徙至漠北草原，形成许多不同的部落，并与当地的突厥、回纥部落杂处。经过近百年的吞并掠夺，蒙古首领成吉思汗统一蒙古各部落。公元1260年，忽必烈即汗位，公元1271年建国，国号大元。元朝立国初期，冠服车舆保留原有蒙古族特色。元世祖统一天下后，取法中原唐宋体制，初步建立冠服制度；元英宗时元朝冠服制度更加完备。

契丹族服饰

契丹族男子服饰以长袍为主，形制为圆领窄袖，腰间束带，下装着套裤，脚蹬长靴。契丹侍卫壁画（图8-1），内蒙古赤峰小五家乡塔子山2号墓出土，头部髡发，身穿圆领窄袖红色长袍，内露白色中单，腰系革带，脚蹬黄色高筒靴，显示出草原牧民的粗犷彪悍。契丹侍卫壁画（图8-2），河北宣化下八里辽代张文藻墓出土，头部髡发，身穿窄袖圆领袍，腰间系带，脚蹬黑色高筒靴。壁画《墓主人图》（图8-3），内蒙古库伦七号辽墓出土，画面中契丹贵族头部髡发，身着圆领红袍，腰间系带，足蹬黑皮靴。据《辽史》记载，辽国规定服饰中冠、幞头、巾等首服，只有皇帝和一定级别的官员才可以佩戴。辽代墓葬壁画中的契丹男子通常不戴冠，按契丹族习俗，多作髡发，将头顶部分的头发剃光，只在两鬓或前额部分留少量余发，有的在额前蓄留一排短发，有的在耳边披散着鬓发，也有左右两绺头发修

图8-1 契丹侍卫壁画
内蒙古赤峰小五家乡塔子山2号墓出土

图8-2 契丹侍卫壁画
河北宣化下八里辽代张文藻墓出土

图8-3 壁画《墓主人图》
内蒙古库伦旗前勿力布格村七号辽墓出土

剪整理成各种形状，下垂至肩。

《辽史·仪卫志》记载："太宗制中国……定衣冠之制，北班国制，南班汉制，各从其便焉。"辽国服制分两种，北官用契丹民族服饰，南官则承继晚唐五代遗制。壁画《出行图》（图8-4），河北宣化辽墓张世卿墓出土，画中辽代衙吏头戴曲脚幞头，身穿圆领窄袖袍，袍衣双肩与前胸部有团纹装饰，搭配长筒裤，平底便履。辽代官吏公服仿照唐宋服制而设立，体现出民族政权在服饰上的汉化现象。壁画《出行图》（图8-5），河北宣化辽墓M1号契丹贵族墓出土，画中马侧侍者，手持马球杆，头部髡发，身穿圆领窄袖袍，脚蹬靴。马前仪卫，身穿圆领窄袖缺胯袍，腰间系带，袍衫两侧开衩，袍衫前下摆上翻卷入腰带，便于行动，脚穿平底系带编织鞋。木版画《侍宴图》（图8-6），辽墓出土，巴林右旗博物馆藏，画中侍者手捧酒壶，身穿圆领窄袖袍，下装为套裤，脚穿系带鞋。契丹男子服装以袍服为主，其特点是圆领窄袖，衣襟用纽扣相连，腰间用绸带系结，下垂至膝，下装搭配套裤、皮靴。

壁画《备茶图》（图8-7），河北宣化下八里辽代张匡正墓出土，画中炉边煮水的侍者，头部髡发，身穿交领右衽短衫，搭配长裤，脚穿编织系带便鞋。撵茶的侍者，头部梳双丸髻，身穿交领左衽短衫。左衽袍衫，长期以来视为北方游牧民族的服饰标志，其明显区别于中原汉族的右衽服装。在辽国境内，随着各民族间的相互交往，服饰习惯相互影响，服装左衽和右衽的规定和区别也逐渐模糊。壁画中站立的髡发侍者，身穿圆领窄袖袍；一边准备奉茶的两位女侍，头梳花瓣形圆髻，髻上装饰花簪，身穿交领襦，搭配垂褶长裙，外披直领对襟窄袖短衫。

辽国女子服饰有两种形制，一种是上着交领短襦，下着垂褶长裙，为中原汉族女子的襦裙装。襦裙外面经常搭配直领对襟窄袖短衫，衫前两襟有细绳系结；另一种则是穿左衽或右衽交领窄袖长袍，袍衫宽大，腰部以下左右两边开衩，露出衬裙，腰间系带，为契丹族女子传统服饰。壁画《备饮图》（图8-8），河北宣化辽代张世古墓出土，画中两位侍女，一人头戴花冠，穿襦裙装，外披对襟短衫；一人穿交领右衽长袍，腰间系带，表现出辽国境内女子两种不同款式的服饰形象。

木版画《侍宴图》（图8-9），辽墓出土，巴林右旗博物馆藏，画中侍女手捧茶盏托，身穿诃子裙，裙面有团花装饰，外加褐红色抱腰，腰间系带，裙长曳地，外披直领对襟窄袖短衫，表现出辽国女子身着汉族服饰的形象。

契丹侍女壁画（图8-10），吉林库伦旗前勿力布格1号辽墓出土，画中契丹侍女头戴黑色圆顶帽，帽檐扎浅红色飘带，后系花结，鬓发下垂，身穿窄袖交领长袍，腰间系带，展示出契丹侍女的服饰形象。

图8-4

图8-5

图8-6

图8-7

图8-8

图8-9

图8-10

图8-4　壁画《出行图》
河北宣化下八里辽代张世卿墓出土

图8-5　壁画《出行图》
河北宣化下八里M1号契丹贵族墓出土

图8-6　木版画《侍宴图》
内蒙古赤峰巴林右旗辽墓出土

图8-7　壁画《备茶图》
河北宣化下八里辽代张匡正墓出土

图8-8　壁画《备饮图》
河北宣化下八里辽代张世古墓出土

图8-9　木版画《侍宴图》
巴林右旗辽墓出土

图8-10　契丹侍女壁画
吉林库伦旗前勿力布格1号辽墓出土

党项族服饰

西夏仿照唐宋冠服样式，规定官员服装为襕袍，搭配蹀躞带，同时以色彩区分官阶。甘肃瓜州榆林第29窟建于西夏乾祐二十四年，石窟壁画内容具有典型的西夏风格。其中男供养人壁画（图8-11），于窟南壁东侧，展示出西夏男子服饰形象，头戴黑漆冠，身穿绯色圆领窄袖袍，腰束革带，为西夏武官服饰。画中贵族童子，头顶髡发，前额及两鬓留一周短发，身穿圆领窄袖袍，长至脚踝，帛带束腰，脚穿乌皮靴。童子前后有老少侍从两人，老者着缺胯衫，缚袴；少者髡发，身着缺胯衫，缚袴，裹行縢，两侍从均穿编织系带麻鞋。女供养人壁画（图8-12），于榆林第29窟南壁西侧，六位西夏女供养人均头戴桃形冠，冠上饰花钗，身穿交领右衽窄袖袍，饰有团花纹样，袍腰下两侧开衩，内着褶裙，脚穿圆口尖头鞋，双手合十，持花供养，展现出西夏贵族女子形象。

《阿弥陀佛来迎图》唐卡局部（图8-13），西夏黑水城出土，俄罗斯艾尔米塔什博物馆藏，画面中西夏贵族男供养人身穿圆领窄袖袍，袍服腰间系皮围，为悍腰或抱肚，用以骑射时保护支撑腰部，也可佩挂弓箭等物以减少袍子磨损，腰间系革带，脚穿黑靴。西夏女供养人身穿交领右衽窄袖袍，袍腰下左右开衩，内穿长裙，脚穿黑靴。《观音菩萨图》唐卡局部（图8-14），西夏黑水城出土，两位西夏贵族女供养人头戴桃形花冠，身穿红色交领右衽窄袖袍，表面饰花卉图案，袍衣左右开衩，袍内穿褶裙，裙两侧垂绶，脚穿乌皮靴。内蒙古额济纳旗黑水城出土的唐卡画，描绘出西夏贵族的服饰形象。

木版画（图8-15），西夏墓出土，西夏博物馆藏，画面中彩绘五位党项族侍女，服饰形象相似，左侧侍女散发披肩，其余四位侍女头顶束圆形高髻，余发披于脑后，分别披长巾、挎包袱、执拂尘、托盘、捧盒呈站立状。服装均为身穿交领窄袖长袍，腰间束带，腰下左右两侧开衩，色彩有红色、蓝色和浅赭色，展示出西夏党项族侍女形象。

图8-11　男供养人壁画
甘肃瓜州榆林第29窟南壁东侧

图8-12　女供养人壁画
甘肃瓜州榆林第29窟南壁西侧

图8-13　《阿弥陀佛来迎图》唐卡局部
内蒙古额济纳旗黑水城出土

图8-14　《观音菩萨图》唐卡局部
内蒙古额济纳旗黑水城出土

图8-15　木版画
甘肃武威市西郊林场西夏2号墓出土

图8-11

图8-12

图8-13

图8-14

图8-15

女真族服饰

云鹤纹织金锦棉袍（图8-16），哈尔滨巨源乡城子村金代齐国王完颜晏夫妇墓出土，黑龙江省博物馆藏，通长142厘米，两袖展开长224厘米。形制为交领窄袖左衽袍，通体呈绛紫色，质地为绢，内里絮丝绵，长度及膝。褐地翻鸿织金锦棉袍（图8-17），金代齐国王墓出土，通长140厘米，双袖展开长221厘米，形制也为交领窄袖左衽短袍。褐绿地织金锦棉裙（图8-18），裙腰为绿绢面料，里料为黄绢，裙子内絮丝绵，裙腰背部开口处有两条黄绢系带，裙身布满梅花图案。棉裙工艺精湛，款式别致，为穿在袍服里面的内裙。金代齐国王墓还出土有棉蔽膝（图8-19）、抱肚（图8-20）、胫裤（图8-21）和套裤（图8-22）等各类女真族贵族服饰单品，做工考究，显示出浓厚的北方民族特色，是金朝女真族的服饰精品。

皂罗莲纹花珠冠（图8-23），哈尔滨巨源乡城子村金代齐国王完颜晏夫妇墓出土，黑龙江省博物馆藏，出土时戴在女墓主人头部，花冠采用盘绦技艺制作而成。花冠的外表为覆莲花瓣组成，分上中下三层，每层五片莲花瓣，花瓣层层相叠，花瓣边缘钉嵌珍珠装饰，花瓣间隙饰瓜叶菊纹。花珠冠瑰丽奢华，冠上珍珠数量有五百颗之多，冠后部有练鹊纹白玉纳言，纳言下有两只金环。以金、珠、玉装饰的花冠在金代为皇族女子佩戴。罗地绣花

图8-16　图8-17　图8-18　图8-19　图8-20　图8-21　图8-22

图8-16　云鹤纹织金锦棉袍
黑龙江哈尔滨巨源乡城子村金代齐国王墓出土

图8-17　褐地翻鸿织金锦棉袍
黑龙江哈尔滨巨源乡城子村金代齐国王墓出土

图8-18　褐绿地织金锦棉裙
黑龙江哈尔滨巨源乡城子村金代齐国王墓出土

图8-19　褐地朵梅鸾章金锦棉蔽膝
黑龙江哈尔滨巨源乡城子村金代齐国王墓出土

图8-20　棕地云罗贴补绣抱肚
黑龙江哈尔滨巨源乡城子村金代齐国王墓出土

图8-21　棕褐团花绣素绢胫裤
黑龙江哈尔滨巨源乡城子村金代齐国王墓出土

图8-22　套裤
黑龙江哈尔滨巨源乡城子村金代齐国王墓出土

鞋（图8-24），金代齐国王墓出土，长23厘米，鞋面上下有两层，材质分别为驼色罗和绿色罗，鞋面绣串枝萱草纹装饰，鞋内里衬米色暗花绫，鞋头略尖并且上翘，鞋底较厚，为麻制。罗地绣花鞋，花纹秀雅清隽，工艺精湛，为齐国王妃穿用。

哈尔滨巨源乡城子村齐国王墓出土的丝织品种类丰富，纹饰精美，其中服装款式类型繁多，质料品种齐全，纺织技术高超，制作工艺精湛，图案华美，反映了金代女真族贵族的服饰状况。在出土丝织品中，织金锦尤为珍贵，织金是以金缕或金箔制成的金丝作纬线织制的锦，织金技法有编金，描金，印金，圈金，钉金，贴金和影金等，工艺精湛，华贵精美，为宋金时期宫廷皇族才能使用的奢华面料。

图8-23

图8-24

图8-23 皂罗莲纹花珠冠
黑龙江哈尔滨巨源乡城子村金代齐国王墓出土

图8-24 罗地绣花鞋
黑龙江哈尔滨巨源乡城子村金代齐国王墓出土

蒙古族服饰

元世祖像（图8-25）与元成宗像（图8-26），台北故宫博物院藏，皆身穿交领右衽大襟袍，袍衣单色，无纹样装饰。元世祖忽必烈头戴白金答子暖帽，《元史·舆服志》载："冬之服凡十有一等，服纳石、金锦也。怯绵里，剪茸也。则冠金锦暖帽。服大红、桃红、紫蓝、绿宝里。则冠七宝重顶冠。服红黄粉皮，则冠红金答子暖帽。服白粉皮，则冠白金答子暖帽。服银鼠，则冠银鼠暖帽，其上并加银鼠比肩。"元代蒙古族贵族男子冬季佩戴暖帽，有金锦暖帽、七宝重顶冠、红金答子暖帽、白金答子暖帽和银鼠暖帽等，帽子的材质和色彩与袍服搭配。

元成宗铁穆耳头部髡发，额前齐发微露，冠下耳后结辫垂鬟，为蒙古男子婆焦发式，佩戴钹笠帽。南宋孟珙《蒙鞑备录》记载，蒙古族男子发式："上至成吉思，下及国人，皆剃婆焦，如中国小儿，留三搭头在顖门者，稍长则剪之，在两下者，总小角垂于肩上。"婆焦发式把头发分成四部分，脑后头发剃光，前部头发修剪成桃形、尖角形等形状，左右两边各编成辫子，结成环形，垂在两耳旁，为元代蒙古族男子的流行发式。

元代蒙古族男子夏季佩戴钹笠帽，钹笠为圆檐斗笠形帽，形状像钹，所以称钹笠。纱面竹胎钹笠帽（图8-27），元代汪氏家族4号墓出土，甘肃省博物馆藏帽高9.2厘米，口径18厘米，底径35厘米。钹笠帽由竹编而成，外层包裹纱布，帽体有三层，内层为茶色织物，中层以细竹篾编成的骨架，外层罩以黑色纱布，帽顶有一绺黑色毛发，饰有珠玉串。《元史·舆服志》载："夏之服凡十有五等，服答纳都纳石失，缀大珠于金锦。则冠宝顶金凤钹笠。服速不都纳石失，缀小珠于金锦。则冠珠子捲云冠。服纳石失，则帽亦如之。服大红珠宝里红毛子答纳，则冠珠缘边钹笠。"钹笠帽顶有顶座，可用金珠翠装饰，帽后可加垂帛以护颈，有一圈圆帽檐可遮阳，为元代蒙古族男子常用。

元末明初人叶子奇《草木子》书中描述，"官民皆戴帽，其檐或圆，或前圆后方；或楼子，盖兜鍪之遗制。"元代蒙古族男子无论身份高低，皆佩戴各种帽子，这在元代广泛流行。明人沈德符《万历野获编》记载："元时除朝会后，王公贵人俱戴大帽，视其顶之花样为等威。"元代蒙古族贵族尤其重视帽顶装饰，多用价值昂贵的金玉宝石装饰帽顶，装饰物成为王侯贵族身份地位的象征。

元世祖后像（图8-28），台北故宫博物院藏，头部佩戴顾姑冠，身穿交领右衽袍。顾姑冠是元代蒙古贵族女子佩戴的首服，名称来自蒙古语，也有罟罟、故姑、罟姑、故故、固姑等多种译法。元代顾姑冠（图8-29），内蒙古博物院藏，内层以竹木为骨架，外层裹织物，是元代已婚蒙古妇女的独特冠制。南宋彭大雅《黑鞑事略》描述蒙古冠制："其冠，被发而椎髻，冬帽而夏笠，妇顶故姑。徐霆注云：霆见故姑之制，用画木为骨，包以红绢金帛，顶之上用四五尺长柳枝或铁打成枝，包以青毡。其向上人则用我朝翠花或五采帛饰之，令其飞动。以下人则用野鸡毛。"顾姑冠冠顶上用柳枝或细铁丝做成高起的支架，上面包有金帛，以珠翠、羽毛装饰；中部为直筒状，主要以桦木、铁丝或竹片做骨架，外面包红绢，绢面上有纹样和珠翠装饰；下部为兜帽，用宝石、珍珠、彩珠、玉翠、琥珀等装饰，冠下缘左右两侧垂坠珍珠璎珞。整体冠帽呈上宽下窄的高筒状，装饰华贵，光彩炫目，是蒙古族贵族女子身份和地位的象征。

壁画（图8-30），陕西蒲城县洞耳村元墓出土，画中墓主人夫妇对坐于座屏前，男主人头戴折檐暖帽，身穿交领左衽束袖辫线袍，腰间面料连缀打褶，足蹬高筒靴。女主人头戴顾姑冠，身着交领左衽束袖袍，袍衣宽大。左侧男侍髡发，为婆焦发式，穿左衽窄袖袍，腰间束带，腰带上垂有鞶囊，足蹬筒靴，腕搭拭巾，怀抱骨朵杖。右侧侍女辫发垂肩，身穿襦

图8-25

图8-26

图8-27

图8-25　元世祖像
台北故宫博物院藏

图8-26　元成宗像
台北故宫博物院藏

图8-27　纱面竹胎钹笠帽
甘肃漳县徐家坪元代汪氏家族墓出土

图8-28　元世祖后像
台北故宫博物院藏

图8-29　顾姑冠
甘肃漳县徐家坪元代汪氏家族墓出土

图8-30　壁画
陕西蒲城县洞耳村元墓出土

图8-28

图8-29

图8-30

裙，外披对襟半袖衫，双手覆衬巾，托捧分层盒。壁画形象地展现了元代蒙古服饰的特色。

宁家营子元墓壁画（图8-31），赤峰博物馆藏，描绘出蒙古族帐幕下，男女主人相对而坐的场景。男主人左手扶膝，端坐椅上，头部戴圆顶暖帽，身穿右衽窄袖辫线袍，腰间系带，脚穿靴。女主人头部高髻插簪，耳垂翠环，身穿交领左衽窄袖长袍，外罩直领对襟半臂衫，脚上穿靴。左后方男侍头戴圆顶暖帽，着窄袖右衽长袍，双手捧匜侍立；右后方侍女梳双垂髻，身着交领左衽窄袖袍，外罩开襟半臂短衫，双手捧奁盒侍立。画面表现元代蒙古族的服饰特点。

舞蹈俑（图8-32），焦作西冯封村元墓出土，河南省博物院藏，人俑手臂上下垂摆，呈舞蹈姿势，头戴四方瓦楞帽，耳后辫发，身穿圆领窄袖袍，腰间叠褶辫线，脚穿靴。四方瓦楞帽，用细藤和牛马尾做成，上小下大呈四楞平顶状。人俑所穿袍服，也称辫线袍或辫线袄。《元史·舆服志》载：“辫线袄，制如窄袖衫，腰作辫线细褶。”辫线袍是元代蒙古男子常用的外衣，形制为上身合体紧窄，腰部叠褶辫线或缝缀腰帛，形成收腰效果，下裳施加褶裥，搭配裤子穿用。辫线袍样式具有游牧民族服饰特色，上身紧凑便于活动，下身宽松便于骑射。

吹笛俑与击节板俑（图8-33），河南焦作西冯封村元墓出土，中国国家博物馆藏，吹笛俑头戴瓦楞帽，身穿辫线袄；击节板俑髡发，身穿圆领窄袖袍，腰间束带。陕西历史博物馆藏元代髡发男立俑（图8-34），头顶正中、两侧各留一片头发，为蒙古族瓦片头样式。身穿交领右衽窄袖袍，腰间束带，双手拢于胸腹前，手腕搭巾，衣长至小腿，下装为裤，展示出蒙古族男侍者的形象。元代灰陶男立俑（图8-35），陕西历史博物馆藏，头戴圆顶笠帽，额前垂一绺头发，耳侧发辫结环，身穿交领右衽窄袖袍，腰间束带，为元代蒙古族男子常见装束。元代彩绘骑马俑（图8-36），山西博物院藏，人俑头戴钹笠帽，身穿圆领窄袖袍，腰间系带，带头垂于右侧，足蹬长靴。骑马俑（图8-37），陕西长安县韦曲耶律世昌墓出土，陕西历史博物馆藏，服饰为蒙古族装束，头戴笠帽，穿交领右衽窄袍，腰间束带，肩背条形盒，手扶鞍桥，为挥鞭策马疾行的蒙古族男子形象。

刺绣花鸟纹夹衫（图8-38），内蒙古马兰察布察右前旗元代集宁路故城出土，内蒙古博物院藏，通长65.5厘米，袖长43厘米，款式为直领对襟，直筒宽袖的短衫。面料为棕褐

图8-31

图8-32

图8-33

图8-34

图8-35

图8-36

图8-37

图8-38

图8-31　壁画
内蒙古赤峰市元宝山区宁家营子元墓出土

图8-32　舞蹈俑
河南焦作西冯封村元墓出土

图8-33　吹笛俑与击节板俑
河南焦作西冯封村元墓出土

图8-34　髡发男立俑
陕西西安郊区出土

图8-35　灰陶男立俑
陕西西安东郊沙坡出土

图8-36　彩绘骑马俑
山西博物院藏

图8-37　骑马俑
陕西长安县韦曲耶律世昌墓出土

图8-38　刺绣花鸟纹夹衫
内蒙古乌兰察布察右前旗元代集宁路故城出土

色四经绞素罗，表面主要采用平绣针法，刺绣有折枝花草、双鱼、水禽、凤衔火珠、翟衔瑞和满池娇等纹样，工艺精湛，为元代刺绣服饰中的佳作。印金花卉绫长袍（图8-39），集宁路故城出土，款式为窄袖交领左衽长袍，长袍表面用印金工艺，装饰花卉图案，袍服富丽堂皇，奢华瑰丽。元代由于蒙古族贵族对黄金与丝绸的偏好，在服装丝织面料上大量使用黄金，印金技术有贴金、销金、明金、泥金、描金、洒金等，有纳石矢金锦、浑金搭子等高档面料。

蓝地菱格卍字龙纹双色锦对襟棉袄（图8-40），鸽子洞窖藏出土，隆化民族博物馆藏，衣长66厘米，两袖通长103厘米，为直领对襟半臂短袄，镶缘边装饰，袄面为蓝色织锦面料，表面有卍字方棋纹地龙纹图案。蓝绿地黄龟背梅花双色锦对襟袄面（图8-41），衣长64厘米，两袖通长98厘米，为袄面，面料为蓝绿色地黄色纹提花，纹样为锁子纹组成龟背梅花图案，工艺精致。凤戏牡丹纹绫夹衫（图8-42），汪氏家族墓出土，甘肃省博物馆藏，形制为直领对襟半袖衫。

白棉布束腰窄袖辫线褶袍（图8-43），隆化鸽子洞窖藏出土，蒙元辫线袍（图8-44），明水墓地出土，内蒙古博物院馆藏，元代云肩织金锦辫线袍（图8-45），中国民族博物馆藏，均为交领右衽窄袖袍，上身紧窄合体，袍服腰间辫线束腰，下摆叠褶成伞状短裙，便于骑射。元代服饰中，袍服外通常搭配半臂对襟衫，男女均可穿用。

图8-39

图8-40

图8-41

图8-42

图8-43

图8-44

图8-45

图8-39　印金花卉绫长袍
内蒙古乌兰察布市察右前旗元代集宁路故城出土

图8-40　蓝地菱格卍字龙纹双色锦对襟棉袄
河北隆化鸽子洞元代窖藏出土

图8-41　蓝绿地黄龟背梅花双色锦对襟袄面
河北隆化鸽子洞元代窖藏出土

图8-42　凤戏牡丹纹绫夹衫
甘肃漳县徐家坪元代汪氏家族墓出土

图8-43　白棉布束腰窄袖辫线褶袍
河北隆化鸽子洞元代窖藏出土

图8-44　蒙元辫线袍
内蒙古包头达茂旗大苏吉乡明水墓地出土

图8-45　云肩织金锦辫线袍
中国民族博物馆藏

玖 精美繁复的明代服饰

公元1368年，朱元璋领导的农民起义军，推翻元朝统治，建立明朝政权。明朝建立后，采取了一系列恢复生产、发展经济的有效措施，使社会经济得到恢复和发展，生产技术显著进步。随着生产力提高和商品市场开拓，从事工商业人口不断增加，手工业迅速发展，一批新兴城市逐渐形成。由于明朝大力提倡种植棉花、桑、麻及木棉等经济作物，推动了纺织业生产，出现了南京、北京、苏州、杭州、嘉兴等纺织品专业生产地区，所生产的丝绸产品在海内外享有盛誉。

宋元以后，我国江浙地区经济飞速发展。明代江南地区的农村妇女普遍参与棉纺织业的生产，松江已成为出产棉布的中心，其布质精致细密，畅销四方，享有美誉，棉花和棉布已普遍成为人们的服装材料。明朝中后期，江南地区人们的服饰逐渐趋向华丽鲜艳，服饰材料追求丝绸绫罗，服装款式丰富多样，图案华美精致，出现崇尚奢华，衣必求贵，绮罗轻裘的着装风气。

明代绸绢、织锦缎等服装面料，绣有各种吉祥纹样。常见的有团云和蝙蝠间嵌圆形寿字，取意福寿绵长；写实牡丹图案，象征花开富贵，代表繁荣昌盛、美好幸福；莲花被视为花之君子，也被佛教当作“佛门圣花”。明代吉祥纹样题材丰富，造型精美，构图别致，成为当时服饰艺术的一大特色。

明朝建立后，着力废除蒙古政权下的陋习，废弃蒙元服制体制，整顿和恢复汉族传统礼仪制度。明初朱元璋极力加强中央集权，采取种种措施，加强全国的集中统一，并根据汉族的传统习俗，上采周汉，下取唐宋，制定新的政权体制。公元1370年，明朝冠服制度初步制定，其中包括皇帝冕服、常服，后妃礼服、常服，文武百官朝服及士庶阶层的常服等。公元1393年，明朝冠服礼制作了一次大规模调整，各项服制规定更加具体。

衮服与翼善冠

明代政权建立后，力图消除元代蒙古族服制对汉族的影响，恢复华夏汉族的衣冠服制与服饰礼制，稽古而制，承袭唐宋时期的幞头、圆领袍衫、玉带、皂靴等服装款式，由此形成明代官服的基本风貌。

明代官服的形制、色彩和纹饰，是官员品阶高低的象征。龙袍和黄色成为王室所专用，又因皇帝姓朱，服饰以朱为正色。因《论语》有“恶紫之夺朱也”，明代百官公服禁止使用黄色和紫色。官服中等级最高为冕服，只限皇帝、皇太子、亲王等皇室成员专用，用于祭祀或朝会等大典。明代皇室冠服还有皮弁服、武弁服、通天冠服、常服、燕弁服等多种形制，分别用于不同场合。

明太祖朱元璋常服画像（图9-1），台北故宫博物院藏，明太祖头戴乌纱折上巾，又称翼善冠，身穿盘领窄袖袍，袍衣前后及两肩各织金盘龙，称四团龙袍，腰带以金、琥珀、透犀相间为饰，足蹬乌皮靴。明英宗朱祁镇常服画像（图9-2），身穿盘领窄袖黄袍、饰团龙十二章纹样，腰束玉带、足蹬皮靴。明代帝王通常在听朝视事、日讲、省牲、谒陵、献俘、大阅等场合穿用常服。

《明史·舆服志》记载，明代冠服礼制规定，在祭祀天地、社稷、宗庙以及大朝会、受册等重大典礼时，帝王服衮冕，衮冕形制基本承袭古制，搭配冕冠。在郊庙、省牲、皇太子冠婚、醮戒时，帝王穿通天冠服。朔望视朝、降诏、降香进表、四夷朝贡朝觐，帝王服皮弁服，嘉靖间规定祭太岁山川等神皆服皮弁，表现为皮弁大冠、绛纱衣、蔽膝、革带、大带、白袜黑舄的组合服饰。帝王执刻有“讨罪安民”篆文的玉圭，亲征遣将时穿用武弁服，表现为皮弁、赤色衣、裳、韨、赤舄的组合服饰。皇帝于宫中燕居时穿燕弁服，皮弁用黑纱装裱，分十二瓣，以金线压之，前饰五彩玉云，后列四山，朱绦为组缨，双玉簪；衣为玄色，镶青色缘，绣日月、团龙纹饰，下着十二幅围裳，腰束素带和九龙玉带，白袜玄履。

缂丝十二章衮服（图9-3），北京昌平区明十三陵定陵出土，形制为盘领右衽大袖袍，袖口收窄，领子右侧钉纽襻扣，大襟和小襟的外侧各钉罗带两根，左右腋下各钉罗带一根，便于系结。衮服面料地纹有卐字、寿字、蝙蝠、如意云纹，寓意为万寿洪福。衮服前襟和后背中部自上而下分布有三团龙纹饰，两肩部各有一团龙纹，左右两侧横摆上各有两团龙，共十二团龙。衮服有十二章纹饰，左肩饰日，右肩饰月，背部为星辰、群山，两袖各有两华虫，宗彝、藻、火、粉米、黼、黻六章对称分布于前后三团龙两侧。十二章纹样为周代确立，是帝王冕服所用的专属纹样，象征帝王文武兼备，英明果断，四方平定，五谷丰登。衮服为明代帝王的礼服。衬褶袍（图9-4），北

图9-1

图9-2

图9-3

图9-4

图9-1　明太祖朱元璋常服画像
台北故宫博物院藏

图9-2　明英宗朱祁镇常服画像
台北故宫博物院藏

图9-3　缂丝十二章衮服（复制件）
北京市昌平区明十三陵定陵地宫出土

图9-4　衬褶袍（复制件）
北京市昌平区明十三陵定陵地宫出土

京昌平区明十三陵定陵出土，形制为交领右衽大袖袍，面料为织金妆花缎，饰有寿字龙纹，里为罗，上衣与下裳相连，右腋下有绢带系结。

九旒冕（图9-5），山东邹县明代鲁荒王朱檀墓出土，山东博物馆藏，为明代亲王规格最高的礼冠。《明史·舆服志》载，亲王冕形制“俱如东宫，第冕旒用五采……冕九旒，旒九玉，金簪导，红组缨，两玉瑱……冕冠，玄表硃里，前圆后方，前后各九旒。每旒五采缫九就，贯五采玉九，赤、白、青、黄、黑相次。玉衡金簪，玄紞垂青纩充耳，用青玉。”九旒冕用162颗五彩玉珠穿缀成九旒，冕体由竹丝编织而成，表面敷罗绢黑漆，冠体前后分别镶长方形金饰框，两侧有梅花金钮穿孔，贯一金簪。明朝对冠冕有严格的礼制规定，据《明史·舆服志》记载，明朝天子冕服搭配12旒冕冠，太子11旒，亲王9旒。明代帝王在助祭、谒庙、朝贺、受册、纳妃等场合佩戴冕，九旒冕是我国考古发现的冕冠珍贵实物。

九缝皮弁（图9-6），明代鲁荒王朱檀墓出土，山东博物馆藏，为鲁王巡视、朝宾时穿用，等级规格仅次于冕。《明史·舆服志》记载，亲王“皮弁，冒以乌纱，前后各九缝，每缝缀五采玉九，缝及冠武贯簪系缨处，皆饰以金。金簪朱缨。”九缝皮弁以藤蔑编制，铁丝做骨架，外覆乌纱，缝压金线成九缝，金线缀五彩玉石九枚，按朱、白、青、黄、黑五色排列，材质为珊瑚、玉、玛瑙。皮弁下部前后各有长方形金池，金池上部有金额圈，上部两侧有花形金钮穿孔，可穿金簪以固发，下部有两花形金钮穿孔，以系朱缨。弁为明代礼冠，帝王在朔望朝、降诏、降香、进表、外国朝贡、朝觐场合，均服皮弁。

二龙戏珠翼善冠（图9-7），定陵地宫出土，首都博物馆藏，高23.5厘米，冠后山前嵌有二龙戏珠装饰，龙身为金丝编织，分别嵌有猫眼石、黄宝石各两块，红、蓝宝石各五块，绿宝石两块，珍珠五颗，龙首还托万、寿二字，工艺精湛，精美华贵。金丝翼善冠（图9-8），明代定陵地宫出土，高24厘米，重826克，用花丝镶嵌制作而成，金冠通体由极精致的金丝编成，后山上镶嵌两条金龙戏珠，姿态生动，制作精致。整个金冠薄如蝉翼、透如罗纱，异常华贵，体现着皇帝的尊贵及特权地位。翼善冠又称折角向上巾，冠体分为前屋、后山和折角三个部分，因乌纱折角向上形如“善”字，所以得名“翼善冠”。翼善冠用细竹丝作胎，髹黑漆，内衬红素绢，外敷黄素罗，外层以双层黑纱作面，也称乌纱翼善冠，是明朝皇帝、太子、亲王等日常穿用的首服。

乌纱折上巾（图9-9），鲁王墓出土，山东博物馆藏，由前屋、后山组成，帽后底部有翅管可插入折翅，边沿铁丝做骨架，外罩薄纱，内外髹黑漆。乌纱折上巾为明代文武百官常朝视事佩戴的冠帽。明代五梁冠（图9-10），山东博物馆藏，冠体上有五根横脊，为明代礼冠，明廷规定五梁冠为三品官员搭配祭服佩戴。竹编圆顶笠帽（图9-11），鲁王墓出土，用竹篾编制而成，帽筒与帽檐边缘用铁丝做骨架支撑，圆顶宽檐，外罩薄纱，内外髹漆。朱漆加纻方顶笠帽（图9-12），鲁王墓出土，为方形小平顶，帽筒分四楞，宽圆平沿，夹纻胎，内外髹朱漆。明代笠帽实用性强，佩戴广泛。

图9-5　九旒冕
山东邹县明代鲁荒王朱檀墓出土

图9-6　九缝皮弁
山东邹县明代鲁荒王朱檀墓出土

图9-7　二龙戏珠翼善冠
北京昌平区明十三陵定陵地宫出土

图9-8　金丝翼善冠
北京昌平区明十三陵定陵地宫出土

图9-9　乌纱折上巾
山东邹县明代鲁荒王朱檀墓出土

图9-10　五梁冠
山东博物馆藏

图9-11　竹编圆顶笠帽
山东邹县明代鲁荒王朱檀墓出土

图9-12　朱漆加纻方顶笠帽
山东邹县明代鲁荒王朱檀墓出土

图9-5　图9-6　图9-7　图9-8　图9-9　图9-10　图9-11　图9-12

补服与乌纱帽

明朝的文武官服，有祭服、朝服、公服、常服等。祭服最为尊贵，只用于祭祀的特定场合。一品至九品品官祭服，均为青罗衣，白纱中单，赤罗裳，赤罗蔽膝。朝服用于大祀、庆成、正旦、颁诏等国家大典。明延宋制，官员朝服为梁冠，赤罗衣、罗裳，佩赤、白二色绢大带，革带，佩绶。

明代官员公服用于早晚朝奏事、侍班、谢恩、见辞等。明代余士、吴钺《徐显卿宦迹图》（图9-13），故宫博物院藏，描绘出明廷官员朝堂公服形象。《东阁衣冠年谱画册》（图9-14），平阴县博物馆藏，描绘出明代官员佩戴乌纱帽，身穿补纹公服的场景。

明代官员公服组合为乌纱帽，盘领右衽宽袖袍，束带。《明史·舆服志》载："以乌纱帽、团领衫、束带为公服。"公服以色彩区分官阶，一至四品为绯色，五至七品为青色，八至九品为绿色。束带也有品级区别，一品玉带，二品花犀，三品金钑花，四品素金，五品银钑花，六品、七品素银，八品、九品乌角。不同品级公服，绣织花纹不同，八品以下公服没有纹饰。洪武二十四年（公元1391年）规定，职官袍服以补子纹样区分官阶。补子为方形图案，用金线或彩丝织绣成飞禽走兽纹样，缀于官服的前胸后背处。文官绣禽，象征文采；武官绣兽，象征威武。绣图规定文官一至九品分别为仙鹤、锦鸡、孔雀、云雁、白鹇、鹭鸶、鸂鶒、黄鹂、鹌鹑；武官补子纹饰为狮、虎、豹、熊罴、彪、犀牛、海马等。

明代《五同会图》(图9-15)，故宫博物院藏，画卷中五位官员相聚雅集，均头部佩戴乌纱帽，身穿团领宽袖袍，五人官阶不同，袍服色彩有所区别，袍服前胸饰有方形补子纹样，腰间束带，脚蹬黑靴，展示出明代官员平和儒雅的服饰形象。明代谢环的《杏园雅集图》(图9-16)，吕文英、吕纪的《竹园寿集图》(图9-17)，《十同会图》(图9-18)，均描绘出明代官员头戴乌纱帽，身穿团领袍服的形象。

明代驼黄色暗花缎底绣孔雀纹补服(图9-19)，泰州博物馆藏，为明代三品文官补服实物。孔雀纹补服，衣长131厘米，两袖通长242厘米，面料为驼黄色八宝四合云纹暗花缎，里料为姜黄色朵花杂宝直径纱，前胸和后背各缀边长为39厘米的孔雀纹补子。补子用平纹绢作底，刺绣两只孔雀上下对飞，工艺精湛。

明代香色麻飞鱼袍(图9-20)，山东博

图9-13

图9-14

图9-15

图9-16

图9-17

图9-18

图9-13 《徐显卿宦迹图》局部
故宫博物院藏

图9-14 《东阁衣冠年谱画册》局部
平阴县博物馆藏

图9-15 《五同会图》局部
故宫博物院藏

图9-16 《杏园雅集图》局部
美国纽约大都会艺术博物馆藏

图9-17 《竹园寿集图》局部
故宫博物院藏

图9-18 《十同会图》局部
故宫博物院藏

物馆藏，衣长125厘米，两袖通长252.5厘米，形制为交领右衽，大襟阔袖束腰，白纱护领，右腋下两对蓝色系带，云肩通袖，饰云水飞鱼纹。袍服腰间叠褶，膝襕彩织流云飞鱼，下摆宽大，贴里样式，为明代赐服。深青色暗花罗缀绣斗牛纹方补单袍（图9-21），孔子博物馆藏，衣长137厘米，盘领右衽宽袖，前胸后背各彩绣一方形补子，补纹图案为斗牛纹，表现成四爪鱼尾蟒形，头双角向下弯曲如牛角状，周围绣五彩流云海波纹。装饰有斗牛纹的袍服是明代皇帝赐予臣下的赐服。

明代赐服为皇帝特别恩准，赐予有功勋的官员，通常是官职未至一、二品而受赐玉带，仙鹤、锦鸡服或公、侯级别的麒麟服。此外，更加尊贵的赐服还有蟒服、飞鱼服、斗牛服。《明史·舆服志》记载，正德十三年，“赐群臣大红贮丝罗纱各一。其服色，一品斗牛，二品飞鱼，三品蟒，四、五品麒麟，六、七品虎、彪；翰林科道不限品级皆与焉；惟部曹五品下不与。”蟒纹与龙纹相仿，但比龙纹少一爪，是明朝内使监宦官、宰辅蒙恩特赏的赐服。飞鱼为有鱼鳍、鱼尾之蟒，斗牛为蟒头加两牛角，均由皇帝赏赐于臣子，代表极大的荣宠。

明代乌纱帽（图9-22），明代潘允徵墓出土，上海博物馆藏，明代乌纱帽（图9-23），山东博物馆藏，均展示出明代官员佩戴的乌纱帽造型。乌纱帽通体圆形，前低后高，两旁各插一翅，外层为黑纱，帽里为漆藤丝或麻，轻巧牢固，戴脱方便。明代官员及在京各司衙吏均需随身悬挂牙牌，各级官员俑象牙牌，内使、衙吏用乌木牌，校尉、军士等用铜牌，上面刻有官职，作为出入关防的凭证。

明代忠靖冠（图9-24），孔子博物馆藏，

图9-19

图9-20

图9-21

图9-22

图9-23

图9-24

图9-19　驼黄色暗花缎底绣孔雀纹补服
江苏泰州市徐蕃墓出土

图9-20　香色麻飞鱼袍
山东博物馆藏

图9-21　深青色斗牛纹方补单袍
孔子博物馆藏

图9-22　乌纱帽
上海黄浦区家浜路明代潘允徵墓出土

图9-23　乌纱帽
山东博物馆藏

图9-24　忠靖冠
孔子博物院藏

为百官燕居时佩戴。忠靖冠也称忠静冠，取义“进思尽忠，退思补过”。《明史·舆服志》载：“忠静冠仿古玄冠，冠匡如制，以乌纱冒之，两山俱列於后。冠顶仍方中微起，三梁各压以金线，边以金缘之。四品以下，去金，缘以浅色丝线。”忠静冠是一种仿古冠服，以铁丝为框，外罩乌纱，冠前饰冠梁，各压以金线，沿有金边，冠梁数量为品级象征，冠后有两山，嵌金缘。明廷规定四品以下官员去掉金边用浅色丝线，明朝创制，使用范围较广。

曳撒、贴里及搭护

明代《朱瞻基行乐图》（图9-25），故宫博物院藏，描绘明宣宗朱瞻基便服檐帽在御园观赏竞技表演的场面。明宣宗佩戴黑色折檐笠帽，身穿团领窄袖袍，腰间束带，足蹬白舄。周围衙吏头戴忠靖冠，身穿交领右衽窄袖曳撒袍，腰间束带。画面生动地描绘出明代宫中开展竞技娱乐活动的场景。曳撒（图9-26），明代王志远墓出土，南京博物馆藏，明代男子服饰中，曳撒较为流行。曳撒（图9-27），南苑苇子坑明墓出土，首都博物馆藏。明代刘若愚《酌中志》描绘曳撒服：“其制后襟不断，而两旁有摆，前襟两截，而下有马面褶，从两旁起。”曳撒为交领大襟长袖袍服，上下衣相连，腰间作无数襞积，腰部以下有马面褶，左右两侧有摆，为男子便服。贴里（图9-28），明代徐俌夫妇墓出土，南京博物馆藏，贴里（图9-29），王志远墓出土，均为交领右衽袍服，右腋下系带，下摆抽褶，呈伞状，左右不开衩。贴里一般穿在袍服里面，其褶子可使袍服下摆向外扩张，从而使袍服显得端庄稳重。

明代初期士庶服饰简洁朴素，色彩单调，流行复古之风，男子头部通常佩戴四方平定巾，便服为袍衫，形制为大襟右衽、宽袖、衣长过膝。泥塑彩绘人物像（图9-30），故宫博物院藏，人像双手合十于胸前，呈站立姿势，头戴忠靖冠，身穿圆领窄袖袍，衣饰描金红彩，腰间束带，腰带左侧挂流苏垂至膝下，右手腕套有念珠，为明代礼佛的供养人形象。

《皇都积胜图》（图9-31），中国国家博物馆藏，描绘了明代北京城中各阶层人的服饰形象。庶民百姓服装，通常为上身着袍或衫，下身着裤，裹以布裙，赤脚或穿草鞋。明代彩釉陶侍从俑（图9-32），成都博物馆藏，头部佩戴圆顶宽檐笠帽，身穿交领右衽窄袖袍，袍施天蓝色彩釉，衣长至膝，腰束深蓝色绦带，袍服下着裤，足蹬靴。人俑一手高举，一手扶腰，应为明代侍从形象。

服装等级制度严格，在服装色彩上，民众禁用大红、黄色和紫色等，衣料上以绸、绢、素纱等为主。明代顾清《松江府志》记载：“人国朝来一变而为俭朴。天顺景泰以前，男子窄袖短躬，衫裾幅甚狭，虽士人亦然。妇女平髻宽衫，制其朴古。婚会以大衣，领袖缘以圈金或挑线为上饰，其彩绣织金之类，非仕宦家绝不敢用。”明代中期，江南地区出现资本主义萌芽，商品经济快速发展，生产力提高，人们生活条件得到改善，在服饰上开始出现追求奢华，标新立异的风气。

明代曾鲸的《葛震甫像》（图9-33），故

图9-25 《朱瞻基行乐图》局部
故宫博物院藏

图9-26 曳撒
江苏南京雨花台区邓府山明代王志远墓出土

图9-27 曳撒
北京丰台区南苑苇子坑明墓出土

图9-28 贴里
江苏南京太平门外板仓村明代徐俌夫妇墓出土

图9-29 贴里
江苏南京雨花台区邓府山明代王志远墓出土

图9-30 泥塑彩绘人物像
故宫博物院藏

图9-31 《皇都积胜图》局部
中国国家博物馆藏

图9-32 彩釉陶侍从俑
四川成都五里墩出土

图9-33 《葛震甫像》局部
故宫博物院藏

图9-25

图9-26

图9-27

图9-28

图9-29

图9-30

图9-31

图9-32

图9-33

宫博物院藏，画面中文人葛一龙倚书函斜坐，头戴乌巾，身穿交领大襟直缀，足蹬朱履，显示出神清气朗的儒者风范。泥塑彩绘人像（图9-34），故宫博物院藏，为面目慈祥的老者形象，两手抚右膝端坐于凳子上，头戴忠靖冠，身穿交领右衽襕衫，腰间束带，腰带结节于胸前，下装为围裳，长至脚面。明代儒士通常穿襕衫或直缀。明制规定生员儒士襕衫用玉色布绢，大襟宽袖，沿有黑边。直缀为斜领大袖宽敞袍式，后背中缝直通到底，明时僧道亦服。明初儒生都穿蓝色四周镶黑色宽边的直裰，时称蓝袍。

程子衣是明朝文人儒士的日常服装，斜领掩襟，宽袖，衣身较长，上下相连，腰间有接缝，缝下折有衣褶。搭护（图9-35），明代徐俌夫妇墓出土，南京市博物馆藏，缎地交领

图9-34

图9-35

图9-34　泥塑彩绘人像
故宫博物院藏

图9-35　搭护
江苏南京太平门外板仓村明代徐俌夫妇墓出土

右衽大襟短袖衣，右腋下有三副扎带，可以系结。搭护为短袖衣，通常穿在袍衣外面，实用性较强。

明代商喜的《明宣宗行乐图》（图9-36），故宫博物院藏，画面中有明宣宗身穿对襟罩甲出行游猎的形象。罩甲有对襟样式，衣身紧窄，通常为骑行装；不对襟罩甲，大襟右衽，衣身宽松，为明代男子常服。

明朝男子冠帽形制多样，比较流行的有网巾、四方平定巾和六合一统帽等。网巾为系束发髻的网罩，用黑色细绳、马尾和综丝编织而成，巾口为布帛，旁有金属圈，可贯穿绳带，紧带网发，寓意万发俱齐。《明史·舆服志》载，明太祖“命取网巾，颁示十三布政使司，人无贵贱，皆裹网巾，于是天子亦常服网巾”。网巾可衬在冠帽内，也可单独使用，佩戴网巾是男子成年的标志。网巾也可上面开口，用时将发髻通过开口露在外面，开口处用绳带系拴，名为“一统山河”巾。明代儒生士人常戴四方平定巾，为四方形便帽，可以折叠，用黑色纱罗制成，取四方平定的吉祥之意。软巾也称唐巾，用软绢纱制作，有带缚在后面，垂于两旁，比较普及。除此之外，明代还出现有六合一统帽，也称瓜皮帽，用六块三角形的罗帛缝合而成，下面加帽圈，制作简单，佩戴方便，明代市民多有使用。

图9-36　《明宣宗行乐图》局部
故宫博物院藏

明朝靴子搭配公服穿用，用皮、毡、缎等材料制作，颜色为黑色，用木料、皮革做成厚底，外涂白粉，称为粉底皂靴。南方地区男女多穿木屐，木屐上面绘制彩画装饰，别具特色。

凤冠霞帔与衫裙

明代命妇冠服有礼服和常服。礼服为凤冠霞帔和翟衣，用于祭祀、受册、谒庙、朝会等大典场合。常服有交领右衽大袖袍、罗地长裙、褙子等。服装上的纹样和各类珠翠饰物都按命妇的品级制定，是区分身份和等级的主要标志，有严格的使用规范。

凤冠霞帔为明代女子礼服，凤冠以金属丝网为胎，缀点翠凤凰，装饰珍珠、宝石以及金银饰件，挂珠宝璎珞，华丽贵重。《大明会典》载："双凤翊龙冠，以皂縠为之。附以翠博山。上饰金龙一、翊以二珠翠凤，皆口衔珠滴。前後珠牡丹花、蕊头、翠叶、珠翠穰花鬓、珠翠云等。三博鬓。有金龙二各衔珠结挑排。"明廷规定，皇后、皇太子妃用凤冠，缀凤饰与龙饰；亲王妃、妃嫔、公主用翟冠，缀凤饰；郡王妃以下及品官之妻用金翟，缀花钗。明武宗皇后像（图9-37），台北故宫博物院藏，展示出明代帝后凤冠霞帔的形象。

明神宗万历帝定陵出土四顶凤冠，分别为孝端皇后九龙九凤冠、六龙三凤冠，孝靖皇后十二龙九凤冠、三龙二凤冠。四顶凤冠龙凤数量不同，但制作工艺相似，造型精美，奢华瑰丽。明孝靖皇后十二龙九凤凤冠（图9-38），定陵博物馆藏，正面顶部饰一金龙，中层有七金龙，下部饰五凤；背面上部饰一金龙，下部有三金龙；两侧上下各饰一凤。十二金龙姿态各异，翠凤展翅飞翔。龙凤饰均口衔珠宝串饰，龙凤下部饰有珠花，花朵由珠串环绕，中心嵌宝石，龙凤之间饰翠云翠叶。凤冠金口圈上饰珠宝带饰，边缘镶以金条，中间嵌宝石。凤冠两侧有博鬓六扇，饰金龙、珠宝，边垂珠串。凤冠造型庄重，制作精美，点翠云凤，精美绝伦。

霞帔又称霞披或披帛，为狭长的布帛，绣云凤花卉，穿戴时绕过头颈，披挂在胸前，下垂至膝，艳丽如彩霞，底端坠有金玉坠子。《事林广记・服饰类》载："晋永嘉中，制绛晕帔子，令王妃以下通服之。"明代霞帔的颜色、质地、纹样等均为命妇品级的象征，公侯一品至九品命妇分别佩戴不同绣纹的霞帔，成为女子礼服中的重要配件。

明孝靖皇后百子衣（图9-39），定陵地宫

图9-37

图9-38

图9-37　明武宗皇后像
台北故宫博物院藏

图9-38　明孝靖皇后十二龙九凤凤冠
北京昌平区明十三陵定陵地宫出土

图9-39　明孝靖皇后百子衣（复原件）
北京昌平区明十三陵定陵地宫出土

出土，定陵博物馆藏，为方领对襟宽袖衫，两袖及前后襟绣童子嬉戏玩耍场景，前后襟及两袖以金线绣有龙纹，前胸绣二龙戏珠纹，后背绣正面龙，两肩各绣过肩龙，姿态不同，富于变化。百子图案之间，点缀金银锭、古钱、宝珠、犀角、珊瑚、如意等杂宝图案，以及牡丹、荷花、菊花、梅花等花卉组成的四季景纹。百子衣刺绣工艺精湛，图案丰富，寓意吉祥，色彩绚丽，体现出明代宫廷服饰的华贵风格，是明代刺绣工艺的杰出代表。

明代女子服装，主要有衫、袄、裙、霞帔、褙子、比甲等，服装形制大多仿自唐宋。明代女子服装外罩褙子或比甲最为常见。黄褐色花格纹绫对襟衫（图9-40），明代江川王妃何氏墓出土，湖南省博物馆藏，长97厘米，两袖通长214厘米，圆领对襟宽袖，面料有花格几何纹饰，为明代女子服饰中的对襟褙子。山形纹绫对襟衫（图9-41），江川王妃何氏墓出土，长92厘米，两袖通长162厘米，圆领对襟宽袖，两襟边有连枝花卉纹饰，为明代女装褙子。

如意纹罗对襟衫（图9-42），湖南省博物馆藏，衣长91厘米，袖口宽54厘米，为明代女子圆领对襟衫。茶色暗花纱女衫（图9-43），山东博物馆藏，衣长78厘米，两袖通长221.5厘米，形制为竖领对襟窄袖，饰暗花云纹，领口有白纱护领，袖口处镶有蓝色纱缘，两襟处镶织银线缎边，造型典雅大方。明代红地飞鱼纹妆花纱女衫（图9-44），山东博物馆藏，衣长120厘米，立领右襟宽袖，左右开衩，左右腋下各有一条白色暗花纱垂带，通袖彩织飞鱼纹与海水江崖纹，织造精致，为明代赐服。明代钱穀《董姬像》（图9-45），故宫博物院藏，画中明代女子董姬素挽乌髻，略插珠钗，身穿圆领对襟衫。

明代唐寅《王蜀宫妓图》（图9-46），故宫博物院藏，画中四位女子头戴花冠，身穿直领对襟窄袖褙子，衣襟有缘边纹饰，下装为长裙，服饰风格娟秀典雅，展示出女子穿褙子的服饰形象。明代唐寅《山茶仕女图》（图9-47），故宫博物院藏，描绘出明代贵族女子身穿直领对襟窄袖褙子的服饰形象。褙子为对襟长衫，穿用广泛。对襟大袖褙子通常为礼服，对襟小袖褙子为便服。比甲为无领无袖的对襟马甲，两襟间用带子系合，元代已经出现。《元史》载："又制一衣，前有裳无衽，后长倍于前，亦去领袖，以两襻，名曰'马甲'，以便弓马，时皆仿之。"明代比甲一般罩在衫或袄之外，成为女子常服，穿用比甲已形成风气。

水田衣是以各色零碎面料拼合缝制成的服装，不同色彩面料互相交错拼接，形如水田而得名。水田衣款式简单，色彩丰富，风格别致，在明代民间女子中间流行。

《明宪宗元宵行乐图》（图9-48），中国国家博物馆藏，画中明代宫廷女子头戴䯼髻头面，身穿交领右衽衫，琵琶袖形，下装为叠褶马面裙。明代女子服装常见上衣下裳的组合搭

图9-40 黄褐色花格纹绫对襟衫
湖南邵阳明万历江川王妃何氏墓出土

图9-41 山形纹绫对襟衫
湖南邵阳明万历江川王妃何氏墓出土

图9-42 如意纹罗对襟衫
湖南邵阳省林业汽车第四中队发掘出土

图9-43 茶色暗花纱女衫
山东博物馆藏

图9-44 红地飞鱼纹妆花纱女衫
山东博物馆藏

图9-45 《董姬像》
故宫博物院藏

图9-46 《王蜀宫妓图》局部
故宫博物院藏

图9-47 《山茶仕女图》局部
故宫博物院藏

图9-48 《明宪宗元宵行乐图》局部
中国国家博物馆藏

图9-40

图9-41

图9-42

图9-43

图9-44

图9-45

图9-46

图9-47

图9-48

配，上衣有襦、衫、袄等，均为交领或圆领长袖上衣，裙多为素色，裙幅为六幅或八幅，腰间有细褶，裙幅下边一、二寸部位常缀以一条刺绣花边，作为压脚。

明代暗绿地织金纱通肩柿蒂形翔凤短衫（图9-49），孔子博物馆藏，衣长57.5厘米，两袖通长181厘米，款式为交领右衽，琵琶袖，右腋下绑带，有白绢护领、袖缘，肩、袖饰织金云肩，袖襕式凤纹，造型优美，织绣精致。明代葱绿地妆花纱蟒裙（图9-50），孔子博物馆藏，裙长85厘米，为五幅面料制成百褶式长裙，腰部镶桃红色暗花纱缘，织金妆彩织裙襕、裙摆，纹饰为龙凤纹、花卉纹和海水云崖纹，色彩瑰丽，款式典雅。

图9-49

图9-50

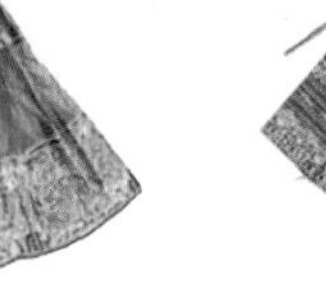

图9-51

图9-49　暗绿地织金纱通肩柿蒂形翔凤短衫
孔子博物馆藏

图9-50　葱绿地妆花纱蟒裙
孔子博物院藏

图9-51　蓝色缠枝四季花织金妆花缎裙
山东博物馆藏

明代蓝色缠枝四季花织金妆花缎裙（图9-51），山东博物馆藏，裙长88厘米，腰部为桃红色纱，裙腰叠褶，为马面裙样式。裙腰两端缀绿色丝穗系带，裙身面料为蓝色缎，饰织金缠枝四季花纹。裙身有三道裙襕，最上为织金云鸾纹，中部为凤穿牡丹纹，下摆为凤穿牡丹和莲花瓔珞纹。

明末女子裙装装饰日益华丽，裙幅也增至十幅，腰间的褶裥增多，每褶都有一种颜色，轻描淡绘，秀丽清雅，色如月华，称为月华裙。此外，将裙幅叠压成规则的褶裥，作百褶裙；还有用绸缎剪成大小规则的布条，每条绣以花鸟图纹，两边镶以金线，拼接成裙，称为凤尾裙。明代女装式样丰富，造型修长窈窕。明代女子大多缠足，主要穿用尖头或凤头弓鞋，鞋面有刺纹饰，鞋底有高低之分。平跟弓鞋，鞋底用多层粗布缝纳而成；高跟弓鞋，以木块衬在后跟部分，以香樟木为底。

配饰

明代簪钗、项链、瓔珞等首饰，材料有金质、玉质、金包玉、在金玉上镶嵌宝石等，采用深浮雕和透雕技法，利用宝石和各种材料的色彩与光泽，装饰各种动物和花卉纹样，形成绚丽且风雅得体的精美首饰，工艺精湛，风格华丽。

明代金器加工技艺快速发展，制作金饰件采用多种复合工艺，金饰品达到前所未有的华丽精美。在金筐宝钿基础上，发展而来的花丝镶嵌，在明代达到古代工艺水平的顶峰，金饰作品精密纤巧、纹饰繁复，风格华丽浓艳，宫廷气息浓厚。黄金饰品多镶嵌宝石，结合点翠、烧蓝等工艺，色泽明艳，富贵绚丽。

挑牌是明代女子发饰的一种，通常为金质的凤头簪、龙头簪、莲花簪等，簪首垂坠加长流苏，流苏多为珍珠、宝石编制而成，呈四方形或镂空形。挑牌常戴在花冠顶部，造型优美、奢华瑰丽。

明代已婚女子在正式场合通常要戴𩭹髻，贵族女子佩戴金质花冠。𩭹髻主要以金银丝、马鬃、篾丝等材料编织而成的发网，外覆皂色纱，佩戴时罩于头顶发髻之上。与𩭹髻相配的还有样式丰富的各类发饰，有花钿、围髻、挑心、分心、满冠、掩髻等，明代称为“头面”。范濂《云间据目抄》载：“妇人头髻，在隆庆初年，皆尚圆褊，顶用宝花，谓之‘挑心’，两边用‘捧鬓’，后用‘满冠’倒插，两耳用宝嵌大镮。”各类发饰组合成一副头面，为明代女子所崇尚喜爱。

明代女子发饰“头面”的组成部分：

花钿，也称发箍或珠箍，戴在𩭹髻前方底部，整体呈弧形环带状，造型细窄呈抱合之势，背面有垂直向后的簪脚，或左右两端连缀系带，多有花卉、云朵、龙凤、仙人等纹饰，有些还镶嵌珠玉宝石或点翠装饰。

围髻，环戴于𩭹髻下部，为弧环形，下方垂有珠串璎珞至额头。

挑心，插在𩭹髻正面位置的发簪，一般自下而上以挑的方式簪戴，范濂《云间据目抄》载：“顶用宝花，谓之挑心”。挑心装饰纹样很多都取自释道题材，例如佛陀、观音、麻姑、刘海等，是全副头饰中光彩夺目的品类。

分心，戴在𩭹髻前后，位于挑心之下，为长发簪，簪首多做凤鸟、花卉等造型。

满冠，造型若群峰山峦，两侧对称，犹如笔架，一般戴在𩭹髻背面底部。

掩鬓，插戴在左右两鬓，成对使用，明代笔记《客座赘语》载：“掩鬓，或作云形，或作团花形，插于两鬓，古之所谓‘两博鬓’也。”掩鬓造型多为云朵、团花、祥云等，工艺为累丝或錾花，镶嵌各色宝石，式样繁复。

顶簪，插戴于𩭹髻顶端，多为立体造型，题材有蝶恋花、蜂赶菊、牡丹、菊花等。

明代发饰中有额帕，以布料为衬底，表面缝缀珍珠和金银饰品，套戴或者围系在额部，箍住𩭹髻下部和发髻。冬季额帕多用毡、绒等材料，制成中间窄、两头宽的形状，外表覆以绸缎，加以彩绣，缀以珠宝，两端有扣，围绕额上，扣在后面，有装饰和御寒作用，又称暖额。贵族女子冬季用水獭、狐、貂等兽皮制成暖额，围在额上如兔蹲伏，又名为卧兔。

明代经济富庶，玉器的使用向世俗化发展，玉质饰物种类增加、造型多样、纹样丰富。考古出土的明代玉质配饰，有玉带饰、玉佩、玉簪等，质地莹润，雕琢细致，纹样精美，具有较高的艺术价值，也代表了明代玉饰工艺的发展水平。明代玉簪的制作，运用焊接、掐丝、镶嵌等工艺，将簪首扩大。玉簪首纹饰图案丰富，同时镶嵌各色珠宝，搭配金银装饰，风格华丽。明代玉簪还常常刻有玉堂富贵、万寿无疆、比翼双飞等吉祥文字，具有祥瑞寓意。

明代女子服装领部流行使用金纽扣，纹饰题材为蜂蝶赶菊或赶花，造型通常为两只蜜蜂或蝴蝶相对，中间抱花朵，形成纽扣的扣和襻，工艺精湛，装饰性强。

明代配饰如图9-52~图9-91所示。

图9-52

图9-53

图9-54

图9-55

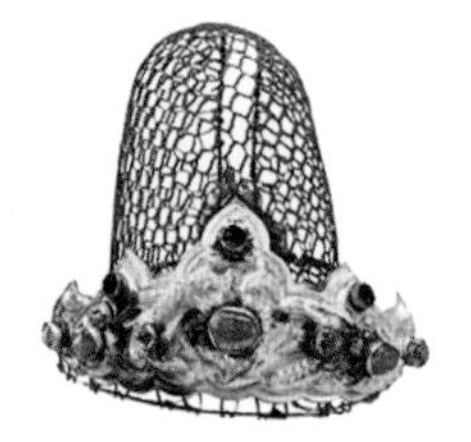
图9-56

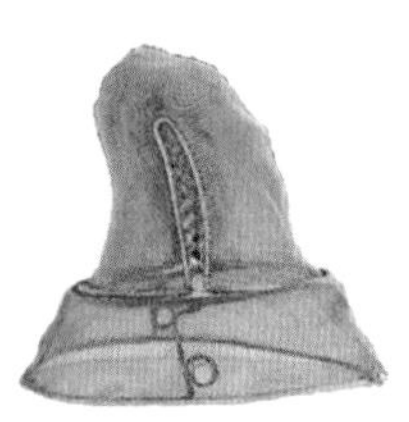
图9-57

图9-58

图9-59

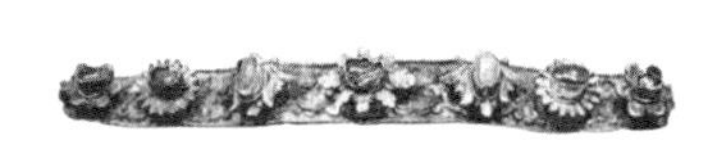
图9-60

图9-61

图9-62

图9-63

图9-64

图9-65

图9-66

图9-67

图9-52　镶宝石金冠（复制品）
江西南城县明益庄王夫妇墓继妃万氏棺内出土

图9-53　䯼髻与头面
浙江嘉兴秀洲区王店镇李家坟出土

图9-54　䯼髻与头面
江苏常州武进明代王洛家族墓出土

图9-55　黑绉纱银丝䯼髻与挑心顶簪
江苏常州武进明代王洛家族墓出土

图9-56　银丝䯼髻（背面）和金满冠
上海卢湾区李惠利中学明墓出土

图9-57　金丝䯼髻
无锡博物院藏

图9-58　嵌宝石金头面
江苏南京将军山明代沐斌夫人梅氏墓出土

图9-59　镶宝嵌玉八仙金花钿
江西南城县益宣王夫妇墓继妃孙氏棺内出土

图9-60　金镶宝花钿
湖北蕲春蕲州镇县明代荆王府墓出土

图9-61　串珠牡丹纹金围髻
江西南城县明益庄王夫妇墓出土

图9-62　珠子璎珞围髻
北京昌平区明十三陵定陵地宫出土

图9-63　梵文金挑心
江苏常州武进明代王洛家族墓出土

图9-64　金镶玉嵌宝王母骑青鸾金挑心
江西南城县益宣王夫妇墓出土

图9-65　金累丝镶宝珠玉鱼篮观音挑心
甘肃兰州白衣寺塔出土

图9-66　金佛座挑心
江苏南京太平门外明代徐膺绪墓出土

图9-67　金累丝镶宝凤凰挑心
江西南昌青云谱京山学校出土

图9-68 金累丝楼阁人物分心
江苏江阴长泾九房巷明墓出土

图9-69 镶宝石凤纹金分心
江苏南京沐斌侧室夫人梅氏墓出土

图9-70 金嵌宝花顶簪
江苏江阴长泾九房巷明墓出土

图9-71 金镶宝花顶簪
湖北蕲春县蕲州镇雨湖村明代都昌王朱载堉夫妇墓出土

图9-72 镂刻双凤穿花金掩鬓
江西南昌县明代辅国将军朱拱禄夫妇墓出土

图9-73 金花头簪
江苏常州武进明代王洛家族墓出土

图9-74 楼阁金簪
江西南城县明益端王夫妇墓彭妃棺内出土

图9-75 金累丝凤簪
江苏南京太平门外板仓村明代徐俌夫妇墓出土

图9-76 累丝金凤簪
江西南城县明益端王夫妇墓彭妃棺内出土

图9-77 额帕
江苏常州武进明代王洛家族墓出土

图9-78 珠子箍
湖北蕲春蕲州镇九龙咀明墓出土

图9-79 金累丝嵌宝镶白玉葫芦耳环
上海卢湾区李惠利中学明墓出土

图9-68

图9-69

图9-70

图9-71

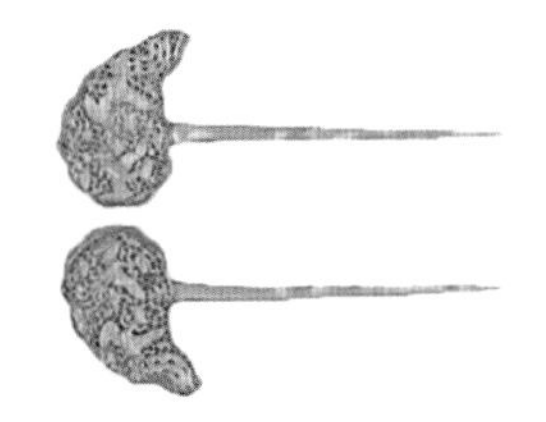
图9-72

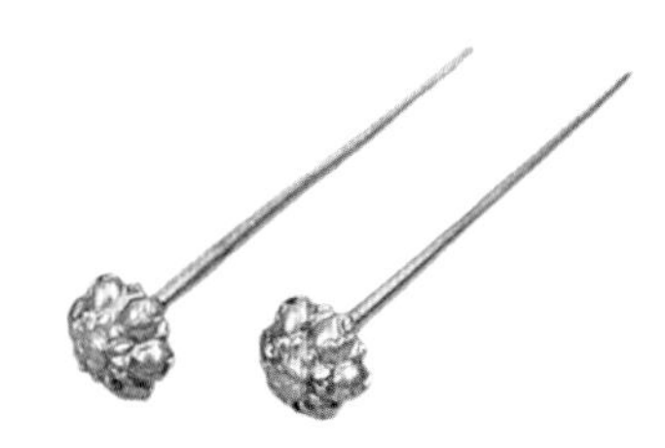
图9-73

图9-74

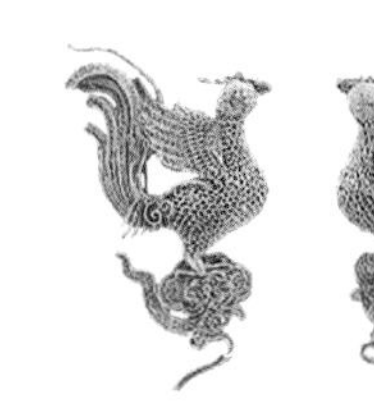
图9-75

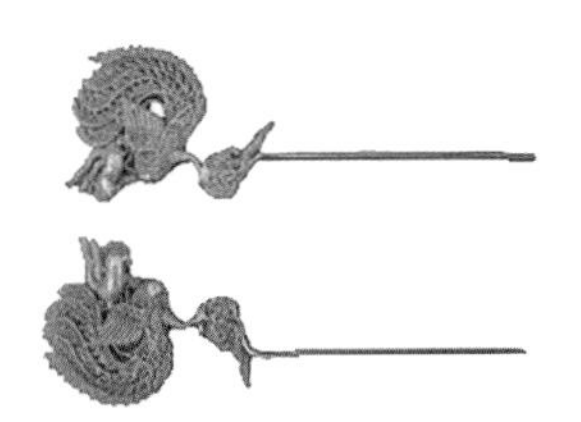
图9-76

图9-77

图9-78

图9-79

图 9-80　图 9-81

图 9-82　图 9-83

图 9-84　图 9-85　图 9-86

图 9-87　图 9-88

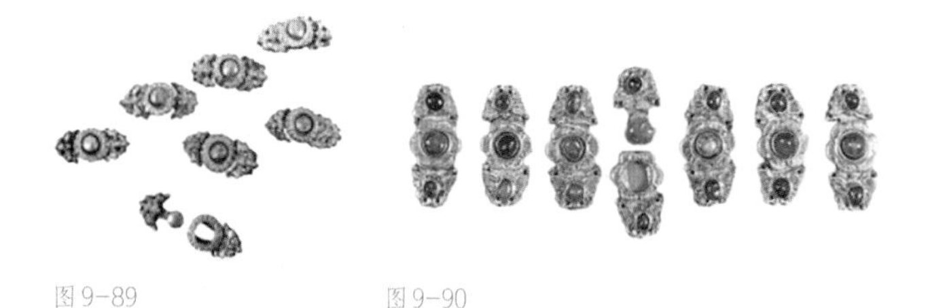

图 9-89　图 9-90

图 9-91

图 9-80　葫芦形金耳环
江西德安县虹桥公社余氏墓出土

图 9-81　镂空葫芦形金耳环
甘肃兰州上西园明代彭泽墓出土

图 9-82　金累丝嵌宝镯
江西南城县明益庄王夫妇墓出土

图 9-83　嵌宝石金镯
江苏南京江宁将军山明代沐斌夫人梅氏墓出土

图 9-84　金钑花臂钏与金八宝镯
湖北钟祥明代梁庄王墓出土

图 9-85　金臂钏
河南博物院藏

图 9-86　花卉纹金臂钏
江苏南京市太平门外板仓村明代徐俌夫妇墓出土

图 9-87　镶宝石金玉簪
北京昌平区明十三陵定陵地宫出土

图 9-88　金镶宝蝶赶菊花金纽扣
江西南城县明益端王夫妇墓出土

图 9-89　蝶赶花金纽扣
江西南城县明益端王夫妇墓出土

图 9-90　镶宝石蝶恋梅花纹金纽扣
江西南城县明益庄王夫妇墓出土

图 9-91　鎏金嵌宝蝶赶菊纽扣
江西南城县明益端王夫妇墓出土

拾 满汉交融的清代服饰

1644年，清军入关，占领北京。清世祖率群臣于天坛祭祀天地，宣告清王朝的建立。1645年，清廷推行剃发易服政策，废除汉族传统冕冠服制，强令汉族军民改穿满族服装，汉族男子改变发式，剃去额发，结发垂辫，只有妇女、儒生、徒隶、伶人、和尚、道士以及婚服、丧服不在禁限范围之内。1652年，顺治帝钦定并颁布《服色肩舆永例》，清朝服制正式确立。

清代冠服具有明显的满族文化特征，在保留满族服饰形制和便于骑射的基础上，通过纹样和色彩元素，融入汉族传统的礼制思想，形成独特的清代服饰文化。清代冠服体制，成为清王朝政治文化体系的重要内容，其规则庞杂繁缛，皇帝、亲王、皇后、皇妃以及百官的朝服、冠帽、饰品各有规定，根据等级、身份、场合、季节的不同，穿用服装也各有不同。

清王朝统治的二百余年中，社会政治经济发生前所未有的急剧变化。1840年鸦片战争后，列强入侵，我国由封建社会沦为半殖民地半封建社会。清王朝后期，内忧外患迭起，为挽救王朝没落，清末洋务派开展洋务运动，建立新式海陆军，创办军事工业，开设同文馆等学馆。1865年开始，清政府先后几次选派留学生出国学习军事技术，并开办学堂，操练新军，采用西式学生服和军服。1894年甲午战争后，西方文化伴随着列强武力入侵向中国渗透，对社会产生巨大影响。1898年维新派康有为、梁启超等人发起百日维新，主张变法维新，救亡图存，号召各地断发易服，各省学堂纷纷出现效仿西式服装、短衣皮靴的着装风格，此后西式服装、剪掉发辫、摒弃缠足成为社会服饰变革的主要内容。

朝袍、吉服袍及行褂

清朝统治者入主中原，建立清王朝，为维持统治、巩固政权，清廷以“勿忘祖制”为戒，加强对全国思想文化的控制。《清史稿·舆服志》载，清太宗皇太极谕告诸王：“我国家以骑射为业，今若轻循汉人之俗，不亲弓矢，则武备何由而习乎？射猎者，演武之法；服制者，立国之经。嗣后凡出师、田猎，许服便服，其余悉令遵照国初定制，仍服朝衣。并欲使后世子孙勿轻变弃祖制。”清王朝在保留满族服饰形制的基础上，建立完备的官服制度，规定皇帝、后妃、文武官员、进士、举人等，均按品级穿用服饰，不许僭越违制，历代沿用。

清代皇帝礼服有衮服、朝服和吉服。衮服为石青色，在两肩前后各绣四团龙，为五爪正面金龙纹样，两肩绣日月章纹，前后绣篆文寿字纹，间以五色云纹。衮服规格最高，一般罩于龙袍外，在皇帝亲耕，于皇太后宫请安以及授出征大将军敕印，受俘、凯旋、皇帝万寿节等吉庆大典时穿用。清康熙石青色缎绣四团彩云金龙纹夹衮服（图10-1），故宫博物院藏，形制为圆领对襟平袖，左右及后开裾，缀铜鎏金圆扣五枚。衮服为石青色缎面料，用五彩丝线、金线和米珠在胸、背及两肩绣五爪正面四团龙。团龙纹样内，间饰五彩流云平水纹，寓意万福万寿。

皇帝朝服为明黄色，前后绣龙和十二章纹，间以五色云纹。朝服用于殿廷朝会、重大军礼、外藩朝觐等场合。清代《雍正朝服像》（图10-2），故宫博物院藏，画中雍正皇帝身着明黄色朝服，饰有彩云金龙纹，衣袖为石青色马蹄袖；头戴夏季凉帽朝冠，顶贯珠三重，冠前饰有金佛；肩部披有披领，胸前佩戴东珠朝珠，左右肩系垂绿松石纪念三串；腰系朝带，足蹬石青色朝靴，展示出清代皇帝身穿朝服的服饰形象。

清乾隆皇帝明黄色纳纱彩云龙纹单朝袍（图10-3），故宫博物院藏，形制为圆领右衽，马蹄袖，腰帷以下为襞积式下摆。朝袍面料为明黄色素缎，胸肩处有柿蒂形纹，中间在前后及两肩各绣一金正龙，饰五彩祥云纹、福山寿海纹。两袖端各饰一行龙，腰帷饰五行龙，衽一正龙，襞积二十二正团龙，下裳前后各饰一正龙，五行龙，披领二行龙。全身共绣金龙43条。马蹄袖饰石青缎平金绣行龙，里衬银鼠皮。襟缀铜镀金錾花扣五枚。朝服附有石青缎平金绣行龙纹披领，衬红色织金缎里，缀铜镀金錾花扣三枚。清乾隆朝皇帝朝服纹饰，均以赤圆金线勾边，绣工精妙，色泽鲜明，华美富丽。

皇帝吉服也称龙袍，为明黄色，绣九条龙纹和十二章纹，间绣五色云纹。龙袍下幅，绣有海水云崖纹样，寓意一统山河、万世升平。清代《胤禛吉服读书像》（图10-4），故宫博物院藏，画面中雍正皇帝身着黄色缎地吉服袍，头带黑色貂皮暖帽，盘膝坐于宝座床上，做读书状，呈现出清代皇帝身穿吉服的形象。吉服等级仅次于最高等级的朝服，为皇帝在重大节日庆典、筵宴以及奉先殿行礼、寿皇殿行礼等活动穿用。

清乾隆黄纱绣彩云金龙单龙袍（图10-5），故宫博物院藏，形制为圆领右衽，马蹄袖，裾有四开，领、襟及两袖端均为石青纱绣云龙杂宝纹，袖为明黄色，内衬月白色团龙暗花纱里。袍身无衬里，襟部有四枚银镀金錾花扣。龙袍面料为双面纱，绣万字曲水地，上面加绣彩云金龙、暗八仙、六章、寿山福海以及杂宝花卉等图案，纹饰层次分明，配色华丽，流金溢彩，为清代乾隆帝吉服。

清代皇帝常服有常服袍、行袍、常服褂、行褂、端罩。常服袍为前后左右四开衩，日常处理政务时穿用。行袍为四开衩，在出巡、骑马时穿用，大襟右下角较左面短一尺，也称缺襟袍，不骑马时可用纽扣将所缺部分连上，作为常服袍。常服褂为长上衣，行褂为短上衣，均罩于袍服外面穿用。端罩为皮质褂，毛朝外，紫貂皮面，明黄缎作衬里，圆领对襟，长度至膝，满语称“打呼”，罩于朝服或龙袍外，冬季保暖穿用。

清乾隆蓝色暗花缎常服袍（图10-6），故宫博物院藏，形制为圆领右衽大襟，团龙纹暗花江绸面料，领口滚镶元青素缎边，马蹄袖，裾有四开，衣襟处坠四枚铜镀金錾云水纹扣。

图10-1

图10-2

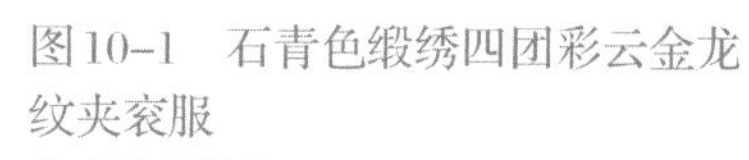
图10-1　石青色缎绣四团彩云金龙纹夹衮服
故宫博物院藏

图10-2 《雍正朝服像》
故宫博物院藏

图10-3　清乾隆皇帝明黄色纳纱彩云龙纹单朝袍
故宫博物院藏

图10-4 《胤禛吉服读书像》
故宫博物院藏

图10-5　清乾隆黄纱绣彩云金龙单龙袍
故宫博物院藏

图10-6　清乾隆蓝色暗花缎常服袍
故宫博物院藏

图10-3

图10-4

图10-5

图10-6

清康熙香色夔龙凤暗花绸皮行袍（图10-7），故宫博物院藏，形制为立领大襟右衽，马蹄袖，裾前后开，缺襟袍，以羊皮、银鼠皮作衬里。行袍在香色绸地上织暗夔龙、夔凤纹，中间饰小龙、小凤纹，满布其间，寓意合家美满、子孙满堂。行袍缺襟设计，方便骑马，不骑马时则将短裾与掩襟扣系在一起，又可作常服袍。

清乾隆石青色团鹤暗花绸常服褂（图10-8），故宫博物院藏，形制为圆领对襟，平袖口，左右及后三开裾，长至膝下。面料为石青色绸地，以纬线显花织暗团鹤纹，鹤纹四周装饰寿桃、灵芝、竹子、寿山石、水仙花，组成“芝仙拱寿”吉祥图案。常服褂通常穿在常服袍外面。清康熙石青缎银鼠皮行褂（图10-9），故宫博物院藏，形制为圆领对襟，平袖，左右及后三开裾。行褂以石青色素缎为面，内衬银鼠皮里，领、襟处缀五枚铜鎏金錾花扣。行褂款式简洁，便捷实用，为清代皇帝常服，通常罩于袍服外穿用。

明黄江绸黑狐皮端罩（图10-10），故宫

图10-7 香色夔龙凤暗花绸皮行袍
故宫博物院藏

图10-8 石青色团鹤暗花绸常服褂
故宫博物院藏

图10-9 石青缎银鼠皮行褂
故宫博物院藏

图10-10 明黄江绸黑狐皮端罩
故宫博物院藏

图10-7 图10-8 图10-9 图10-10

博物院藏，形制为圆领对襟，平袖，后开裾，长至膝下，皮毛朝外，左右各垂两根明黄色带。端罩上半部为黑狐皮，毛长而具有光泽；下半部为貂皮，其毛尖均为白色，皮料上等。内衬明黄色暗花江绸里。端罩为清代皇帝冬季罩在朝袍外穿用。

清代皇帝冠帽主要有朝冠、吉服冠、常服冠、行冠和便帽。各类礼冠用于不同场合，祭祀庆典用朝冠，常朝礼见用吉服冠，燕居用常服冠，出行用行冠，穿便服时用便帽。每种冠制分冬夏两种，秋冬季所戴之冠称暖帽，春夏季所戴之冠叫凉帽。

清代皇帝朝冠，冬季暖帽用薰貂与黑狐的皮毛制成，帽顶穹起为圆形，帽檐反折向上，帽子表覆盖缀红色帽纬。帽顶正中有底座和顶，顶有三层，以四条金龙相承，饰东珠、珍珠等。皇帝凉帽用玉草或藤竹丝编制而成，外裹黄色或白色绫罗，外形如斗笠，帽前正中缀金佛，帽后缀舍林，帽子表面覆盖红色帽纬，中间饰东珠，帽顶与暖帽相同。

皇帝吉服冠，暖帽用海龙、薰貂、紫貂等皮毛制成，帽上覆盖红色帽缨，帽顶为满花金座，上衔一颗大珍珠。凉帽用玉草或藤竹丝编制，红纱绸里，石青片金缘，帽顶与暖帽相同。薰貂皮皇帝冬吉服冠（图10-11），故宫博物院藏，以紫貂皮毛制成，冠顶为石青素缎面，缀朱色帽纬，帽纬均匀整齐，冠顶为金錾花点翠金座，上缀大珍珠一颗。

皇帝常服冠，帽为红绒结顶，俗称算盘结，不加梁，形制同于吉服冠。皇帝行冠，暖帽材料为黑狐或黑羊皮、青绒，形制同于常服冠。凉帽以藤竹丝编织而成，红纱里缘，上缀红色帽纬，帽顶及梁为黄色，前面缀饰一颗珍珠。

清代皇帝夏行冠（图10-12），故宫博物院藏，形似斗笠，以丝织席纹纱为面，冠缘为石青色花卉纹织金缎边，帽前缀大东珠一粒。帽上覆盖朱色帽纬，顶有红色丝线盘花冠顶，称为红绒结顶，冠内衬红色绉绸里，两端垂蓝布抽拉系带。石青色缎穿米珠灯笼纹如意帽（图10-13），故宫博物院藏，为清代光绪皇帝便帽。如意帽也称瓜棱帽，以六片缎拼接缝合而成，瓜棱形圆顶，红绒结顶。帽檐用万字纹织金缎缘边，帽顶后垂红缨。帽上饰有双喜灯笼纹样，以各色米珠钉缀或刺绣而成，工艺精湛，色彩鲜艳。

清代文武官员朝冠式样相同，冬用暖帽，夏用凉帽。不同品级的官员，暖帽皮毛质料不同，冠帽帽顶镂花金座上的顶珠以及顶珠下的翎枝不同。冠帽上顶珠的材质和颜色是官员品阶高低的重要标志。一品用红宝石，二品用珊瑚，三品用蓝宝石，四品用青金石，五品用水晶石，六品用砗磲，七品用素金，八品用镂花阴纹金顶，九品用镂花阳纹金顶。顶珠下有翎管，以玉、珐琅、瓷等制成，用以安插翎枝。翎有蓝翎和花翎两种，蓝翎以蓝色鹖羽制成，羽长而无眼纹，等级较低；花翎以孔雀尾羽制成，有眼状花纹，称为目晕，数量有单眼、双眼和三眼，翎眼多者为贵。清廷规定：贝子戴三眼花翎；国公和硕额驸戴双眼花翎；内大臣，一至四等侍卫、前锋、护军各统领等均戴一眼花翎。顶戴花翎为清代官员身份的象征。

砗磲顶暖帽（图10-14），故宫博物院藏，样式为圆顶折檐，石青色素缎面，四周洒垂红色拈丝绒线，冠顶有铜鎏金镂空菊花托，上缀砗磲顶珠，帽檐外镶薰貂皮边，内里两端有蓝布抽拉式系带。根据顶珠材质，确定此冠为清代六品官员佩戴。

清代男子穿靴比较普遍，徐珂《清稗类钞·服饰》载："靴之材，春夏秋以缎为之，冬则以建绒。"黄云缎勾藤米珠靴（图10-15），故宫博物院藏，为厚底高靿尖头式明黄色靴。靴帮为石青色素缎，靴靿为黄色如意云纹缎，靴口镶石青色勾莲纹织金缎边。靴为丝缎面，以小米珠和红珊瑚钉缀成勾藤纹装饰图案。全靴工艺繁复精巧，为康熙帝春秋季所穿用。清康熙蓝色漳绒串珠云头靴（图10-16），故宫博物院藏，为厚底高靿尖头样式，面料为蓝色牡丹纹漳绒。靴口镶石青色勾莲纹织金缎边，全靴以小米珠和红珊瑚钉缀装饰图案。全靴装饰华贵，工艺精美，为康熙帝冬季穿用。

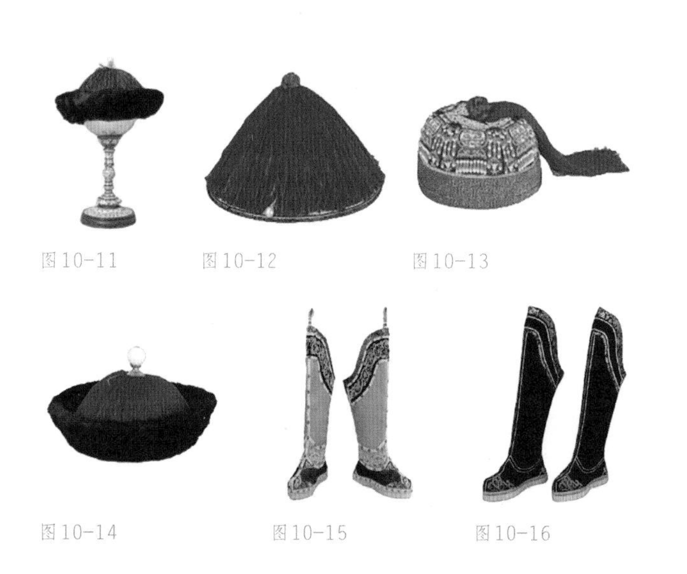

图10-11 薰貂皮皇帝冬吉服冠
故宫博物院藏

图10-12 清代皇帝夏行冠
故宫博物院藏

图10-13 石青色缎穿米珠灯笼纹如意帽
故宫博物院藏

图10-14 砗磲顶暖帽
故宫博物院藏

图10-15 黄云缎勾藤米珠靴
故宫博物院藏

图10-16 蓝色漳绒串珠云头靴
故宫博物院藏

补服、朝珠及朝带

清代官员礼服有蟒袍、补服、端罩。蟒袍也称花衣，饰有蟒纹，为四爪龙形，袖端为马蹄形，俗称马蹄袖，行礼时放下，礼毕解去。蟒袍以服装色彩和蟒纹数量作为官员品级的标志。皇子蟒袍为金黄色，亲王为蓝色或石青色，皆绣九蟒。一至七品官员按品级绣八蟒至五蟒，八品以下无蟒。官员在元旦、万寿、冬至、出师、告捷等节庆典礼时穿用。在冬季朝贺或典礼时，端罩罩于蟒袍外面。亲王、郡王、贝勒、贝子等穿用端罩，用青狐皮面，月白缎里。下级官员端罩为猞猁狲皮。

清代石青色云纹缎地平金蟒补服（图10−17），故宫博物院藏，形制圆领右衽大襟，马蹄袖，腰部施襞积。面料为石青色如意云纹缎面，前胸后背绣金行蟒纹方补。内衬为蓝青布，大襟处钉五枚素面铜扣，袖、襟和下摆边镶石青色勾莲纹织金缎边和姜黄色剪绒边。根据补服的方形行蟒纹补，确定此袍服为武五品官三等侍卫和武六品官蓝翎侍卫所穿用的朝服。

清代官员常穿用的朝服为补服，也称补褂，罩在袍服外面穿用。形制为圆领对襟，平袖过肘，长度过膝，前胸后背各缀一块补子。补子有圆形和方形两种，贝子以上皇亲用圆形补，绣五爪金龙纹。国公以下皇亲及文武百官用方形补，纹饰因等级而不同。文官一品的补子绣鹤，二品绣锦鸡，三品绣孔雀，四品绣雁，五品绣白鹇，六品绣鹭鸶，七品绣鸂鶒，八品绣鹌鹑，九品绣练雀；武官一品绣麒麟，二品绣狮，三品绣豹，四品绣虎，五品绣熊，六品绣彪，七品、八品绣犀牛，九品绣海马。补子纹饰是官员官阶品级的象征。

清代石青地缂金纹一品补服（图10−18），故宫博物院藏，形制为圆领对襟，平袖端，裾左右开。补服为石青色地，前胸后背饰缂金方补，以三色金线缂织仙鹤纹，边缘饰云水回纹。左右开裾上端缀有铜镀金錾花扣各一枚，后裾下部缀扣两枚，便于骑坐时掀起衣襟。仙鹤纹补服为清朝文一品官员朝服。

清代元青绸缀纳纱绣鹭鸶补服（图10−19），故宫博物院藏，形制为圆领对襟，平袖端，裾四开。对襟处缀有四枚铜镀金光素扣，左右裾上端各缀有一枚铜镀金光素扣，后裾下端缀扣，便于骑行。面料为元青色团寿字暗花绸，胸前背后各缀一方形纳纱绣鹭鸶纹和红日纹，边缘饰有海水纹、云纹和卷草纹。鹭鸶纹补服为清朝文六品官服。

清代金昆、程志道、福隆安等绘《冰嬉

图10−17

图10−18

图10−17　石青色云纹缎地平金蟒补服
故宫博物院藏

图10−18　石青地缂金纹一品补服
故宫博物院藏

图》（图10-20），故宫博物院藏，描绘出清代官员的服饰形象。官员头戴暖帽，身穿马蹄袖袍服，外罩圆领对襟行褂，搭配朝珠，足蹬靴。清姚文瀚《紫光阁赐宴图》（图10-21），故宫博物院藏，画中乾隆帝设宴庆功，赴宴的臣子均为朝服形象，头戴暖帽，身穿补服，佩戴朝珠。

清代沈贞绘《阿桂像》（图10-22），故宫博物院藏，描绘出清代定西将军阿桂的朝服形象。定西将军阿桂头戴双眼花翎暖帽，身穿马蹄袖吉服袍，外罩圆领对襟补服，肩部披挂有披领，佩戴朝珠，腰间束带，腰带垂挂白色丝绸帉，并拴挂佩刀，足蹬粉底皂靴。清代《和素像》（图10-23），故宫博物院藏，描绘出清廷大臣和素的朝服形象。和素头戴暖帽，身穿吉服袍，外罩圆领对襟补服，佩戴朝珠，足蹬粉底皂靴。

清代官员常服有常服袍和行褂，一般为日常穿用，颜色和花纹不限。清代《察哈尔总管坤都尔巴图鲁巴宁阿像》（图10-24），德国柏林亚洲艺术博物馆藏，描绘出紫光阁功臣巴宁阿左手持刀的服饰形象。巴宁阿头戴单眼花翎暖帽，身穿马蹄袖袍服，配领衣，外罩圆领对襟马褂，腰间束带，腰带左侧垂挂白色帉和荷包，足蹬靴。清代《散秩大臣喀喇巴图鲁阿玉锡像》（图10-25），天津博物馆藏，画中清

图10-19

图10-20

图10-21

图10-22

图10-23

图10-24

图10-25

图10-19　元青绸缎纳纱绣鹭鸶补服
故宫博物院藏

图10-20　《冰嬉图》局部
故宫博物院藏

图10-21　《紫光阁赐宴图》局部
故宫博物院藏

图10-22　《阿桂像》
故宫博物院藏

图10-23　《和素像》局部
故宫博物院藏

图10-24　《察哈尔总管坤都尔巴图鲁巴宁阿像》
德国柏林亚洲艺术博物馆藏

图10-25　《散秩大臣喀喇巴图鲁阿玉锡像》
天津博物馆藏

军将领阿玉锡头戴单眼花翎暖帽，身穿圆领大襟袍，马蹄袖，腰间束带，足蹬粉底皂靴。阿玉锡外罩铁环软甲，挎弓带刀背箭，左手持矛背于身后，跨步站立，展示出清朝武士的服饰形象。

清朝黄马褂，为皇帝赏赐给勋臣及有军功的武将和统兵的文官，作为朝廷的嘉奖，是荣誉的象征。另外，巡行扈从大臣，如御前大臣、内大臣、内廷王大臣、侍卫什长，都例准穿黄马褂，为职务服制。清郎世宁《乾隆皇帝围猎聚餐图》（图10–26），故宫博物院藏，画中乾隆皇帝身穿马蹄袖袍服，外罩石青色行褂。周围侍从，均身穿袍服，外罩圆领对襟黄马褂。清代宫廷侍卫所穿黄马褂为了显示皇帝出行的威仪，这种黄马褂即为职务褂子。

清代官服体系中有披领、硬领、领衣、朝珠和朝带等附件。披领为菱角形，中间有圆形凹口作领口，系于颈项，两端为圆弧形锐角，皇帝、后妃，王公大臣、文武官员、命妇等穿礼服时披于肩背，显示威仪。夏季披领用纱罗制成，为石青色加片金缘，冬季披领以貂鼠皮毛制成。披领绣有纹饰区别尊卑等级，皇帝、皇后披领绣二条行龙，国公等绣蟒纹。

图10–26 《乾隆皇帝围猎聚餐图》局部
故宫博物院藏

清朝礼服需在领部另加硬领和领衣搭配使用。硬领在春秋季用湖色缎，夏季用纱，冬季用皮毛或绒。领衣用在硬领下，以前后二块衣片组成，前面开衩，有纽扣系结，下端束于腰间，形状如牛舌，俗称牛舌头，考究的领衣用锦缎材料，绣花装饰。

朝珠是清朝礼服中的重要配饰。据说清太祖努尔哈赤经常手持念珠，因而男女皆以颈挂念珠为饰，成为满族习俗。清王朝建立后，佩戴念珠的习俗演变为礼服中的佩饰。朝珠共有108颗，每隔27颗小珠夹入1颗大珠，称为佛头。佛头通常以珊瑚、玛瑙、翡翠制作，共4颗，象征四季。朝珠两边附有三串小珠，每串10颗，称为纪念，象征一个月上、中、下旬各10天。男子佩戴时，两串纪念在左，女子为两串纪念在右。朝珠顶端佛头上连缀有塔形装饰，称为佛头塔，下面垂有丝绦，连接一个椭圆形的玉片，搭于后背，称为背云。

《大清会典》规定："凡朝珠，王公以下，文职五品、武职四品以上及翰詹、科道、侍卫、公主、福晋以下，五品官命妇以上均得用。"清代朝珠，凡文官五品、武官四品以上者佩戴，妇女受封在五品以上者佩戴。朝珠的材质也有明确规定，皇帝朝珠用东珠，丝绦用明黄色，佛头、纪念、背云等因场合而异，祀天用青金石，祀地用蜜珀，朝日用珊瑚，夕月用绿松石。皇后需戴三盘朝珠，中间一盘用东珠，左、右两盘用珊瑚，佛头等用珠宝，丝绦为明黄色。妃嫔穿朝服时都挂三盘朝珠，质料依次减等，丝绦用金黄色。其他王公大臣，不许用东珠、珍珠及明黄色丝绦，朝珠材质为珊瑚、玛瑙、翡翠、蜜珀、琥珀、碧玺等。

清咸丰东珠朝珠（图10-27），故宫博物院藏，为咸丰皇帝佩戴的朝珠，有一百零八颗东珠，四颗红珊瑚佛头。佛头两侧分别有两颗蓝晶石珠，顶端佛头连缀红珊瑚佛头塔，塔下有明黄色绦带，系金累丝嵌红宝石及珍珠背云，垂金累丝点翠托翡翠坠角。朝珠有松石纪念三串，下垂金累丝点翠托红、蓝宝石、碧玺坠角。

东珠产自东北，被清廷尊崇为最尊贵的珍宝，宫廷皇室可佩戴，王侯大臣不得随意使用。清代徐兰著《塞上杂记》载："岭南珠色红，西洋珠色白，北海珠色微青者，皆不及东珠之色如淡金者其品贵。"东珠朝珠是所有材质的朝珠中等级最高者，只有皇帝、皇太后和皇后才能佩戴。

清康熙青金石朝珠（图10-28），故宫博物院藏，有一百零八颗青金石珠，四颗红珊瑚佛头。顶端佛头连缀红珊瑚佛头塔，塔下有黄色绦带，系银镀金托嵌碧玺背云，垂碧玺坠角。朝珠有三串珊瑚珠纪念，垂红、蓝宝石坠角。根据清廷典制规定，皇帝在天坛祭天时佩挂青金石朝珠。

清代皇帝佩戴朝珠的材质和色彩，应根据场合而定。祭地时佩戴琥珀或蜜蜡朝珠，祭日时佩戴红珊瑚朝珠，祭月时佩戴绿松石朝珠，祭天时佩戴青金石朝珠。珊瑚朝珠（图10-29），故宫博物院藏，有一百零八颗红珊瑚珠，四颗青金石佛头。顶端佛头连缀青金石佛头塔，塔下有黄色绦带，系委角方形金累丝嵌椭圆形青金石背云，垂红宝石坠角。朝珠有三串绿松石纪念，垂红宝石、粉红色碧玺坠角。根据清朝典制，皇帝祭日时佩挂红珊瑚朝珠。皇太后、皇后和皇贵妃着朝服时，也要佩挂两串红珊瑚朝珠。

朝带搭配朝服穿用，为腰间丝织束带，上嵌饰版，带上缀有荷包等饰物。皇帝朝带为明黄色，有两种形制。一种用四块圆形龙纹玉饰版，镶嵌红、蓝宝石、绿松石，东珠、珍珠等装饰，左右佩汗巾或飘带，在典礼时穿用。另一种用方形龙纹金饰版，祀天时饰青金石，祀地饰黄玉，同时嵌东珠及其他佩饰。皇子朝带用金黄色织物，嵌四块方形玉饰版，饰东珠四颗，中间嵌一猫眼石。亲王、郡王、贝子等珠饰递减。品官朝带为青色或蓝色，饰物递减。

清康熙吉服带（图10-30），故宫博物院藏，带长184厘米，材质为明黄色丝毛织物，配白玉带勾与带版。带勾镂雕云龙蝠寿纹，带版镂雕庆福有余纹。两玉带环垂白色丝绸帉，并拴挂饰件：翠柄银胎缀珊瑚米珠单喜字鞘刀、石青缎平金银福寿纹椭圆荷包、红缎平金银夔龙纹圆荷包、明黄缎平金银彩绣花卉纹圆荷包、石青缎平金银彩绣庆寿喜字火镰。荷包下垂明黄色丝绦，上饰红珊瑚、绿松石。清康熙行服带（图10-31），故宫博物院藏，长224 厘米，明黄色带，高丽布佩帉，牛皮方版，系明黄色丝绦，垂珊瑚、松石结、荷包、鞘刀。行服带为皇帝出行时，搭配行袍使用。

金黄色丝质吉服带（图10-32），故宫博物院藏，带长131厘米，金黄色丝质织物，配四块白玉方版。白玉环垂系饰件：一对青色缎绣福寿牡丹纹荷包、红色缎绣花卉荷包、红色缎绣云蝠双喜荷包和绛色缎绣夔龙蔓草纹荷包、黄色缎绣云蝠花卉海水纹扳指套、象牙牙签筒、羚羊角鞘刀、两条白色丝质帉。金黄色吉服带为皇子、亲王级别的皇室成员佩戴。

图10-27 咸丰东珠朝珠
故宫博物院藏

图10-28 康熙青金石朝珠
故宫博物院藏

图10-29 珊瑚朝珠
故宫博物院藏

图10-30 康熙吉服带
故宫博物院藏

图10-31 康熙行服带
故宫博物院藏

图10-32 金黄色丝质吉服带
故宫博物院藏

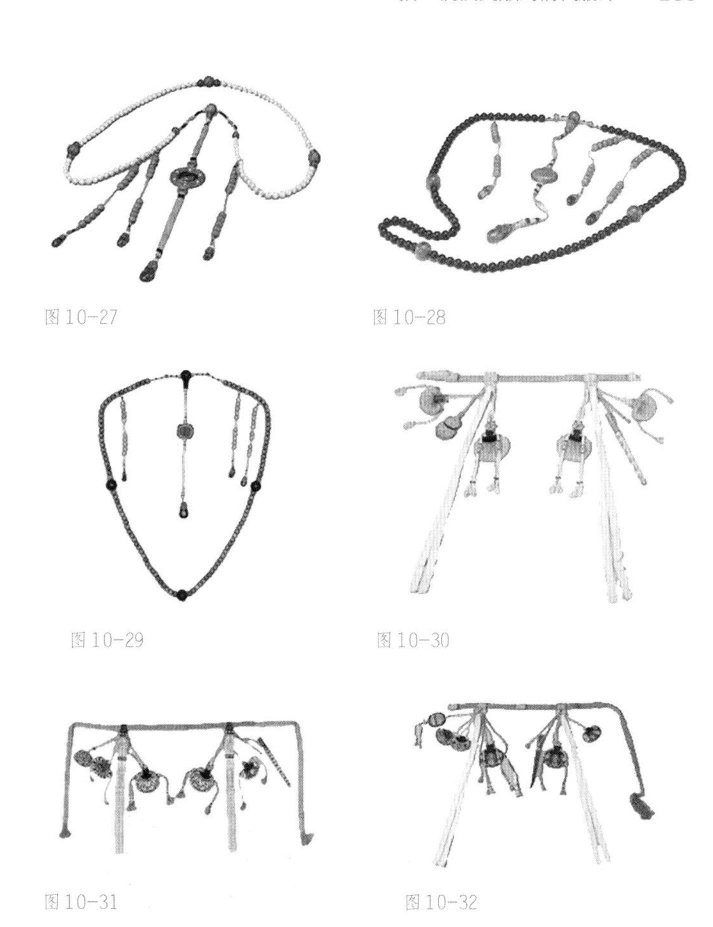

图10-27 图10-28 图10-29 图10-30 图10-31 图10-32

袍服、马褂及坎肩

清朝男子服饰有袍、褂、袄、衫、裤等。袍服是清代服饰中极具代表性的服装。清廷推行“剃发易服”的政策，汉族服饰改变传统的宽袍大袖衣式，代之以窄袖长袍。袍服不分男女，四季均可穿用，根据季节不同，制成单、夹、皮、棉等类型。袍服通常为圆领大襟、窄袖、开裾、长度过膝，搭配裤子、马褂穿用。

《朱彝尊毛奇龄像轴》(图10-33)，天津博物馆藏，描绘出清初大儒朱彝尊和毛奇龄的服饰形象。画面中朱彝尊拄杖，毛奇龄携卷，两人均身穿圆领大襟袍，腰间束带，足蹬黑履。清代《那彦成肖像》(图10-34)，故宫博物院藏，画中清代名臣那彦成两手扶膝，正襟危坐于石上。那彦成为便服形象，身穿圆领对襟袍，马蹄袖，腰间束带，足蹬黑靴。

马褂罩于袍服外，为短衣，便于骑马。马褂有单、夹、皮、棉之分，为圆领长袖，有开衩、扣襻，长度及腰，衣襟造型有对襟、大襟、一字襟、琵琶襟等式样。清代《亲藩围猎图卷》(图10-35)，故宫博物院藏，画中描绘出满洲贵族在庭园内，坐在虎皮椅上相犬的场景。贵族男子及身侧侍从均身着便服，头戴暖帽，身穿马蹄袖袍服，外罩圆领对襟马褂，足蹬粉底皂靴。

坎肩也称马甲或背心，罩于袍服外，无领无袖、对襟，穿脱方便，在清代社会比较流行。坎肩的用料和做工都比较讲究，式样丰富。其中巴图鲁坎肩，在京师八旗子弟中流行，巴图鲁是满语勇士的意思，其式样主要在一字形的前襟和两边腋下缀有排扣。

清代男子流行戴帽，有暖帽、凉帽和便帽等。暖帽用缎子、呢绒、毡子等材料制成，圆顶，四周卷起约二寸宽的帽檐，可依天气冷暖镶以毛皮。凉帽形如斗笠，通常用竹和藤丝等材料编织而成。便帽通常为瓜皮帽，由六瓣布片拼接缝合而成，上尖下宽，呈瓜棱形，圆顶，顶部有丝线编织的结子。帽檐正中缀有帽正，材料有珍珠、翡翠、宝石、银片等，帽顶结子上可以垂挂一缕红丝绳穗子，称为红缨。晚清照片《清末的数学教师和他的学生》(图10-36)，中国国家博物馆藏，照片中教师身穿圆领大襟长衫，学生们均穿长衫搭配马褂或马甲。晚清照片《清末翰林群像》(图10-37)，照片中晚清翰林均头戴瓜皮帽，身穿长衫，外罩马褂或马甲，足蹬布履。照片真实地再现了晚清士人的服饰形象。

图10-33

图10-34

图10-35

图10-36

图10-37

图10-33 《朱彝尊毛奇龄像》局部
天津博物馆藏

图10-34 《那彦成肖像》局部
故宫博物院藏

图10-35 《亲藩围猎图卷》局部
故宫博物院藏

图10-36 《清末的数学教师和他的学生》
中国国家博物馆藏

图10-37 《清末翰林群像》
中国国家博物馆藏

朝服与吉服

清代帝后妃嫔的服饰华贵富丽，奢华考究，丝绸锦缎流光溢彩，刺绣纹饰精美绝伦。清朝皇后服饰有朝袍、朝褂、朝裙、吉服袍、常服袍、龙褂、行褂等。皇后朝袍用明黄色锦缎制作，织绣龙纹。皇后朝褂用石青片金缘为饰，绣龙纹、八宝纹、万福万寿纹等。皇后吉服袍用明黄色，领、袖为石青色，绣金龙。皇后龙褂为石青色，上绣金龙，有二式，一式下幅为八宝立水，袖端各绣二行龙；另一式下幅及袖端不施花纹。

清代皇后明黄缂丝彩云金龙纹朝袍（图10-38），故宫博物院藏，形制为圆领右衽大襟，马蹄袖，左右开裾。长袍衣缘镶石青色缠枝莲纹织金缎边，内衬月白色暗花绫里，中絮薄绵。朝袍领肩处附有披领，以通经断纬的缂丝工艺，在前后襟和两肩处织五条金龙纹饰，以彩色纬线在下摆织海水江崖纹，织造工艺精湛。朝袍为清代皇后在重大庆典场合穿用。

清代《孝贤纯皇后朝服像》（图10-39），故宫博物院藏，画面中清代乾隆帝孝贤纯皇后朝服由朝冠、朝袍、朝褂、朝裙及朝珠等组成。皇后佩戴冬季朝冠，以薰貂皮毛制成，表面缀有红色帽纬，冠顶叠三层金凤，中间贯有东珠，冠后饰金翟。朝袍面料为明黄色缎子，周身刺绣云龙纹。胸腹部垂有彩帨，肩部有披领，绣龙纹。外罩朝褂，样式为圆领对襟、无袖，饰有龙云纹及八宝平水纹。朝袍为清代皇后礼服，主要用于元旦、万寿、冬至等重大典礼场合。画面中朝袍绣工精美，纹样富丽，尽显皇后的华贵气宇和尊崇地位。

清代皇后石青色绸绣云龙双喜字纹绵朝褂（图10-40），故宫博物院藏，形制为圆领对襟，无袖，左右开裾，后背垂明黄绦，缀珊瑚珍珠，有喜字纹背云。面料为石青色绸，用串米珠工艺和套针、平针、打籽等针法，绢绣彩云白龙纹、双喜字纹、蝙蝠纹及海水江崖纹。朝褂内衬红色如意云团龙寿字纹绸里，内薄施丝绵。襟缘饰团龙杂宝纹织金缎，内饰折枝花卉纹，嵌翡翠、红宝石金板，衣襟缀五枚铜鎏金錾花扣。朝褂织绣华丽，富有装饰性，为皇后礼服，罩于朝袍外面穿用，与朝袍和朝裙共同构成礼服，用于元旦、万寿、冬至等重大典礼场合。

清代皇后石青色缎织金团龙朝裙（图10-41），故宫博物院藏，上部面料为红色团龙四合云纹织金寿字缎，下部面料襞积，为五彩云龙妆花缎，饰有石青片金缘。左右各有一枚铜镀金錾花扣，两条红色织金缎腰带，一条湖色素纺绸腰带。朝裙织造精细，花纹华丽庄重，为清代皇后礼服，穿于朝袍内部。

清代皇后明黄缎绣云龙纹吉服袍（图10-42），故宫博物院藏，吉服袍也称龙袍，月白色绸里。形制为圆领右衽大襟，马蹄袖，左右开裾，衣襟处钉四枚银鎏金水纹錾花扣。面料为明黄色缎地，绣云龙纹装饰，袍身共绣九条五爪正面金龙，其中胸、背及两肩各一正龙，下襟四正龙，里襟一正龙。另有石青色领前后各绣一金正龙，左右及交襟处各绣一行龙，石青色中袖各绣二金行龙，马蹄袖端各绣一正龙。下摆绣八宝立水，周身点缀五彩流云及万字、蝙蝠、如意、宝瓶、灵芝等杂宝纹。织绣纹样精细，奢华绚丽，为清代皇后在重大庆典时穿用。

清代皇后明黄色江绸常服袍（图10-43），故宫博物院藏，形制为圆领右衽大襟，左右开裾，马蹄袖。大襟处缀五枚铜镀金錾花扣，领口镶元青素缎边，面料为团寿字暗花江绸。黄色江绸常服袍为清代皇后夏季穿用的常服，用于严肃庄重的正式场合。

清代龙褂为吉服，罩于吉服袍外，皇太后或皇后在祝寿、赐宴等重要典礼场合时穿用。据《钦定大清会典》载：皇太后、皇后龙

图10-38

图10-39

图10-40

图10-41

图10-42

图10-43

图10-38　明黄缂丝彩云金龙纹朝袍
故宫博物院藏

图10-39　《孝贤纯皇后朝服像》
故宫博物院藏

图10-40　石青色绸绣云龙双喜字纹绵朝褂
故宫博物院藏

图10-41　石青色缎织金团龙朝裙
故宫博物院藏

图10-42　明黄缎绣云龙纹吉服袍
故宫博物院藏

图10-43　明黄色江绸常服袍
故宫博物院藏

褂“色用石青，绣文五爪金龙八团，两肩前后正龙各一，襟行龙四，下幅八宝立水，袖端行龙各二。”

清代妃嫔石青色缂丝五彩八团龙褂（图10-44），故宫博物院藏，形制为圆领对襟，平袖，后开裾。龙褂在石青色平纹地上，以缂丝技法缂织四团彩云金龙纹，下摆前后饰有四团夔龙庆寿纹和海水江崖纹。领部缀一枚铜鎏金镂空扣，衣襟处缀四枚石青素缎扣襻。龙褂缂织细密，图案丰富艳丽。

清代妃嫔石青色缎缀绣八团喜相逢行褂（图10-45），故宫博物院藏，圆领对襟，平袖，后开裾。衣襟处缀五枚石青素缎拴系扣襻，衣身上彩绣八团花卉纹样，八团内饰蝴蝶、莲花、菊花、牡丹和海棠纹样，色彩绚丽，图案生动，穿用时罩于常服袍外，主要用于各种传统时令节日等吉庆场合。

清朝宫廷贵族女子戴冠，有朝冠和吉服冠，分为冬、夏两种。皇太后、皇后朝冠，冬用薰貂，夏用青绒，表面覆盖红色帽纬，帽顶有三层，各贯一颗东珠，以金凤承接。朝冠四周缀有七只金凤，各饰九颗东珠，一颗猫眼石，二十一颗珍珠。冠后饰一只金翟，翟尾垂珠，共有珍珠三百余颗，中间饰金衔青金石结，末缀珊瑚。朝冠后有护领，上垂二条明黄色织带，末端缀宝石。皇后以下各级命妇，朝冠冠饰，依次递减。

清代妃嫔金累丝嵌珠冬朝冠（图10-46），故宫博物院藏，为圆形卷檐式，顶部缀红绒，帽檐镶黑色薰貂皮。红绒中间饰有五只桦树皮镀银凤，冠后饰金翟。冠顶正中有铜镀金累丝顶子，分为两层，各饰金凤承珠，冠顶端饰粉红碧玺。冠部垂青色丝绦和黑色薰貂皮护领，上垂珍珠五行，垂珠中部缀镶嵌珍珠的金累丝青金石结，将珠串分为两段，称为五行二就，末端缀红珊瑚坠。五行二就是清代后妃朝冠形制中的最高等级。

清代点翠嵌珠后妃夏朝冠（图10-47），故宫博物院藏，为圆形卷檐式，顶部缀红绒，中间饰有七只金凤，后部饰金翟，翟尾垂三排珍珠串饰。冠顶分为三层，各饰金累丝托贯金凤和珍珠，顶端缀大珍珠。冠上饰三层顶、金凤七和金翟一，为清代最高等级的朝冠。

清代贵族女子头部佩戴金约。金约用来约发，戴在冠下，为镂金圆箍，装饰云纹，镶嵌东珠、珍珠、珊瑚、绿松石等。金约由金箍和后缀串珠两部分组成，金箍的节数和串珠的行数，是后妃等级地位的象征。皇太后、皇后金约为镂金云十三，串珠五行二就；皇贵妃、贵妃为镂金云十二，串珠三行三就；妃为镂金云十一，串珠三行三就；嫔为镂金云八，串珠三行三就。清代妃嫔金镶青金石金约（图10-48），故宫博物院藏，串珠缺失，仅余金箍。金箍共八节金托，饰累丝云纹，嵌青金石。金托间用梅花形金铆钉相连，外有累丝金云，嵌东珠装饰。

扁方为满族妇女梳旗头时所插饰的长条形大簪，均作扁平一字形。金嵌宝扁方（图10-49），清代毕沅墓出土，南京博物馆藏，为满族女子梳理两把抓发式时，盘结头发使用，兼具实用和装饰功能。清代发饰中，穿珠点翠工艺和吉祥寓意纹饰较为流行。发簪的

图10-44

图10-45

图10-46

图10-47

图10-48

图10-44　石青色缂丝五彩八团龙褂
故宫博物院藏

图10-45　石青色缎缀绣八团喜相逢行褂
故宫博物院藏

图10-46　金累丝嵌珠冬朝冠
故宫博物院藏

图10-47　点翠嵌珠后妃夏朝冠
故宫博物院藏

图10-48　金镶青金石金约
故宫博物院藏

簪首通常为蝙蝠、寿桃、蝴蝶、瓜瓞、花瓶、獾、鹿等具象纹样，表达祝颂祈福的美意。清代金福禄寿钱纹发簪（图10–50），苏州博物馆藏，簪首有寿福文字纹饰以及铜钱、鹿和蝙蝠纹饰，展现唱诵祝福的吉祥含义。清代点翠镶宝凤金发簪（图10–51），点翠与累丝和珠宝镶嵌工艺相结合，风格绚丽华贵。

清代贵族女子崇尚佩戴领约。领约为圆箍形，套于领外，约束衣领，镶嵌珠宝装饰。皇后领约，镂金装饰，镶嵌东珠11颗，间饰珊瑚，两端垂两条明黄绦，中间贯以珊瑚，末缀绿松石。妃嫔等的珠饰减为七颗。清代皇妃染骨镶石领约（图10–52），故宫博物院藏，质地为铜镀金，上嵌八块染骨，染骨间点翠寿字纹装饰，上饰珍珠。领约后部系金黄色绦带，在典礼活动场合，搭配朝服佩挂。清代妃嫔金镶青金石领约（图10–53），故宫博物院藏，为金质，环上镶四块长条形青金石，两块红色料石，其上嵌红宝石两颗，蓝宝石两颗，珍珠一粒。领约为活口开合，活口处饰錾花云蝠纹，系明黄色绦带，绦带缀红色料石珠。

清廷贵族女子耳饰，一耳戴三钳，按清制规定：皇太后、皇后耳饰“左右各三，每具金龙衔一等东珠各二。”徐珂《清稗类钞》记载，乾隆皇帝特为此诏谕：“旗妇一耳戴三钳，原系满洲旧风，断不可改饰。朕选看包衣佐领之秀女，皆带一坠子，并相沿至于一耳一钳，则竟非满洲矣，立行禁止”。

清代皇后金镶东珠耳环（图10–54），故宫博物院藏，为金质托，镶三颗东珠，式样简约大方。清代金环镶东珠耳饰（图10–55），上端为金质圆环，环下有累丝五瓣花形坠盖，

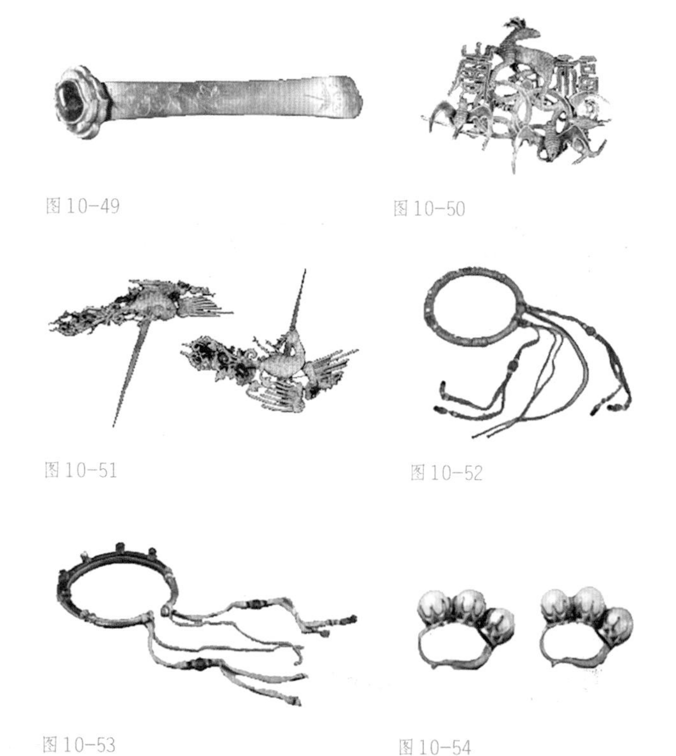

图10–49　图10–50　图10–51　图10–52　图10–53　图10–54

图10–49　金嵌宝扁方
江苏苏州吴县清代毕沅墓出土

图10–50　金福禄寿钱纹发簪
苏州博物馆藏

图10–51　点翠镶宝凤金发簪
苏州博物馆藏

图10–52　染骨镶石领约
故宫博物院藏

图10–53　金镶青金石领约
故宫博物院藏

图10–54　金镶东珠耳环
故宫博物院藏

其下嵌两粒东珠，中间有螺丝串联，底部有梅花形纽。东珠产于松花江、黑龙江、乌苏里江、鸭绿江及其流域。清朝统治者把当地的东珠视为珍宝，装饰在朝冠、朝珠等各类服饰中。

清代贵族女子佩戴朝珠。皇太后、皇后穿朝服时佩戴三盘朝珠，一盘为东珠，挂在正中，两盘珊瑚珠，从左右肩过各挂一盘，交叉于胸前。穿吉服时挂一盘朝珠。

彩帨是清代满族贵族女子朝服中，垂系于胸前衣襟的装饰织带。彩帨上面绣织花纹，下端呈三角形。不同品级的命妇，彩帨的色彩和织绣纹样不同。皇后彩帨为绿色，绣五谷丰登纹，佩箴管、鞶帙等，绦为明黄色。妃嫔彩帨为绿色，绣云芝瑞草纹。皇子福晋彩帨为月白色，无绣纹。

清代大红色缎绣花卉彩帨（图10-56），故宫博物院藏，呈上窄下宽的长条形，长110厘米，红绸材质，绣蝙蝠、暗八仙、寿桃、灵芝、寿山福海等纹饰。彩帨上端有蝠磬纹青白玉环，上系黄色丝带，连缀龙纹红珊瑚扁珠。玉环上垂有十六条挂坠，坠角有红珊瑚坠、绿松石坠、金星石坠、碧玉坠、白玉坠、红珊瑚坠等。彩帨使用时佩挂于朝褂的第二颗纽扣上，垂于胸前。

图10-55　金环镶东珠耳饰
故宫博物院藏

图10-56　大红色缎绣花卉彩帨
故宫博物院藏

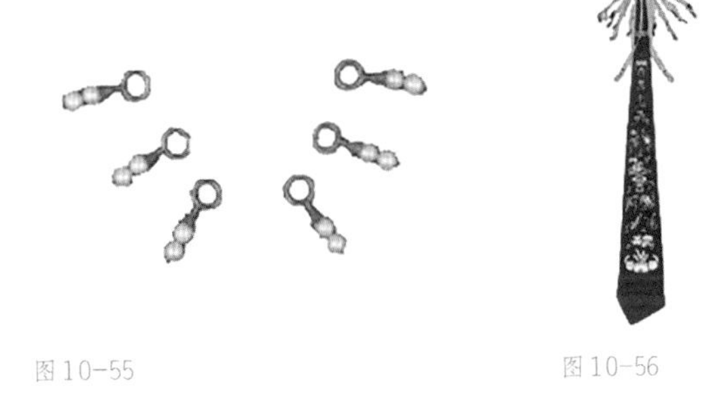

图10-55　　图10-56

旗袍与大褂

清代女子服饰，根据满汉民族不同，分为旗女服饰和汉女服饰两种。满族女子服装以旗袍为主，汉族女子以上衣下裙为主。清中晚期后，满汉女子服饰相互仿效，满汉差别减弱。

清朝满族女子的发式为旗头，又称两把头、一字头、叉子头或如意头。梳理旗头先将全部头发束于头顶，然后以一支长扁发簪为基座，分成两缕向左右缠梳。两股头发在头顶梳成横向发髻后，用另一簪子横向插入固定。脑后的余发梳成燕尾形扁髻。头顶左右横梳平髻，两髻合宽约一尺，形似如意，端庄稳重。清吴士赞《宫词》描绘这种发式："髻盘云成两道齐，珠光钗影护蝤蛴。城中何止高于尺，叉子平分燕尾低。"对满族女子的独特发式作出形象描绘。清朝中期，发髻越增越高，出现名为“大拉翅”的板型冠状饰物，逐渐取代两把头。

满族女子旗袍，为圆领大襟，袖口平大，长可掩足，外面可加罩坎肩。旗袍多刺绣花纹装饰，在袖端、衣襟、衣裾等镶有各色花绦或彩牙，以镶滚彩绣为主要特色。清朝初期旗袍流行“大挽袖”，袖长过手，在袖里的下半截，彩绣各色花纹，再挽出来，以显示美观。女子穿用旗袍，搭配围巾在颈部，一端掖在大襟里，一端垂下。

清代《孝全成皇后与幼女像》（图10–57），故宫博物院藏，描绘出清代道光帝孝全成皇后与幼女日常生活的场景。孝全成皇后头部为两把头发式，发髻装饰有簪花，身穿圆领大襟旗袍，蓝底梅兰纹镶绦边装饰，佩戴云肩。幼女穿交领右衽短褂，红褐色镶黑边装饰，搭配绣花袴。

清代《孝贞显皇后像》（图10–58），故宫博物院藏，画中咸丰帝孝贞显皇后于庭院静坐。孝贞显皇后头梳如意发式，身穿圆领大襟旗袍，寿字纹装饰，大挽袖，展示出清代宫廷满族贵族女子的旗袍形象。

清代《玫贵妃春贵人行乐图》（图10–59），故宫博物院藏，画中咸丰帝嫔妃玫贵妃与春贵人在花园中钓鱼。两位妃嫔均梳如意发式，簪花装饰，身穿交领大襟旗袍，挽袖，团花纹饰，搭配素白围巾。旗袍为清代贵族女子最为常见的服饰。清代《道光帝喜溢秋庭图》（图10–60），故宫博物院藏，画中为清廷奉茶宫女的形象。宫女梳两把头发式，身穿旗袍，挽袖，外罩圆领大襟马甲。

满族女子不裹脚，穿用旗鞋，以木为底，鞋底极高，高跟在鞋中部，上下较宽，中间细圆，形花盆，称为花盆底。也有鞋底部凿成马蹄形，称马蹄底。鞋面多为缎制，刺绣纹样，鞋底涂白粉，贵族女子在鞋跟周围镶嵌宝石装饰。

清代金鱼纹元宝底旗鞋（图10–61），中国国家博物馆藏，为满族女子所穿厚底鞋。鞋面为灰色绸面，鞋头为鱼头造型，鞋身用黄线绣出鱼鳞纹样，边缘有黑色包边，设计巧妙，织绣工整。清代湖色缎绣人物纹串料珠元宝底旗鞋（图10–62），故宫博物院藏，鞋面装饰精美繁复。清代红色缎打籽绣菊蝶高底旗鞋（图10–63），故宫博物院藏，鞋面以打籽绣技法刺绣菊花和蝴蝶纹饰，工艺精美。

清代三寸金莲红缎绣花鞋（图10–64），湖南省博物馆藏，木底高跟，尖鞋头，鞋面为

图10–57

图10–58

图10–59

图10–57 《孝全成皇后与幼女像》
故宫博物院藏

图10–58 《孝贞显皇后像》局部
故宫博物院藏

图10–59 《玫贵妃春贵人行乐图》局部
故宫博物院藏

图10-60　《道光帝喜溢秋庭图》局部
故宫博物院藏

图10-61　金鱼纹元宝底旗鞋
中国国家博物馆藏

图10-62　湖色缎绣人物纹串料珠元宝底旗鞋
故宫博物院藏

图10-63　红色缎打籽绣菊蝶高底旗鞋
故宫博物院藏

图10-64　三寸金莲红缎绣花鞋
湖南省博物馆藏

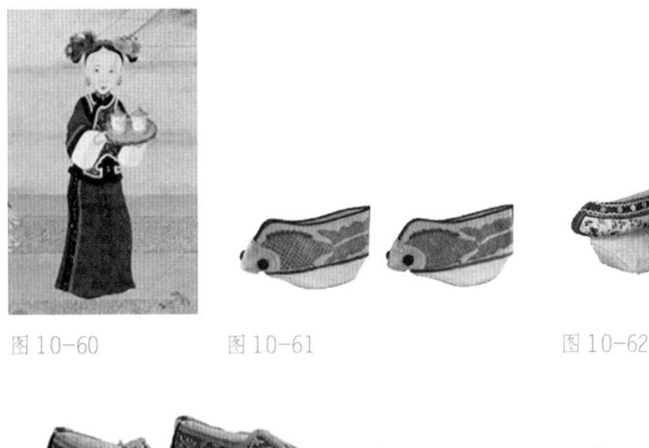

图10-60　图10-61 　图10-62

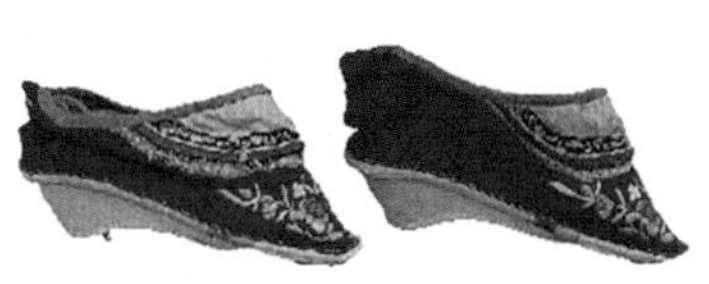

图10-63　图10-64

红缎，鞋口蓝布走边。鞋前部以彩线绣花枝纹饰，针脚细密，图案精美。清代汉族女子流行缠足，穿用三寸金莲绣花鞋。

晚清照片《清末大家庭中的母子集体合影》(图10-65)，中国国家博物馆藏，画中满族男童身穿长衫，搭配马甲。满族女子头戴大拉翅，身穿旗袍，外罩马褂或马甲，衣襟有大襟、琵琶襟、一字襟和对襟等多种样式。晚清照片《清末的满族家庭》(图10-66)，照片中满族男子穿窄袖衫，外罩马褂或马甲；满族女子头戴大拉翅，身穿旗袍，外罩马褂。晚清照片《清代满族寡妇不戴耳环之习俗》(图10-67)，照片展示晚期满族女子身穿旗袍，搭配马甲的服饰形象。清代中晚期，后汉族儒家纲常礼教的影响，满族女子开始崇尚节孝贞烈的妇德思想，女子为寡，需脱珥剪发以示守节。

清代汉族女子服饰保持明朝遗风，主要有披风、袄、褂、裙。披风为外套，形制为对襟大袖，下长及膝。披风装有低领、高领、无领等样式，披风内为上袄下裙的组合服饰。裙子有凤尾裙、月华裙、百褶裙等传统式样，也有清代新样式弹墨裙，也叫墨花裙，在浅色绸缎上用弹墨工艺印出黑色小花，色调素雅。女子裙装上通常装饰飘带，也可在裙幅底下系小铃装饰，另有在裙下端绣满水纹装饰。同治年间，流行鱼鳞百褶裙，在裙子折裥之间用丝线交叉串联，裙在展开时犹如鱼鳞一般，新颖多姿。

清代汉族女子发髻首饰，沿用明朝式样，以高髻为尚，流行圆髻、平髻、如意髻等式样。清代中期以后，梳辫渐渐普及。北方女子冬季多用昭君套，用貂皮制作，覆于额上。江南地区流行戴勒子，上缀珠翠，刺绣花朵，套于额上，掩及耳间。发髻上饰物主要为簪钗，用金、银、珠玉、翡翠等制作，簪首有翠鸟衔珠串的造型，有各种花叶形，行走时轻微摇动，华丽动人。

清代汉族女子主要为上衣下裙的搭配，衣裙色彩协调，端庄大方，清秀淡雅。清代晚期，南方流行以长裤代替长裙，裤多为绸缎制作，上面绣有花纹装饰。晚清照片《清末缠足的汉族女性》（图10-68），中国国家博物馆藏，照片中晚清汉族女子头部后侧盘发髻，额前梳刘海，身穿圆领大襟或对襟长马褂，搭配褶裙或宽口裤。汉族女子习俗缠足，脚穿三寸金莲弓鞋。晚清照片《清末民初的贵族妇女合影》（图10-69），照片中清末汉族女子头部挽髻，额前刘海，刘海整齐且隆起高卷，身穿长褂，搭配裙装或裤装，展现当时汉族女子的服饰形象。

图10-65

图10-66

图10-67

图10-68

图10-69

图10-65 《清末大家庭中的母子集体合影》
中国国家博物馆藏

图10-66 《清末的满族家庭》
中国国家博物馆藏

图10-67 《清代满族寡妇不戴耳环之习俗》
中国国家博物馆藏

图10-68 《清末缠足的汉族女性》
中国国家博物馆藏

图10-69 《清末民初的贵族妇女合影》
中国国家博物馆藏

后 记

华夏衣冠源远流长，在长达五千年的发展历程中，传承了华夏民族固有的艺术特色，同时又不断吸收和兼容周边民族的服饰元素，形成我国样式丰富、绚丽多彩的传统服饰文化。我国传统服饰艺术是华夏民族智慧和创造的结晶，反映了我国服饰艺术独特的匠心和审美追求。服饰艺术包含民族性格和民族气质，我国传统服饰端庄典雅、气度威仪的风范，反映了农耕文化背景下华夏民族日久而生生不息的厚重温和气息以及历代礼仪治国的传统。我国传统服饰礼制是华夏民族德行操守和精神追求的表现。

国学大师王国维提出治史应“纸上之材料”与“地下之新材料”相互印证，其创立的二重证据法对20世纪以来国学研究产生重大影响。英国史学家彼得·伯克提出“图像证史”的概念，主张史学和社会学的沟通，透过图像来解读历史，分析社会的文化特征。考古视域下的中国服饰艺术研究，秉承二重证据法和图像证史的研究方法，力求还原历史时期服饰现象的原貌，由此分析社会文化艺术特色和人们的审美精神。由于本人视野的局限性和收集资料的不完整性，本书内容还有很多不全面之处，感谢各位读者批评指正。随着考古学的发展和今后全新的考古遗存发掘，必定会为我国古代服饰史的研究增添新的内容。

甄娜

2022年5月